XINZHI

Das neue Buch
der verrückten
Experimente

疯狂实验史Ⅱ

[瑞士]雷托·U·施奈德 著　郭鑫 姚敏多 译

生活·讀書·新知 三联书店

图书在版编目（CIP）数据

疯狂实验史 . 2 / [瑞士] 施奈德著；郭鑫、姚敏多译. —北京：生活 · 读书 · 新知三联书店，2015.1（2018.12 重印）
（新知文库）
ISBN 978 – 7 – 108 – 05147 – 9

Ⅰ. ①疯…　Ⅱ. ①施… ②郭… ③姚…　Ⅲ. ①科学实验 – 自然科学史　Ⅳ. ① N09

中国版本图书馆 CIP 数据核字（2014）第 229505 号

责任编辑　刘蓉林
封扉设计　陆智昌　优　昙　张　红
责任印制　徐　方
出版发行　生活·讀書·新知 三联书店
（北京市东城区美术馆东街 22 号）
邮　　编　100010
网　　址　www.sdxjpc.com
图　　字　01—2013—5049
经　　销　新华书店
排版制作　北京红方众文科技咨询有限责任公司
印　　刷　山东临沂新华印刷物流集团有限责任公司
版　　次　2015 年 1 月北京第 1 版
2018 年 12 月北京第 5 次印刷
开　　本　635 毫米 × 965 毫米　1/16　印张 19.5
字　　数　241 千字　图 136 幅
印　　数　23,001—28,000 册
定　　价　36.00 元

（印装查询：010-64002715；邮购查询：010-84010542）

新知文库

出版说明

在今天三联书店的前身——生活书店、读书出版社和新知书店的出版史上，介绍新知识和新观念的图书曾占有很大比重。熟悉三联的读者也都会记得，20世纪80年代后期，我们曾以“新知文库”的名义，出版过一批译介西方现代人文社会科学知识的图书。今年是生活·读书·新知三联书店恢复独立建制20周年，我们再次推出“新知文库”，正是为了接续这一传统。

近半个世纪以来，无论在自然科学方面，还是在人文社会科学方面，知识都在以前所未有的速度更新。涉及自然环境、社会文化等领域的新发现、新探索和新成果层出不穷，并以同样前所未有的深度和广度影响人类的社会和生活。了解这种知识成果的内容，思考其与我们生活的关系，固然是明了社会变迁趋势的必需，但更为重要的，乃是通过知识演进的背景和过程，领悟和体会隐藏其中的理性精神和科学规律。

“新知文库”拟选编一些介绍人文社会科学和自然科学新知识及其如何被发现和传播的图书，陆续出版。希望读者能在愉悦的阅读中获取新知，开阔视野，启迪思维，激发好奇心和想象力。

生活·读书·新知三联书店

2006年3月

献给雷古拉和蒂姆

目 录

1960

1970

1980

1990

2000

verrueckte-experimente.de 网站上有该实验的链接

verrueckte-experimente.de 网站上有该实验的短片

◆ 每个实验的主要参考书目

前　言

成功图书的续集往往不尽如人意。从经济角度考虑，续集必须尽快投入市场。所以，第二本书也许是由没能入选第一本书的“边角料”（第一本书剔除它们，必然有其道理）拼凑出来的。可以说，作者为第一本书倾注的是心血，为第二本书倾注的是“稀释”过的心血。

距《疯狂实验史》第一部出版已过去了4年半的时间。它成为了最畅销图书，被评选为“年度科学图书”，目前已被翻成7种语言，令我受宠若惊。不过，此次出版的第二部绝对没有因为这些佳绩而匆忙写就。

写作第一部时，我就曾经面临各种抉择，考虑书里还能写下多少实验。我记得，交稿前的一个星期，某晚，我列了一张长长的“备选实验”清单，从中勾画我无论如何都不想放弃的实验，共有116个，可是，剩下的篇幅只能再写4个。您手中捧着的这本书也是如此，我忍痛割舍了许多非常喜欢的实验，只能期待它们以后再出现了。我的素材还远未枯竭。

与第一部相比，我更加注重与研究者亲自对话。这些对话证实了我的想法：真正有趣的实验细节在科学论文中是找不到的。

如果没有和海洋学家克雷格·史密斯对话，我就可能错过一些信息。我只看到论文里写着：死去的鲸遵从研究者的意愿沉入了海底，我并不知道，他们之前已经做了一次实验，鲸无论如何都不沉没，他也没有发表论文。我同样不知道，史密斯每次下潜之后都不得不扔掉衣服和潜水装备，因为它们散发出可怕的恶臭，估计用什么样的洗涤剂都去除不掉。

可能有人觉得，这些细节无关紧要，实验最终要看结果。但是对我而言，这些在学术报告里不会出现的死胡同、冤枉路、幸运以及不幸的意外事件才是科学的灵魂。这些“旁枝末节”比诺贝尔奖得主的演讲更能传达科学研究的实质。

某些实验的过程比结果更有趣。詹姆斯·格拉希恩想要研究“耶稣蜥蜴”如何在水上行走，最大的难题居然是如何在哥斯达黎加弄到蜥蜴。而在斯坦利·米尔格拉姆的排队实验中，学生们做实验时经历的慌乱和恐惧比实验的结果更加令人吃惊。

回溯老实验的过程堪比寻宝：先是查看某本泛黄的图书，找到曾经做过的摘记，然后通过各种数据库和图书馆检索系统得到原始论文，经过多番电话询问，终于联系到某位早已退休的研究者，现在还有人对他的实验感兴趣，这让他感到十分惊讶。

我希望，我能将这项令我满意的工作长期进行下去。

雷托·U·施奈德

苏黎世，2009年3月

1654 | 啤酒桶里的“真空”区域

1991年5月，一列非同寻常的车队正从马格德堡驶向瑞士：货车上载着一台小型起重机、几条沉重的铁链、一个真空泵以及好多奇怪的半球状物体，最大的几个半球直径半米，重达290千克。这些器材加起来有好几吨重，守护器材的“押运人员”是4个演员，他们的行李箱里还装着双排扣礼服、收口五分裤、搭襻鞋、假发、毡帽和假胡子。

这列“押运车队”的领队曼弗里德·特吕格尔（Manfred Tröger）正坐在“监守车”中，期盼着今后几天不要下雨。他并不担心被雨淋湿，倒是雨天的低气压令他忧烦不已，因为气压降低，他做成实验的概率也会降低。即便在高压天气，瑞士也不是个让人省心的地方。他们团队此行的目的地——苏黎世海拔高度400米，比起他们曾经到过的多数德国城市，那里的气压本来就已明显变低了。

曼弗里德·特吕格尔时任马格德堡市格里克协会业务经理。此次，他受邀前往瑞士，要在苏黎世举行的“尤利卡”[①]瑞士科研展览会上演示一个实验。早在17世纪中叶，博学多识的马格德堡市市长奥托·冯·格里克（Otto von Guericke）就曾为一群贵族观众演示过这个实验。

奥托·冯·格里克是个关心科学的政客，曾经做过军械工程师，1646年成为马格德堡的一位市长（依照当时的制度，马格德堡共有四位市长协同执政）。就在同年，他得知法国学者勒内·笛卡尔（René Descartes）在著作《哲学原理》（*Principia philosophiae*）中驳斥了“真空”

① 文“Heureka”为古希腊语，据传是阿基米德在沐浴时因发现浮力定律而发出的兴奋呼喊，意为：“我找到了！”——译者注

▶ 这幅铜版画表现的是著名的马格德堡实验：20 匹马正要分开 2 个合拢的、内部已经抽成真空的半球。实验虽未得出什么全新的认识，却令其设计者名声大振。

的存在。笛卡尔将“空间”等同为“物质”，并由此断定：只要有空间，就一定会有物质，没有物质的空间，即真空，是不可能存在的。很久以前，亚里士多德也曾提出过同样的观点，他通过一个哲学上的假设“horror vacui”——“自然界厌恶真空”否认了真空的存在。

格里克觉得，哲学推理已经推过了头，何不尝试“制造”一种真空状态，从而检验真空是否存在呢？在今人眼中，这是很正常的想法，但在 17 世纪，它却并非那么理所当然。一方面，天主教会谴责“相信真空存在”是异端思想；另一方面，科学界才刚刚发现实验是一种获取新知的好手段。当时，仍有不少学者将古希腊人的言行奉为至高无上的准则，而古希腊人是坚决反对实验的。他们仅凭对已有现象进行观察和思考，得到对世界的猜想和认识。

然而，格里克是个行动派。他将啤酒桶密封后装满水，再用一台经过改造的小型抽水灭火器抽出桶里的水。这个思路简单明了又令人信服：正如格里克在《马格德堡新实验》（*Neue Magdeburger Versuche*）中所写，如果桶里的水都被抽了出来，“留下的就是没有空气的真空区域”。然而实验过程偏离了最初计划：首先，箍桶的圆环断了，螺丝钉

▶ 历史上，很少会有科学实验多次成为邮票图案，马格德堡半球实验却能享此殊荣。

也掉了，格里克只得重新加固酒桶，另外，虽然“3个强壮的男人”合力操作，抽出了桶里的水，却听到了“嗞嗞”的声响，说明立刻便有空气通过桶壁的细小裂缝钻回到了桶内。于是格里克又想了一个办法，抽水时把整个酒桶浸在水里。这次，他以为桶里的水已被全部抽走，可是打开一看，里面仍有水和空气。水应该是从桶外渗透木头进入桶内的，水中所含的小气泡也一并被带了进来。

看来，要想继续实验，肯定不能再用木桶了。格里克命人做了一个铜质的空心球。但在第一次试着抽空铜球的时候，它却“发出‘啪’的一声巨响，把大家吓了一跳，定睛一看，圆球已经被压扁了，就好像是被谁捏皱的一团破布片儿”。难道笛卡尔才是对的？难道自然界真的害怕“真空”？在格里克看来，铜球损坏倒更像是因为工匠师傅没花心思。果然，将铜球的外壳做得更厚一些，就可以顺利完成抽空步骤了。正如格里克所写：“自然界并不畏惧真空，只是由于周围的气团有重量，才会发生诸如此类的种种现象。”

在那个时代，“空气有重量”已经是众所周知的常识。不过即便到了今天，大多数人仍然设想不出这究竟意味着什么。1升空气的重量大概为1克。也就是说，您家客厅里的空气可能重达100千克。您头上每平方厘米所对应的、一直伸展到太空的空气柱的重量大概是1千克。只要在您头顶随便圈出一个10厘米见方的平面，上面便承载着100千克的空气。

如果将空气比作“海洋”，我们就生活在海底。然而我们并没有被巨大的重量压碎——我们甚至根本没有发觉重量的存在，原因有二：首先，空气就像液体一样流动，会从各个方向施加同样大小的压力；其次，

▶ 人们制造了很多表现这场实验的纪念币。

人体除了少数部位含有空气，主要都由不易被压缩的物质构成。而在含有空气的地方（例如鼓膜），只需保证内外压力相同即可。

格里克在改进实验用泵时发现，不用先灌水、再抽水，也可以直接从容器中抽出空气。1654 年，他在雷根斯堡帝国议会上公开演示了他的几个实验。如果格里克的科普活动止步于此，那么 350 年后，曼弗里德·特吕格尔就不会带着他的“真空秀”进行全国巡演了。因为，真正让格里克出名的还是后来的一个实验。这个实验虽然没有带来全新的科学认识，却前所未有地呈现出了戏剧化的场面。

格里克首次演示实验大约是在 1657 年，后来，人们把实验印到了邮票和钱币上，马格德堡市还为实验立起了纪念雕像，2006 年，特吕格尔又到美国田纳西州首府纳什维尔再次演示实验。就连列维·施特劳斯（Levi Strauss）[①] 牛仔裤公司的标志上都有这个实验的影子：当年，很多图画描绘了格里克这场轰动一时的“演出”，设计师根据这些图画，在标志上画了 2 匹马，它们似乎想要扯断一条结实的“李维斯”牛仔裤，但却白费力气。格里克在实验中通过引人入胜的热闹场面说明了“空气有重量”的道理：他命人制作了 2 个直径为 39 厘米的铜质半球，“把 2 个半球合在一起并抽走球内的空气，外部的空气会紧紧压住它们，6

① 因其标牌 Levi’s 而常被称作“李维斯”。——译者注

▶ 2002 年，马格德堡市新建了一座纪念格里克实验的雕像。

个强壮的男人也无法拉开”。随后，格里克套上了 4 匹马，把它们平均分配到球的两边，驱赶它们拉球。这个办法并未带来任何进展。格里克又派出了 8 匹马，8 匹马虽然拉断了焊接片、扯坏了连接球体与链条的铁环，但也没能分开 2 个半球。

格里克又“增加了一倍的力度”，派出了 12 匹马，紧接着派出了 16 匹。只有用上 16 匹马，才零星地出现了几次分开半球的记录。格里克还命人制作了更大的半球（直径 55 厘米，壁厚 2 厘米），24 匹马费尽力气也没能分开它们。最后，一个孩童打开安装在其中一个半球上的旋塞，使得空气进入球内，此时无须再花任何力气，铜球便一分为二。

今天，格里克在实验中使用过的“马格德堡半球”就陈列在慕尼黑的德意志博物馆中。1936 年，为了纪念格里克逝世 250 周年，克虏伯兵工厂浇铸了 2 对崭新的钢质半球，同年，人们用这 2 对半球做了实验，这是现代史上首次重新演示马格德堡实验。

此时，这几个钢质半球随着曼弗里德·特吕格尔的货车到达了苏黎世。实验使用的马匹由当地的荷利曼啤酒厂（Brauerei Hürlimann）提供。演员们穿上了古代的服装，其中一个模仿格里克的样子，在嘴边贴了一些胡子。半球拼合在了一起，接缝处还加了一层橡胶密封垫，球内的空气已被抽出。就算使用电动真空泵，抽气过程也得延续半个小时。而在格里克生活的时代，完全手动的抽气过程需要花费 8 个小时。

▶ 马格德堡的“一半一半”利口酒大概是唯一一款把科学实验画在包装标签上的烧酒饮料。

抽气泵抽出了球内99%的空气，这时该让马群上场了，先是4匹，然后是8匹、12匹，最后是16匹。几位马夫卖力地驱赶着这些强壮的比利时血统的布拉班特重挽马。突然，人们听到“啪”的一声爆响，2个半球分离开来。强壮的马匹、苏黎世的高原地势、相对较低的气压同时发挥作用，最终战胜了真空。“……而且这些马夫还在晚上偷偷训练了一下呢。”特吕格尔透露。虽然半球被拉开了，但是实验并不失败。格里克做实验的时候，马匹也曾偶尔分开过半球。格里克认为，这种现象恰好说明：气压的力量虽大，终究还是有限度的。每年，协会都会受邀表演3—6次这样的“格里克秀”。最近，实验又多了一个“现代版本”，是在水上用机动船拉扯半球。

当时，人们并未理解格里克想要说明的原理，很长一段时间，人们都误以为是“真空”让两个半球产生了“相吸”的力量。后来，又有一些学者通过实验证实，半球实验中的现象以及一切类似效应都可以通过“大气有重量”得到解释。例如，将吸管一端插入有水的玻璃杯，然后吮吸另外一端，吸管中的水位便会升高，这并非因为水面能够“自行上升”，而是因为吸管中的气压降低，杯里的水受到外部空气重量的挤压，吸管中的水便被抬升起来。同样，吸尘器也并非名副其实地“吸入”灰尘，而是抽走软管端头的空气，使那里的气压下降，于是灰尘受到周围空气重量的挤压，便进入到了软管之中。真相就是如此，尽管它完全违背了我们的直观感受。

⌘ verrueckte-experimente.de

◆ von Guericke, O. (1672). *Experimenta nova (ut vocantur) Magdeburgica de vacuo spatio*. Amsterdam, Janssonium à Waesberge.

1747 | 甲板上的杀手

1747年5月20日，索尔兹伯里（Salisbury）号军舰的随船医生詹姆斯·林德（James Lind）从船上选出12名船员，做了一项实验，“我之所以选中这12个人，是因为他们极为相似”。林德所说的“相似”是指“病情相似”：12个人都出现了牙龈溃烂、关节疼痛、皮下自发性出血等症状，感觉身体虚弱、无精打采——这些都是患上坏血病的典型信号。得知林德的实验计划，12位病人应该会感到些许振奋，因为他将在接下来的14天里采用独特的疗法为他们治病。“索尔兹伯里号”隶属英国海峡舰队，在英吉利海峡服役。船长45米、装有50门大炮，狭小的空间里容纳着350名男性官兵。船上的工作既繁重又危险，环境卫生得不到保证，船员的起居舱又冷又湿，食物常会腐烂，还混有老鼠的粪便。“索尔兹伯里号”的早餐一般都是稀薄的燕麦糊，额外加一点糖；午餐常吃羊肉汁，还有香肠或者烤面饼，即一种加糖烘烤过的面包片；晚餐有麦粥加葡萄干，米饭加醋栗，西米加葡萄酒。随船厨师并没有什么专业资质，往往只是因为他干不了船上的其他工作，才会被派去做饭。

这艘HMS（不列颠国王陛下的船舰）“索尔兹伯里号”已经连续航行几周时间没有靠岸了，每当遇到这种情况，大多数船员就会患上坏血病，这次也不例外，其中80名船员病情严重，已经无法继续工作了。

林德在担任“索尔兹伯里号”的随船医生之前，曾为别的船医做过7年助理。坏血病患者的身体会有什么表现，林德并不陌生。一旦航行时间稍长，这种怪病就会爆发，如同凶残的杀手夺走水手的性命，

▶ 随船医生詹姆斯·林德对6种可能治疗坏血病的手段加以检测。他在“索尔兹伯里号”船员潮湿的病榻边做实验，这种通过实践来检验效果的方法为现代药物研究活动做出了良好表率。

热带病、船难事故和海上作战加在一起都没有它严重。

当然，林德也很熟悉各种常用的治疗坏血病的手段，他首次想到要对其中某些手段进行分类检测。他将接受测试的船员分为 6 组，每组 2 人，把他们的吊床安放到一个单独设置的房间里，与其他船员隔离，并在 2 周时间内对各组病人实施不同的治疗：其中 4 组分别要在正常伙食之外饮用苹果酒、醋、稀释的硫酸以及海水；还有一组获得了某种当时比较常用的药剂，由大蒜、芥籽、秘鲁香膏、香胶木树脂混合而成；第六组人则要每天吃下 2 个橙子和 1 个柠檬。

人们对坏血病的诱因做过许多猜测，例如，船上空气质量差、有老鼠、肝脏感染病毒、食物加盐过多、天气太热、天气太冷等，并针对各种诱因采取了不同的应对手段。然而，人们却并不能够证明其中任何一种手段真的有效。

林德的实验得出了极为清晰的结果：尽管船上的橙子、柠檬数量有限，6 天之后就吃光了，不过第六组的 2 位病人已经基本恢复了健康。而在另外几种疗法中，只有苹果酒显示出了微弱的效果，其他方法似乎毫无用处。

过了 6 年时间，林德才在著作《论坏血病》中发表了他的实验结果。当时的人们对坏血病认识不足，林德的研究又过于包罗万象，为了将问题解释清楚，原计划撰写的专业“论文”最后竟“膨胀”为一本 400 页的图书。书中，林德毫不留情地批判了某些同行，指出他们对坏血病的认识都是谬论。他认为：理论只有经过证明，才具备可信性。今天看来，这是一项再合理不过的要求，但在当时，不管理论多么奇怪，只要出自名医之口，就比实验结果更有分量。就连林德本人也犯了错误，他在《论坏血病》中对病因做出的设想并不符合自己的实验结果。不过，他毕竟得出了明确的结论：“橙子和柠檬是治疗这种海上疾病最有效的手段。”

史蒂芬·鲍恩（Stephen R. Bown）在著作《坏血病年代》（*The Age of Scurvy*）中记载，尽管林德得出了明确的结论，英国海军却在 48 年之后才将柠檬汁作为防治坏血病的药剂，直到此时，英国船舰上的坏血病才真正绝迹。造成军方“行动迟缓”的原因有很多。首先，相信已经找到坏血病治疗手段的人不止林德一个。海军总部还收到了其他船长和医生的报告，他们有的声称麦芽汁效果显著，有的认为毛茛是不错的选择。其次，林德自己也面临着一个难题，他虽然见识了橙子和柠檬治疗坏血病的功效，却完全解释不出它们为什么有效。他大概从未想过，坏血病是一种营养缺乏症。

现在，人们早已知道：人体如果缺乏维生素 C，就不能正常合成骨胶原。而坏血病的所有症状都由同一个问题引起：缺少黏合身体的“胶水”——骨胶原。

► 1993 年，特兰斯凯（Transkei，今属南非）邮票上的詹姆斯 · 林德。

不过在那个年代，人们还想不到，饮食中缺少某种营养物质可能引起疾病。直到 20 世纪初，人们第一次发现了维生素，科学家才开始研究营养缺乏症。

林德的认识未能迅速推广，除了受到科研水平的制约，还有另外一个重要原因：海军长期以来都不重视改善船员的健康。直到有人做了统计，证明 1/7 的船员死于坏血病，部队的效率和战斗力因此急剧下降，治疗坏血病的问题才引起更多关注。

最后，人们还要解决一个非常实际的问题：柠檬和橙子都比较昂贵，而且在长途航行中很难保存。因此，林德制作了一些浓缩汁液，使它们更容易携带和服用。他不会想到，用加热方法生产浓缩汁液，热量已经破坏了绝大部分维生素 C。如果他认真遵守自己所写的原则，“不要随便推广那些纯粹从理论出发得来的结论，而要在实践中检验一下”，这个问题就不会逃过他的眼睛。但是，林德似乎再也没有继续进行系统化的研究。

相反，他开始怀疑自己通过实验得出的认识。在《论坏血病》第三版中，他推荐人们使用醋栗、啤酒等食品来治疗坏血病，可他从未检测过它们的功效。直到晚年，他的认识仍然基本停留在实验之前的程度。1794年，林德逝世，一年后，在另外一些人的推动下，英国海军引进了柠檬汁，用于抵抗坏血病。

不过，林德的实验方式倒是为后来的医药研究树立了标准。为了排除各种不必要的干扰，人们应尽可能将被试者分成相似的小组，再对他们实施不同的治疗。今天的药物测试还必须在“双盲”的前提下进行：病人和医生只有在研究结束后才能知道他们使用的是哪种药物。防止人们由于事先了解某种药物而产生妨碍实验准确性的心理暗示。

19世纪初，柠檬汁成为公认的防治坏血病的药剂。皇家海军每年需要消耗20万升柠檬汁。在船舰上，人们将柠檬汁存入大桶，表层用橄榄油封住，或者将新鲜的柠檬加盐，用纸捆扎起来。后来，甜青柠逐渐取代了柠檬，因为一些英国殖民地种植甜青柠，采种、征用十分便利。于是，英国海军，乃至全体英国人，都获得了“柠檬佬”（Limey）的称号。

坏血病背后的真正病因，直到20世纪初才被发现。只以粮食为饲料的豚鼠会出现与坏血病类似的症状，一旦加食蔬菜和水果，症状便又立刻消失。研究人员用豚鼠做实验，算是一个误打误撞的幸运事件。因为不能自行生产维生素C的生物并不太多，只有蝙蝠、某些猿猴类动物、人类以及豚鼠。

1932年，匈牙利化学家阿尔伯特·圣捷尔吉（Albert Szent-Györgyi）最终分离出了维生素C，又被称为“抗坏血酸”。

◆ Lind, J. (1753). *A treatise of the scurvy*. London, Printed for S. Crowder.

1752 | “闪”念

通过一场实验迅速成名，科学史上大概再也没有比这个实验更为合适的例证了。1752 年 10 月 19 日，《宾夕法尼亚公报》刊载了本杰明·富兰克林（Benjamin Franklin）的一封来信，描述了他在雷雨天放飞风筝的过程。

当时，有人将此事誉为“人类做过的最勇敢的一次实验”，时隔不久，实验便已家喻户晓。哲学家伊曼努尔·康德（Immanuel Kant）称赞富兰克林是“现代的普罗米修斯”。今天，每逢实验的整数周年纪念日，人们还会举行庆祝活动，富兰克林放风筝的形象被印在了日历本中，写进了教科书里，画到了邮票上。不过问题却是：富兰克林可能从未做过这个实验。

富兰克林是一名杰出的科学家，他曾关注过许多问题，包括电学。当时人们并不知道电子的属性——它是在很久以后才被发现的，但是富兰克林已经正确地设想出：电是一种看不见的流体，能从电荷量“较高”的地方流向“低处”。

富兰克林设计风筝实验，意在探究雷雨天的“闪电”现象是否就是一种“放电”形式。闪电带来的火花与当时人们通过一个简单的起电机就能制造出来的火花并无二致，这种相似性引起了他的注意。不过，要想证明“天上的电”和“地上的电”是同一回事儿，必须先把闪电引到某处，然后才能进行查验。1749 年，富兰克林曾提议竖立一根 20—30 英尺（大约 6.5—9.5 米）高的铁棍作为闪电引导装置，人们可以在铁棍下端提取它引来的电。不过他很快便想到了更加简单的解

▶ "柯里尔和艾夫斯"（Currier & Ives）印刷厂制作的这张日历内页是众多表现闪电实验的图画中最为著名的一幅。如果富兰克林真像图中那样手持线绳的话，可能实验还没做完，他的命就没了。有人怀疑，他可能并没做过这个实验。

决办法——风筝。

富兰克林在寄给《宾夕法尼亚公报》的信中写道：他用雪松木做骨架、丝质手帕做蒙面，制成了一架风筝，然后把一根铁丝固定到风筝上端，并为这架"飞行器"装配了一根长麻绳。他在麻绳的下端挂了一把钥匙，为了绝缘，又在麻绳和钥匙的连接点绑了一根短丝带，手握丝带，把风筝伸出窗外放飞。这样操作，丝带就不会被淋湿，还是可以用来绝缘。

这时，某种物质从空中顺着麻绳流了下来，虽然暂时还不确定它是什么，但据富兰克林描述，当他伸出手指靠近钥匙时，钥匙周围爆出了火花。他把这一物质引入当时常见的储电容器——莱顿瓶中，并用储存起来的物质做成了几项电学实验。富兰克林确信："这些结果完全证明了电与闪电是同种物质。"

与该故事的许多讲述版本不同，富兰克林本人并未提到风筝被闪电

► 儿童房中的科学：做成蓝精灵形象的本杰明·富兰克林在放风筝。

击中，否则风筝和他都会完蛋。不过富兰克林的设想是正确的，闪电就是这些从空中引来的电造成的。

富兰克林的英雄事迹流传开来，很快便引起了怀疑。《宾夕法尼亚公报》刊载的来信既没介绍实验地点，也没说明实验日期，更没提供任何证人。直到 14 年后，人们才通过一个间接的消息来源得知：实验是在 1752 年 6 月进行的，富兰克林的儿子威廉也在现场。可是，为什么富兰克林等了 4 个月才发表文章呢？为什么他违反当时的常理，没有邀请更多的观众来作见证呢？为什么他再也没有重做实验呢？

几十年来，历史学家一直想要找到一个有力的答案来回答这些问题。有些人为富兰克林辩护，有些人则认为，这个故事的纰漏实在太多。《名誉之闪电》（*Bolt of Fame*）的作者汤姆·塔克（Tom Tucker）就对实验持怀疑态度。

塔克在那些广为人知的怀疑理由之外找到了更多新的证据，证明富兰克林是在说谎。钥匙就是一大疑点，因为在 18 世纪，一栋房子的大门钥匙重达 1/4 磅。塔克老老实实地遵照富兰克林的说法做了一架风筝并试图让这个并不怎么轻盈的装置飞起来，结果失败了。

显然，为“柯里尔和艾夫斯”印刷厂绘制那幅著名日历插图的画家也有问题。如图所示（第 15 页），富兰克林右手拿线时，握在了钥匙以及绝缘丝带的前方，这么做毫无意义，因为电流顷刻便可流过他的身体。

后来，塔克使用现代工艺重新做了一架风筝。这次，即使拴着沉重的钥匙，风筝还是飞了起来。他让妻子举起一个大画框充当“窗户”，但他无论如何都不能在拉线不碰到画框的情况下，仍然保证拉线末端不被淋湿。他很清楚，富兰克林根本没有做过这个实验。

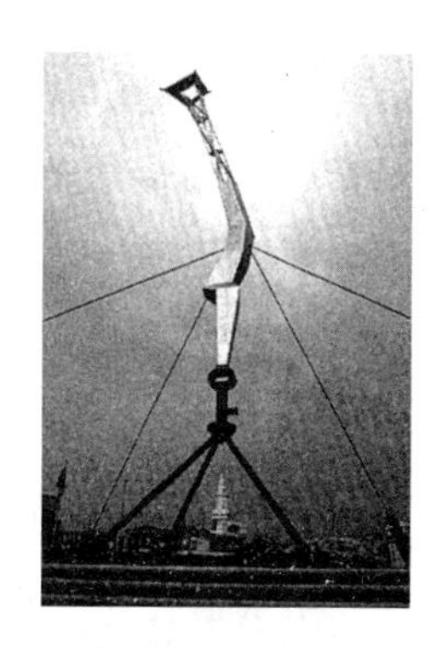

▶ 日裔美国艺术家野口勇（Isamu Noguchi）为纪念闪电实验而创作的雕塑，位于费城（1984 年落成）。

▶ 富兰克林的闪电实验成为邮票主题。

⌗ verrueckte-experimente.de

◆ Franklin, B. (19. Oktober 1752). The Kite Experiment. *The Pennsylvania Gazette*.

1758 | 平息“怒涛”的橄榄油

为什么富兰克林就是算不清这笔账呢？有些推理本来很简单，得到的结果也会令他的实验名垂青史。他仿佛中了一个奇怪的魔咒，虽然不断进行着惊人的实验，却因为没有推出有用的结论，只能被写在科学史的脚注里。

1757 年，富兰克林跟随一只船队从纽约出发，去往伦敦。途中，他偶然发现有两艘船的尾部水流格外平静。船长却没有大惊小怪，他解释说：“可能厨房刚把泔水从排水口倒出去，于是船身的这一侧就沾上油了。”富兰克林这才模糊地回想起来，罗马学者老普林尼在很久以前就曾写过，水手习惯用油来平息波浪。于是，他决定找个机会亲自试试。

第二年的某个大风天，富兰克林来到伦敦附近的克拉彭池塘，将一些橄榄油倒入了池水中。他后来描述：“虽然只有区区一茶匙油，池水却立刻平静下来。”油在短时间内迅速扩散，很快便铺到了对岸，占据了整片池水 1/4 的面积，使“大约半英亩的水面变得波平如镜”。此后，富兰克林总会在他的空心儿手杖里放一点油，并在别的水域重复他的实验。

这种效应可以应用于航海吗？水面上的油可以让船在风急浪大的海湾轻松靠岸吗？ 1773 年，富兰克林在朴茨茅斯做了一个测试：坐船先驶离海岸，再掉头返回，助手一直在向水中注入少量的油。浪头上的白色泡沫确实消失了，但令富兰克林感到失望的是，波浪的强度似乎没有发生任何变化。

法国学者阿沙尔（M. Achard）想要弄清这个问题，时隔不久，他便在实验室安装了一个一米见方的大水盆，并通过摇动手柄在水盆中制造风浪。他将一只小船放在盆里，观察它多久之后会因为波浪起伏太大而倾翻。如果水面没有油，摇 30 次手柄之后，船就会沉，如果有油，就要摇 35 次。差别并不算大。随后，他又做了几次实验，结果也都比较含糊。阿沙尔对此感到不满。他猜测："海员们的描述有太多夸张的成分。"不过，他的实验忽略了一个重要的因素：风。

油能平息海浪的说法仍在流传。据说，某位来自荷兰的船长曾在一场风暴中用油平定了"怒涛"；又据说，早在 1735 年，某个海员就亲眼目睹过：两艘装载着橄榄油的船遭遇风暴，船里遗洒出少量的油，海面居然平静下来，船只又可继续航行。甚至还有某条古老的航海法令规定，风暴中的船只如果需要丢弃货物，最先扔掉的应该是油。

1882 年，苏格兰人约翰·希尔兹（John Shields）派人在彼得黑德港口铺设管道，持续向水中排油。这次测试似乎成功了，不过依照此法，风暴来临的时候，所需油量可能会很大，技术难度也不小。他又在阿伯丁做了一次实验，此后，这类实验便销声匿迹了。

还有一个更简易也更经济的做法：帆布口袋里装着浸满了油的大麻籽，根据不同风向，要么挂到船头，要么悬在船尾。20 世纪 60 年代，德国的船只都必须按照规定携带"平波油"。据说，动物油比植物油有效，而植物油优于矿物油。有人认为，挂上了油，就可以阻止大水灌进救生艇。现在的救生艇通常都是封闭的，另外，这种措施究竟有没有用，大家并未达成共识，所以后来这条规定就被取消了。不过，今天仍有船员会在小型救生艇旁配一个小小的油罐。

20 世纪 70 年代，汉堡大学的海因里希·许纳福斯（Heinrich Hühnerfuß）领导的一项实验显示，水面的油膜的确可以抑制波浪。他们在北海表面覆盖了面积为 2.5 平方千米的油膜，使波浪的高度大概下降了 10%。

为什么会这样呢？早在19世纪末，科学家就能够解释这种现象了。油在水的表面形成了既黏稠、又有一定伸缩性的薄膜。海风遇到这层薄膜以及被薄膜覆盖的海水，便施展不出威力了。较小范围的波浪得到抑制，经过连锁反应，较大范围的波浪也变得和缓了。

富兰克林做实验时，除了检验油能平息波浪，还注意到一滴油会“急速、剧烈地”在水面“扩散成很大一片”。据他观察，油膜变得非常薄，最后几近透明。他猜想，其原因可能是油具有某种“排斥”特性。这样解释并不正确。但是这种现象很有意义。他如果再动一下脑筋，也许就能回答出许多重大科学问题。

当时，学界已经一致认为，物质是由小的粒子构成的。然而谁也不知道这些粒子到底多小。富兰克林只要再迈进一步，就能得出一个可靠的设想，即：油会迅速扩散，直到油膜薄到极致才会停止，这个厚度可能正是分子的厚度。这样一来，上述谜题就能解开了。

借助富兰克林的描述，我们很容易算出：克拉彭池塘中的油膜厚度大概为百万分之一毫米，从度量等级来看，这个数字真的基本符合甘油三油酸酯的分子长度（甘油三油酸酯是橄榄油的主要成分，长约百万分之二毫米）。然而，真正做这种运算，是100多年以后的事情。直到那时，人们才第一次比较可靠地估算出分子的直径。

此后又过了30年，人们才弄清，为什么橄榄油会以一个分子的厚度（即“单分子层”的状态）覆盖水面。就像许多有机分子一样，甘油三油酸酯也有长长的原子链，原子链一端疏水——这便是油不溶于水的原因，另一端亲水。亲水的一端努力接触水，于是形成了单分子层。

20世纪50年代，兴起了另外一种使用油膜的方法。人们将油膜铺在炎热干燥地带的储水池中，防止水分蒸发。没过多久，这个方法又不流行了：如果遇到强风，水表的薄膜就会被吹破，从而失去功效。

令人意想不到的是，富兰克林实验带来的最重大的成果居然出现在生物学界。人们得到启示，找出了包裹细胞的薄膜的成分。1899 年，植物学家查尔斯·欧文顿（Charles E. Overton）发表了一篇论文，推测橄榄油和细胞膜之间应该存在相似之处。因为一次机缘巧合，欧文顿发现，某些物质对细胞膜的穿透性与它们在橄榄油中的溶解性有着独特的关联：如果一种物质可以轻易渗入细胞膜，就能很快溶于油中；相反，如果很难通过细胞膜，也会很难溶于油中。

所以，欧文顿得出结论：细胞一定被某种与橄榄油分子相似的分子所包裹。这种分子是如何排列的？ 1925 年，研究人员找到了答案。他们和 170 年前的富兰克林一样，把“油”放在水面，不过用量要小得多。

艾弗特·格尔特（Evert Gorter）和学生格兰德尔（F. Grendel）从血红细胞中萃取出了所有的脂分子和油分子（脂肪），他们猜想，这些分子就是构成细胞膜的主要成分。随后，他们把收集来的脂肪放到水上，水面形成了一个“单分子层”，其面积正好是原始血红细胞全部表面积的 2 倍。科研人员由此得到正确的结论：血细胞的细胞膜一定有两个分子那么“厚”，两个“单分子层”因为都有不亲水的部分，所以彼此之间分隔开来。

“把油倒入水中”的实验操作简便，人们通过它，在许多领域得出了重要的认识。

今天，克拉彭池塘俨然已是所有“表面化学”学者的朝圣之地。有时，来到这里的科学家情难自已，便会重做一次富兰克林的实验。估计那片水域的橄榄油含量要远远高于其他水域吧。

⌑ verrueckte-experimente.de

◆ Franklin, B. (1773). Oil on Water. *Letter to William Brownrigg*.

1822 | 出自《圣经》之一：从国外“引进”的鬣狗

1821 年夏，英格兰柯克代尔地区某采石场的工人们发现了一个洞穴，里面堆满了骨头。几年前，这里发生过一次山崩，很多牲畜遭到掩埋，工人们觉得，洞里的骨头应该就是这些牲畜的遗骨。当地人请来了自然科学家、同时担任教士的威廉·巴克兰（William Buckland），他在进洞勘察之后，才发现这些残骨来自老虎、牡鹿、熊、马、大象、犀牛、河马和鬣狗。每逢化石出土，身为教士的巴克兰都会努力借助《圣经》故事加以解释。这一次，道理似乎也不难讲通：野兽们极有可能是被“大洪水”[①] 冲进洞穴的。不过，教士先生也发现了一些疑点：假如真是洪水冲来了这些尸骨，不是应该同时携带大量泥沙和石子吗？可是洞里完全没有沙石的踪迹。而且，这些大型动物到底是怎么通过狭窄的洞口挤入洞中的呢？

巴克兰又做了进一步观察，发现骨头上面有被啃噬的痕迹，而且这些牙印与在洞穴底部找到的鬣狗牙齿完全吻合。由此可以推断，大洪水暴发之前，曾有鬣狗在这里长期生活，它们总是会将觅得的腐尸拖进洞内慢慢享用。

为了检验自己的假说是否正确，巴克兰不惜花费重金。他派人从非洲南部带来一只鬣狗，取名“比利”，让它啃食骨头。实验收获了喜

① 据《圣经》记载，上帝因对人类的罪孽深感失望，于是制造了一场毁灭性的大洪水。只有正直的诺亚一家提前得到神谕，制作方舟躲过此劫，并按上帝要求，将少量的各类生物带上方舟，以保存物种。——译者注

人的成果。巴克兰在寄给朋友的信中这样写道："我让比利啃了牛胫骨，它干得真漂亮。它不吃的部位都能在柯克代尔的洞穴里找到，它吃掉的部位也正是柯克代尔的洞穴里所没有的……实验用的骨头和洞穴里的骨头的断裂状况完全一样，你几乎辨别不出哪个才是比利咬过的，哪个又是柯克代尔洞穴里的鬣狗咬过的！"

巴克兰的实验清晰明了，但在当时，对《圣经》深信不疑的其他教士并不接受他的结论。他们宣称：大洪水"来势凶猛、席卷一切"，骨头上所谓的"牙印"其实是被水中的其他东西冲撞出来的；而且，英格兰过去根本没有热带动物。

◆ Buckland, W. (1822). Account of an assemblage of fossil teeth and bones of elephant, rhinoceros, hippopotamus, bear, tiger and hyaena ... *Philosophical Transactions of the Royal Society* 112: 171-230.

1874 | 向尸体射击

据《瑞士医生通讯》报道，1874 年圣诞节前夕，伯尔尼附近举行了一场奇特的射击演练。"亲切友好"的 艾尔拉赫（K. v. Erlach）博士负责"瞄准和开枪"，他用口径为 10.4 毫米的"维特尔利"（Vetterli-Gewehr）和口径为 11 毫米的"夏斯波"（Chassepot）对着"五块连在一起的杉木板子"、"一本合上的书"、"风干后装满沙子的猪膀胱"和

▶ 特奥多尔 · 科赫尔（坐姿，戴黑色礼帽者）1904 年 7 月在图恩进行“军队作战方针之射击实验”。他的怪异实验至今仍在挽救全世界士兵的生命。

“两具用布紧紧裹住的完整尸体”射击。后来，实验还用“塞满土豆泥的人类颅骨”做靶子。“院长先生鲁德 · 谢尔（Rud. Schärer）博士”“慷慨热情地”提供他的“私人射击场”作为实验场地。“鲁德 · 谢尔”全名鲁道夫 · 谢尔（Rudolf Schärer）是当时瓦尔道精神病院的院长。看来，他是因为职务特权（管他是因为什么呢）而拥有了一片属于自己的射击场。

《通讯》声称，这项实验获得了瑞士“联邦委员会委员威利（Welli）”的支持。实验虽然有点怪异，但却开创了“创伤弹道学”研究的先河，实验主持人——33 岁的伯尔尼医学教授特奥多尔 · 科赫尔（Theodor Kocher）的动机也很值得称颂：正如他在 1894 年的罗马国际医学大会上做报告时所说：“从人道主义的角度考虑，我们需要对子弹进行改良。”科赫尔提出，对文明开化的民族而言，战争的目的不是尽量消灭更多人的生命，而是“把一个拥有较强战斗能力的敌对者变成一个需要照

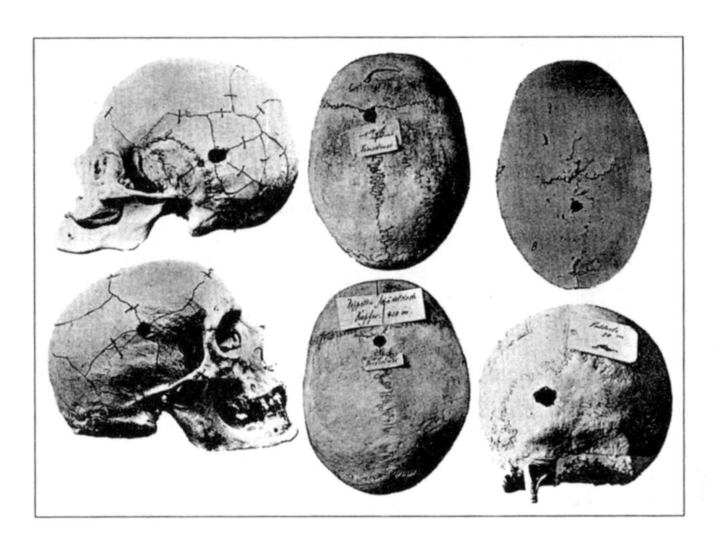

▶ 人们在向颅骨射击之前，先用土豆泥将其内部填满。

料的病人”。

19 世纪冲突不断、战火频燃，医学专家可以亲临现场研究战争创伤问题。不过，枪击究竟为何能够致死，当时依然众说纷纭。是因为极高的温度使子弹熔化，导致许多碎块从子弹上剥落下来吗？是因为旋转的子弹带有离心力，扯断了皮肉吗？还是因为子弹侵入肌肉以及柔软部位后产生了一种压力吗？

“离心力”的说法并不准确。在实验中，人们观察遭受枪击的尸体，发现子弹飞出体外时造成的伤口并没有比射入体内时扩大多少，在子弹飞出体外的地方，破掉的皮肉也并没有扭转出涡旋式的形状。此外，虽然人体内部出现了直径长达 15 厘米的创孔，但是科赫尔认为，弹道直径仅为 1 厘米的子弹凭借旋转时的离心力不太可能造成这么大的“空腔”。

“碎块”的说法也不可靠。在科赫尔的实验中，如果子弹没有击中骨骼，就不会留下什么碎块。科赫尔比较支持“压力说”，他认为枪击造成的流体静力冲击才是摧毁人体组织的元凶。实验结果验证了这一假设：子弹打在空的颅骨上，只是留下两个洞；打在用土豆泥填充的颅骨上，颅骨却开了花。也就是说，子弹本身并未爆炸，最终引发爆炸的是颅内的人体组织。

科赫尔又做了更多实验，更加确切地证明了他的论断。他在《小口径枪弹的射伤原理》（*Zur Lehre von den Schusswunden durch Kleinkalibergeschosse*）中详细描述了不同物质被子弹击中的状况，包括砂岩材质的石板、铁皮罐、玻璃板以及用绳子吊起来的肝脏。今天，伯尔尼大学仍然留存着实验用过的一副颅骨。不过，真正让科赫尔出名的是他精湛的手术技术以及用他名字命名的“科赫尔型动脉钳”。1909年，科赫尔成为首位获得诺贝尔医学奖的外科医生。

目前只有少数专家知道科赫尔做过射击实验。不过，实验带来的影响十分深远，绝不亚于他那篇获诺贝尔奖的论文。科赫尔的弹道学实验为图恩弹药厂经理爱德华·鲁宾（Eduard Rubin）设计“鲁宾弹”提供了理论基础。今天，鲁宾弹仍然是世界范围内广为使用的一种子弹。

科赫尔深知，人们研发新式武器，一定会不断提高发射速度，他没有办法阻止这一趋势。任何一支军队都不可能放弃对子弹速度和精准度的追求。科赫尔只能倡导人们尽量使用硬质的小口径子弹，因为它在人体组织中产生的流体静力最小。正如科赫尔所言，“用射击武器消除意见分歧”的“要义”在于使对方受伤，使用最小的子弹，已经足够造成较大面积的身体伤害了。

◆ Kocher, T. (1875). Ueber die Sprengwirkung der modernen Kleingewehr-Geschosse. *Correspondenz-Blatt für Schweizer Aerzte* 5: 3-7, 29-33, 69-74.

1875 | 恶魔般的装置

▶ 恩斯特 · 马赫研制了一种仪器，大多数人刚一进入便会感到恶心。

恩斯特 · 马赫（Ernst Mach）似乎并未意识到他发明的装置有多可怕。据他本人描述，他在1875年设计了一场关于"运动感觉"的实验：他用一个"中空的、可旋转的、内部画有条纹的圆筒"将被试者罩住，并发动圆筒不断转动。在这一过程中，被试者会反复出现瞬时性的错觉，以为转动的不是圆筒，而是他们自己。

实验人员猜测，出现错觉的原因在于：人们习惯性地认为自己所处的世界作为一个整体是静止不动的。一旦外部环境（例如实验中的圆筒）整体运动起来，大脑便会自然而然地判定是人本身在动。马赫此前就曾留意过这种现象，他发现，如果他站在桥上盯着下面的流水，很快便会产生一种感觉，好像水是静止的，而他自己，连同脚下的桥却在水面上方飞驰。

有了"条纹筒"——后被称为"视动鼓"（optokinetische Trommel，也叫"视动性眼震仪"），就可以在实验室里研究这种现象。视动鼓的功用还不止于此，事实证明，它也是让人产生恶心感的绝佳装置。视动鼓制作简易、驱动方便，因而成为研究恶心呕吐现象的理想工具。

相关实验在20世纪20年代时便已出现。实验用的大纸筒一直延

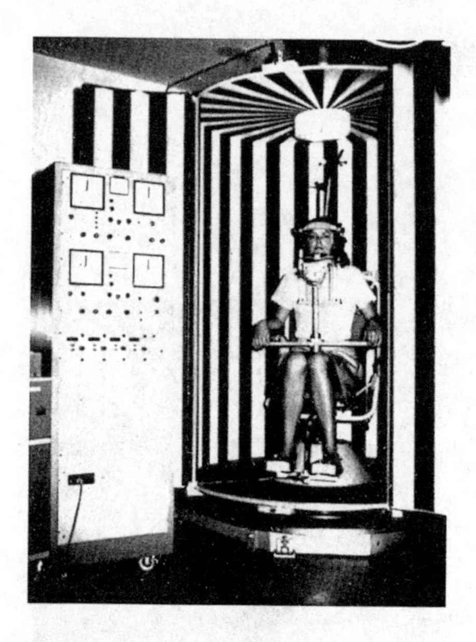

► 直到今天，视动鼓仍然是研究恶心呕吐现象的首选工具。图中显示的是 20 世纪 70 年代的一种视动鼓。

伸到天花板，被试者待在纸筒内部看着它转动，直到胃里翻江倒海。为了使“呕吐场景”更加清晰和明显，被试者必须进食。据X光照片显示，实验中，被试者的胃部出现了紧缩反应。

通过后续实验，人们得出了更多结论：例如，亚洲人出现恶心的症状明显要比欧洲人快；又如，恶心和呕吐是由不同进程引起的。现在，人们经常使用视动鼓来检测晕车药的药效。

关于呕吐现象，还有许多问题亟待研究人员找到答案。“视动鼓中的被试者究竟为何感到不适”仍然是最大的谜团。目前通行的“标准解释”认为，旋转的圆筒制造了相互矛盾的感官信号，于是引发了不适。也就是说，内耳的平衡器官向大脑传达了静止的信息，而转个不停的条纹却让人误以为自己正在运动。坐船的人应该体验过相反的状况：平衡器官告诉他们此刻正在“摇晃”，而眼睛看到的却是一大片平静的甲板。

那么，相互矛盾的感官信号又为什么一定会导致恶心呢？这个更为根本的问题还没有明确的答案。恶心和呕吐可以帮助我们将有毒或者腐烂的食物排出体外。不过，对于坐船的人而言，这个理由就不太讲得通了，有的乘客非常健康，船上的食物也无可指摘，但在风狂浪大的海域，他还是会抬手“挥别”每餐供应五道菜品的丰盛菜单。

科学家们初步推测：相互矛盾的感官信号之所以会导致恶心，是因为其症状类似中毒。许多毒药在药性发作时会最先损害平衡感，造成眩晕，让人觉得所有东西都在摇晃和旋转。

也就是说，感官信号一旦相互矛盾，大脑很可能会自动做出“中毒”的判断，即便原因只是摇晃的轮船或者旋转的视动鼓。

◆ Mach, E. (1875). *Grundlinien der Lehre von den Bewegungsempfindungen*. Leipzig, Wilhelm Engelmann.

1881 | 顺风而行的光

马车可真是个糟糕透顶的东西。马蹄笃笃地敲击着柏林新威廉大街的路面，震动一直传到物理研究所的地下实验室。29 岁的阿尔伯特·迈克尔逊（Albert Michelson）正站在那里，几近绝望地面对着他发明的“干涉折光仪”。

▶ 1881 年，阿尔伯特·迈克尔逊在波茨坦首次使用“干涉折光仪”，试图证明“以太”的存在，图为该仪器的复制品。

仪器的名字有点长，脾

▶ 位于波茨坦的天文观测站。柏林城的马蹄声干扰太大，迈克尔逊便把实验搬到这里来做。

气也不太好。只要出现一丁点儿震动，它就罢工。迈克尔逊把它支在一块石头底座上，夜深了才开始工作，可是到了凌晨两点，周围仍然不够安静。

1881 年 4 月，迈克尔逊来到比较安静的波茨坦，把设备放进了天文观测站的地下室。他终于如愿以偿地做起了实验。这项科学史上“最成功的失败实验”既让他神经崩溃，也为他带来了诺贝尔奖。只是他不太相信实验结果，始终对其表示怀疑，直到离开人世。

阿尔伯特·迈克尔逊曾在马里兰州安纳波利斯市的美国海军学院学习物理，他富有创见，因设计出测量光速的精密仪器而一举成名。1880 年，他来欧洲访问学习，刚到柏林便勇敢地挑战了物理学界最困难的一项任务：证实以太。

当时，人们已经知道光具有波的属性，并且认为每一种波都需要介质才能传播，声波需要空气，水波需要水，光波通过什么传播呢？科学家提出了以太的概念。他们相信，以太是一种看不见、无重量的介质，遍布于整个宇宙，不受任何物质的干扰——当然，只有电磁波可以从中穿过。星光通过以太从没有空气的外太空传到了地球，无线电波通过以太从广播电台传到了听众身边。尽管所有理论都认为以太是电磁波

（包括光波和无线电波）传播的重要条件，却没有任何证据能够证明它的存在。迈克尔逊想要找到证据。

▶ 物理学家阿尔伯特·迈克尔逊想要寻找以太，却因为没有找到而获得诺贝尔奖。

迈克尔逊认为，宇宙中的以太是静止不动的，地球在以太中运转，就好像一艘轮船在风平浪静的海面上航行，船身会划开水面，地球也会分开以太。地球围绕太阳运动，每秒钟走过 30 千米。人们站在轮船甲板上能感觉到迎面有风吹来，同样，地面上也存在类似的“以太迎面风”。“以太风”会影响光的传播：光线“顺风”速度就会加快，光线“逆风”速度则会减慢。人们只需测出不同光线的速度差异，便可以证明以太的存在。

只要翻开《不列颠百科全书》第九版，便可查阅到上述观点。提出这一观点的是英国著名物理学家克拉克·马克斯韦尔（Clerk Maxwell）。不过，要比较光速之间的差异，首先必须极其精准地测量光速，马克斯韦尔对此不抱乐观态度。

毫不夸张地讲，光速实在是非常非常快。举个例子：您刚让台灯通上电，一口咖啡还没咽下去，灯光就照到了桌面上，用时仅为 0.000000001 秒。即便只是粗略地测出光速都是一桩了不起的成就，对于这一点，迈克尔逊再清楚不过了。他曾在 1878 年确认光速为每秒 299940 千米，这是当时最精准的数值。

其实，通过某种方法可以直接算出两束光线的速度差异，无须确定各自光线的绝对速度。迈克尔逊的“干涉折光仪”就能实现这项功能。

仪器将一盏灯发出的光分成两束，使它们朝着不同的方向传播，再经过多面镜子的反射把它们重新汇聚到一处。受以太风的影响，两束光线不会同时到达，两束光线共同产生的干涉图样将明确显示出到达的先后顺序。具体的运行过程有些复杂，不过，即使您不懂，也不会影响您对实验的理解。

迈克尔逊安置干涉折光仪时，需要保证一束光线追随着地球自转的方向，这样，它便会首先逆着以太风传播，并在镜面反射之后顺着以太风传播。另一束光线来自右边的角落，发出后再被镜子反射回原来的路径。去程和归程都受到来自侧面的以太风的影响。

迈克尔逊是这样向他的孩子们描述实验过程的："两束光线就像两个在河里比赛游泳的人，其中一个先是逆流游动，然后顺流折返；另外一个要游过相等的距离，只是方向不同，他要横穿河流，先游过去再游回来。只要河水还在流动，第二个人就永远是赢家。"刚一听到，您也许有点惊讶，因为人们往往设想，第一个人在逆流时损失的速度，会在顺流时弥补回来。不过这是不对的，因为他在两个方向的游动时间不相等。逆流游得慢，途中与水流斗争的时间也更长。

迈克尔逊搭好了他的测量仪器，却并未认出哪一道光才是赢家。两束光线总是同时回来。他在文章中承认，"地球在静止的以太中运动"是一个错误的假设。不过，他仍然相信以太的存在。他推测，地球运动时，以太因为受到牵引会随之一起运动，因此波茨坦的地下室才没有出现以太风。可是后来的一些实验又驳斥了这一观点。

► 化学家爱德华·莫雷与迈克尔逊在芝加哥重做了曾在波茨坦做过的实验。

迈克尔逊认为"干涉折光仪"不够精准，并发现自己在波茨坦做实验时犯了一个小小的计算错误。因此，他于1887年在化学家爱德华·莫雷（Edward Morley）的协助下，在俄亥俄州克利夫兰市的凯斯应用科学学院重新做了一次实验。他们把光源和镜子安装到一块桌面大小、40厘米厚的石块上，并将石块置于水银表面以防止

▶ 改良后的实验装置，位于芝加哥：为使石块免受震动，科学家把它放到了水银表面。不过，以太仍然未能得到证实——因为它根本就不存在。今天，人们将这项实验视为科学史上“最成功的失败实验”。

震动。实验结果没有任何变化：两束光线还是走得一样快。

对于这样的结果，唯一可能的解释便是：根本就没有以太。但和许多物理学家一样，迈克尔逊并不愿意承认这种说法。以太的概念早已根深蒂固，否定了以太，就相当于抛弃了他们一直以来的宇宙观。

光（以及其他各类电磁波）在任何时段、任何方向的传播速度都一样。这违背了牛顿的理论，也不符合常人的思维。人们既不能把光甩在身后，也无法对光穷追猛赶。无论以怎样的速度运动，测出的光速都是每秒 300000 千米。对于两个运动速度不同的观察者来说，同一道光的速度总是一样快。起初人们根本无法理解这一点。如果根据日常经验，情况应该刚好相反。物理学家也想不出解释的方法，只能接受这个事实。

1905 年，迈克尔逊首次实验 24 年后，26 岁的伯尔尼专利局“三级技术检验员”阿尔伯特·爱因斯坦（Albert Einstein）解开了光速恒定不变之谜。很多教材介绍，迈克尔逊—莫雷的实验结果是爱因斯坦狭义相对论的构建依据，其实不然，光速不受观察者运动速度的影响，始终保持恒定，这是他纯粹通过脑力思考得出的结论。

两个运动速度不同的人看到同一束光线，感觉到的是相等并且恒定的光速，此处的“矛盾”可以用相对论来解决。相对论认为，对于两个观察者而言，时间的流逝速度也不一样。虽说这种效应已经得到证明（《疯狂实验史》第一部），并且不再遭受质疑，但是，一个普通人的头脑还是很难真正理解它。相对论的各种“奇思妙想”似乎都很难懂。

迈克尔逊也很难接受相对论。1907年，他在哥廷根大学做了一场报告，报告结束后，他在听众的簇拥下走进了咖啡厅。刚进门，他便大声问道：“我该坐到哪张桌子旁边呢？拥护相对论的人坐哪儿，物理学家又坐哪儿？”1931年，爱因斯坦最后一次探望重病缠身、不久于世的迈克尔逊，迈克尔逊的女儿请求爱因斯坦：“您说话可得小心，免得他又说到以太那儿去了。”

以太没能通过科学的考验，却留在了日常用语中。今天，我们还是会在广播节目里听到“电波穿过以太”这类表达。人们对以太如此“忠贞不渝”倒也情有可原，因为“波在虚空中传播”的确是件难以理解的事情。

⌑ verrueckte-experimente.de

◆ Michelson, A. A. (1881). The Relative Motion of the Earth and the Luminiferous Ether. *The American Journal of Science* 22: 127-132.

◆ Michelson, A. A., E. W. Morley (1887). On the Relative Motion of the Earth and the Luminiferous Ether. *American Journal of Science (3rd series)* 34, 333-345.

1882 | “升挂”还是“甩坠”？

你可能觉得，有些问题——例如“被绞死时会有什么感觉”是无法通过人们的亲身体验得到解答的，那你可就低估了某些医学工作者的求知热望。

19 世纪末，医学专家就“哪种绞刑方式最快致死”展开了争论：是用绳索套住脖子并使人坠落，迅速折断颈椎；还是从各个方向均匀施力压迫脖子，终止血液和空气的输送。多数专家认为，第一种解决办法最为干净利落。一个名叫霍顿（S. Houghton）的教士还曾编排公式，试图根据受刑犯人的体重算出恰当的坠落高度，以使其颈椎迅速折断。不过这位神职人员很可能点错了小数点，他的公式首次付诸实践便出了状况，犯人不止折断了颈椎，连头都掉下来了。

纽约医学院的格莱姆·哈蒙德（Graeme M. Hammond）与众多医学专家及新闻记者的观点不同，他认为，与“甩坠”相比，“快速升挂”不仅具备速度上的优势，而且毫无痛感。他在专业论文《论执行绞刑的正确方法》中大发牢骚：“报纸上充斥着耸人听闻的消息，标题全用大写字母，语气沉重、词句揪心，极力强调犯人遭受了巨大的痛苦。…… 看到这些描写，不单‘心软’的读者会对犯人产生深深的同情——而他们不配享受这份同情，就连雷厉风行、爱憎分明的‘强硬派’也要质疑和反对死刑了。”

为了证明“升挂”远没有这么糟糕，哈蒙德拿自己做起了实验。他叫人用毛巾缠住他的脖子，请一位医生好友抓住毛巾的两个末端并将毛巾缓慢旋紧，另一位医生站在他的面前，检测他对疼痛的忍耐度。

哈蒙德先是全身酸麻，随后眼前一阵阵发黑，耳中响起剧烈的轰鸣。80 秒后，他失去了痛感。“这时用刀扎我的手，扎得很深，都流血了，我却没有任何感觉。”通过这次亲身体验，哈蒙德确信：绞死一个人的正确方法是缠住他的脖子，把他从地面吊起并保持 30 分钟。

这样的实验的确不太多见，但哈蒙德绝对不是唯一一个亲自尝试受刑方法的人。3 年后，《纽约世界报》(*New York World*)刊发了一篇题为“受绞刑怎么样”的报道，记录了“一位尝试受刑者的愉悦经历”。主人公来自某个类似“自杀俱乐部”的组织，报道没有介绍他的真名。他比哈蒙德玩得更大——他真的让人把自己吊了一小会儿。悬空期间，他感觉良好，仿佛在一片“油的海洋”中畅游，游向一座小岛，小岛上传来美妙的人声和鸟鸣。事后，他向伙伴们极力证明，整个过程“甚是愉悦”，可伙伴们却并不想去体验。时隔不久，大西洋彼岸的一位罗马尼亚法医又进行了类似的研究，与以往不同的是：他的作风更加严谨、态度也更为热忱。（参见“1905‘自缢’12 次的人”。）

◆ Hammond, G. M. (1882). On the Proper Method of Executing the Sentence of Death by Hanging. *Sanitarian* 10, 664-668.

1887 | 把尾巴去掉！

1887 年 10 月 17 日，生活在布莱斯高地区弗莱堡大学的 12 只小白鼠（7 只雌鼠和 5 只雄鼠）一大早就碰上了倒霉事：那天是周一，有人剪掉了它们的尾巴，并把它们装进笼子。在接下来的 14 个月里，这间“1 号笼”中的雌鼠共“分批”产下 333 只小鼠。1887 年 12 月 2 日是 15 只“首批”小鼠的受难日：它们的尾巴也被剪掉，并被迁至“2 号笼”中繁衍后代。1888 年 3 月 1 日起，“2 号笼居民”的 14 只后代又要以“无尾”状态继续生活在“3 号笼”中。1888 年 4 月 4 日起，“3 号笼居民”的部分幼崽又在“4 号笼”中重复了父母的命运。

▶ 断尾小白鼠会生出无尾幼崽吗？1887 年，奥古斯特·魏斯曼开始“操刀”研究此事。

让它们不得安生的“大魔头”叫奥古斯特·魏斯曼（August Weismann），是当时极为有名的生物学家。截至 1888 年底，他已剪掉几十只小白鼠的尾巴，平均剪去 11 厘米。“断尾”父母生下的 849 个孩子个个都有尾巴，这并不符合许多科学家提出的“肢体伤残能够遗传”的观点。不过，被科学家们拿来支撑观点的往往都是些没有得到验证的事件。例如，听说耶拿的一头公牛被突然关上的谷仓大门夹断了尾巴，它生下的几头小牛也没有尾巴。再如，传闻一位女士拇指曾经遭受重压，她生下的女儿拇指也是畸形的。当然，特别值得一提的还有“几只无尾小猫”。魏斯曼记录：“它们曾在一年前的威斯巴登自然科学家大会上现身，媒体称它们在会议现场‘备受瞩目’。”据说，猫妈妈的尾巴是被轧断的，猫主人萨迦利亚（Zacharias）博士赶来展示这一案例，就是为了说明“肢体伤残能够遗传”。

人们列举上述事件，是为了探讨物种的逐渐演变究竟建立在什么样的机制之上。“物种会变”早已毫无疑问，饲养禽畜的人肯定都知道这种现象。很多人觉得原因已经找到，那就是：动物进入一个新环境，就会养成新的习惯并把它们遗传给后代。为了够到高处的树叶，长颈鹿会不断伸长脖子，上一代的长颈鹿把“伸长”的脖子遗传给了下一代，下一代为了够到树叶又将脖子伸得更长，于是长颈鹿变成了今天的样子。18 世纪法国科学家让 – 巴蒂斯特 · 拉马克（Jean-Baptiste Lamarck）就是这么认为的，因此，所有相信这种观点的人都被称为“拉马克主义者”。

代际之间的变化非常缓慢，很难直接观察出来。伤残现象则比较明显，拉马克主义者认为，“伤残遗传”现象为他们的观点提供了有力的证据。过去，魏斯曼也曾相信后天获得的某些特征可以遗传；现在，他开始动摇了。因为人们只要稍加检验，就会发现那些有模有样的“伤残遗传”事例都是假的。更主要的原因在于，他找不出伤残遗传的途径。伤残如果可以遗传，伤残的位置、类型等信息就必须以某种方式进入精子或卵细胞，因为只有这些细胞才能把信息传递给下一代。也就是说，一只老鼠“失去尾巴”的信息要经过各种转换，最终录入卵细胞或精子。魏斯曼觉得这是不可能的。

魏斯曼认为，新习惯或肢体伤残都不会影响生殖细胞，遗传物质没那么容易改变。

真正随着环境发生改变的，其实是具备某类特征的个体的后代数量。例如，由于遗传物质发生突变，某只长颈鹿的脖子格外地长，在树木有限的草原，它更容易够到高处的树叶，寿命就会更长、体魄也更强壮，因此可能产下更多继承“长颈”特征的后代。科学家查尔斯 · 达尔文（Charles Darwin）将其称为“自然选择”，他还通过“自然选择”解释了物种为何逐渐演变、最终为何有新物种出现等问题。

魏斯曼的“剪尾”行动一直波及第 22 代小白鼠。果然，它们的所有后代都有尾巴。

◆ Weismann, A. (1889). *Ueber die Hypothese einer Vererbung von Verletzungen*. Jena, Gustav Fischer.

1888 | “人道”的处决方式

亚瑟·肯内利（Athur E. Kennelly）原本打算在夜里做实验，因为“这样的实验必然引来众多好奇的围观者，他们会破坏安静的环境，导致工作人员分心”。不过他可没有决定权。1888年12月5日下午，这场“恐怖测试”的观察员悉数到位，聚集在新泽西州奥兰治镇的实验室里。白炽灯的发明者托马斯·爱迪生（Thomas A. Edison）是实验室的主人，肯内利是他的电气技术主管，负责督导实验流程。观众中有政客，也有“医学—法学协会”（一个旨在促进医学家和法学家关系的社团）的成员，当然还有记者。

▶ 托马斯·爱迪生并不承认是他发明了电椅。不过他确实促成了电椅的推广。

两天后，消息见报。读者得知：在这个下午，一头重达124.5磅、电阻为3200欧姆的小牛，另一头小牛（145磅，1300欧姆）以及一匹马（1230磅，11000欧姆）由于“科学领域众所周知的致命的力量”——交流电，而走向死亡。

人们之所以做这个实验，是因为纽约州颁布了新的法令，规定自1889年1月1日起，必须使用电击处决死刑犯人。

18世纪，科学家已经开始使用新奇而神秘的电来做实验。他们发现，电可以杀死老鼠、猫和小狗。也有许多人因电丧生，有的是在实验中以身试险，有的只是在错误的时刻碰了不该碰的电线。某报纸在报道一场早期触电事故时，曾用"迅如闪电、毫无痛苦"来描述触电而死的过程。很快，科学家和政客便一致认为，电可以让处决变得"人道、高效、特色鲜明"。在一个"文明的国度"里，绞刑似乎有点不合时宜了。

一年前，爱迪生还在实验室中宣称反对死刑，现在却研究起了电椅。据1888年11月的《布鲁克林公民报》（*Brooklyn Citizen*）记载，爱迪生本人表示，用电击处死犯人是个"好主意"。他保证，只要使用"正确的伏特数"，人就会在0.1秒之内死亡。还有不到一个月的时间就要启动新式"电刑"了，可是谁都不知道"正确的伏特数"应该多大，也不知道0.1秒是否足以致死，更不知道电极要装在人体的什么部位、如何安装。

此前，人们曾经用狗做过几场实验。实验表明，交流电比直流电更快导致狗的死亡（直流电的电流方向始终不变，交流电的电流方向会发生变化）。不过，狗的体重比人要轻得多，这些实验还不足以说明问题。

第一头小牛在下午15时50分遭受了30秒的电击，它倒在地上，9分钟后又站了起来。工作人员调整设备，15时59分再次通电，8秒后，小牛死亡。第二头小牛死于16时26分，遭受了5秒的交流电电击。

17时20分，工作人员对马施加短暂电击，没有产生什么效果。17时25分，电击5秒；两分钟后，电击15秒，均未发现明显反应。直到17时28分，马在连续遭受25秒的电击后死亡。哈罗德·布朗（Harold P. Brown）在后来发表于《电气世界》的文章中写道："死亡过程迅速且无痛苦。"

布朗这位年轻的电气专家强烈反对将交流电用于广大家庭。他参与了实验的前期准备工作，还特别提醒记者注意，如果使用交流电，“即便城市常用电压降到目前的一半以下，电流也会瞬间致死”。

▶ 在城市供电问题论战中，爱迪生的对手威斯汀豪斯倡导使用交流电。为了损毁交流电的形象，爱迪生极力推荐将交流电用于电椅行刑。

十年前，爱迪生发明出首个具有实际效用的白炽灯泡。十年过去，交流电已经出现，各方人士为了争夺利益，就城市供电问题展开了全面论战。爱迪生执意推行直流电，他的竞争对手乔治·威斯汀豪斯（George Westinghouse）倡导使用交流电。爱迪生认为，交流电更加危险。人们常会问他，处决犯人的最好方法是什么，他曾做过这样的回答：“让他们去纽约电力照明公司上班，专门负责铺设电路。”

与直流电不同，交流电通过一台变压器可以轻而易举地实现转换：威斯汀豪斯设计了一个 1000 伏特的供电系统，在用户周边，电压会减为 50 伏特。因此，他只用一家电厂就能为很多地方提供电力，覆盖区域远超爱迪生。

威斯汀豪斯相信，爱迪生主持上述动物实验，只是为了中伤威斯汀豪斯电力公司。要向公众演示交流电的危险性，宣称交流电可以用于执行死刑当然是再合适不过的手段。他还怀疑，哈罗德·布朗大概是收受了爱迪生的钱财，才一直煽风点火，极力反对交流电。

面对质疑，布朗提出要和威斯汀豪斯进行一场怪异的“决斗”：威斯汀豪斯承受交流电的击打，布朗承受直流电，起始电压为 100 伏特，每次增加 50 伏特，直到其中一人“公开承认自己的错误”。威斯汀豪斯没有接受这个提议。

第二年，纽约州政府任命布朗置备行刑所需的仪器。布朗坚持要求使用威斯汀豪斯的发电机。威斯汀豪斯拒绝将仪器作为行刑工具出售，布朗耍了一些花招，通过别的途径把它们搞到手中。在电椅上接受处决的“新死法”应该叫做什么呢？爱迪生的一个律师建议,可以叫做：犯人被“威斯汀豪斯化”了。

第一个获此“待遇”的犯人名叫威廉·凯姆勒，他犯了谋杀罪。庭审期间，为他辩护的是一位极有名望的律师，而他明显支付不起这么高昂的辩护费。报界推测，出钱的人是威斯汀豪斯，原因很简单，如果凯姆勒罪不至死，人们就不会拿他的发电机来执行死刑了。

经过漫长的上诉和审理，凯姆勒被判死刑。随后，华盛顿举行了一场有关“电刑”的听证会，爱迪生以“支持方”的身份出席。司法部门还一度在最后关头宣布推迟行刑，当时凯姆勒已经坐上了电椅。几经波折后，行刑时间定在了 1890 年 8 月 6 日。

行刑地点是纽约州的奥本监狱。当日，人们将凯姆勒绑在电椅上，一位看守在他身上安装了两个电极，一个装在背后，大概位于脊柱中部，另一个装在头上，电极所在区域的头发已被提前剃掉。据说，科学家是在做了大量动物实验之后才确定这两个位置的。一切准备就绪，可是人们突然意识到，他们并不清楚行刑所用的大约 1000 伏特以上的电流应该通电多久。最后，现场的某位医生说，他会根据情况给出断电信号。

电闸被扳动。凯姆勒绑在皮带下的身体剧烈抽搐。他面部扭曲，似乎在恐怖地奸笑。右手食指抠进手掌，手上已经流血。17 秒后，医生认为通电时间已经足够。电流被切断。

凯姆勒突然呻吟起来。他还活着！大家不禁惊慌失措。“接通电源！接通电源！”一个人大喊。可是整台发电机都已经被关闭了。机器重新启动花了两分多钟的时间。凯姆勒再次遭受电击。这次电击是一分钟还是两分钟？已经没人记得住了。电极上的海绵原本蘸了盐水，现在已经完全干燥。空气中有了烤肉的气味。一位目击者吐了出来，另一位晕了过去。《纽约时报》（*New York Times*）发表文章报道此事，题为“恶劣程度远超绞刑”。

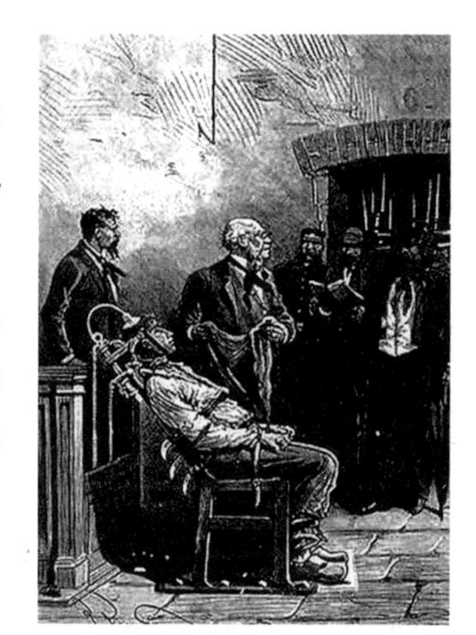

▶ 1890 年 8 月 6 日，首次用电椅执行死刑并未成功。杀人犯威廉·凯姆勒遭受 17 秒的电击后仍然活着，只好接受第二次“电刑”。

马克·埃西格（Mark Essig）在著作《爱迪生与电椅》（*Edison and the Electric Chair*）中写道，对爱迪生而言，电椅与其他任何新式仪器并无区别，人们需要多做几次实验才能改进它的缺点。威斯汀豪斯则告诉记者：“他们拿把斧头都比这个好用。”

1905 年，爱迪生再度被问及电刑一事，他说他没有改变观点：他仍然认为死刑是“野蛮且残酷的”，不过，电刑是最快也是最人道的处决方式。

爱迪生一直否认是他发明了电椅。不过，据埃西格判断，爱迪生无疑利用了自己极高的声望，促成了电椅的推广。他这么做，主要是为了攻击交流电，因为他确信，交流电太危险。

20 世纪 70 年代后期，美国越来越多的联邦州不再使用电椅处决犯人。取而代之的是注射处决。

今天，电源插座里传来的电都是交流电。交流电确实要比直流电更加危险（它会导致严重的肌肉收缩和流汗，使皮肤电阻下降），但它还是得到了普遍应用，因为——威斯汀豪斯说的没错——它非常容易转换。

◆ Brown, H. P. (1888). Death-Current Experiments at the Edison Laboratory. *Electrical World* 12, 393-394.

1905 | “自缢”12 次的人

“缢亡”是怎么回事？罗马尼亚法医尼古拉斯·米诺维奇（Nicolas Minovici）1905 年发表的论文《缢亡研究》涵盖了读者想要知道的所有内容，大概也涉及了一些他们永远都不想知道的内容。开篇的第一句话是这样写的 ：“在法医界，大概没有什么话题能像绞刑一样引发这么多的争论，导致这么多的错误了……”随后的 238 页长篇大论则郑重地向世人宣告，这本书的出版终于终结了此前的尴尬局面。

米诺维奇将 172 名自杀者按年龄、性别、社会地位、国籍和职业分类，分析他们自缢的地点和季节，考察他们使用的工具 ：例如有 39 个用绳

▶ 罗马尼亚法医尼古拉斯·米诺维奇正在体验一次“不完全缢亡”。

索的、12 个用布带的，还有 1 个用手帕的，并研究他们是怎么打的结。当然，在此之前，他给出了严谨的科学定义："缢亡是一种暴力行为，在此过程中，身体被索套悬挂起来，索套一端被固定在某一点，另一端钩住脖子，体重完全吊在绳子上，绳子瞬间拉起，人会突然丧失意识，呼吸功能停止，最终死亡。"

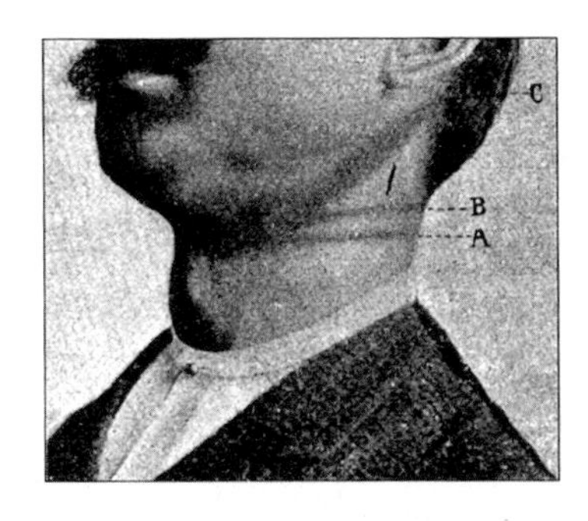

▶"A、B：不完全缢亡造成的挫伤；C：完全缢亡造成的挫伤。"尼古拉斯·米诺维奇在书中详细介绍了他在实验中受到的伤害。

书中的信息已经很丰富了，米诺维奇却认为，还有一个问题没有得到完满的解答：人在缢亡的时候会有什么感觉呢？想要了解这个秘密，只有一种可能，米诺维奇和助理很快便做出了决定：把自己吊起来。

起初的实验没什么危险，他们只是用食指压住颈动脉，一旦眼前发黑便停下来。后来，他们模拟出"不完全缢亡"状态，以求中断脑部供血。米诺维奇兴奋地写道，结果"完全超出了我们的预期"。

所谓缢亡"不完全"，不是指米诺维奇没有真的死掉，而是指他并非全身悬空。他躺在板子上，把头伸进一个可以收口的索套，绳子有 5 毫米粗，绳子的末端绕过天花板上的滚轮，最后被他抓在了右手中。他收紧绳子，直到索套勒住脖子、拽起头部。"虽然我们经常重复这个实验，但是我们最多只能坚持 5—6 秒。"米诺维奇写道。天花板上的测力器显示，米诺维奇失去意识的时候，索套承担的重量是 25—30 千克。"脸先是变红，然后变青，视线模糊，耳朵里呜呜响，感觉已经丧失了勇气，这时我们就会中止实验。"

米诺维奇并没有丧失勇气，他又进行了第三项和第四项实验。在第三项实验中，他用布料做了一个不能收口的搭环。"我让他们把我吊起来六七次，每次四五秒钟，希望可以慢慢适应，”米诺维奇写道，“在最初几次短暂尝试中，让我感觉最为明显的是疼痛。”令人惊讶的是，他“受到最初几次实验的激励”，在第二天吊了更长时间。

经过“锻炼”，尼古拉斯·米诺维奇最终支撑了26秒之久。搭环带来的可怕疼痛延续了10—12天，但这不会阻止米诺维奇勇往直前，开展他的“王牌实验”——用收口索套将自己真的悬挂起来。与之前历次实验一样，米诺维奇再度满怀歉意地表示：他和助理“尽管鼓起了所有勇气，也无法撑过三四秒钟”。

米诺维奇在论文中附了一张颈部的照片，通过实例来阐述论断：“实验造成的颈部伤害多种多样。喉骨和舌骨的骨折几乎不可避免。最后一次实验结束，我足足疼了一个月。”他还在图中详细标出了“完全缢亡”以及“不完全缢亡”留下的血肿痕迹。

▶ 尼古拉斯·米诺维奇的一次实验，图中的搭环不能自行收口。他每次吊起，都要让双脚离开地面1—2米。

米诺维奇曾在文章中多次指出，实验很危险。因此人们更加不解，他为什么每次吊起，都要让双脚离开地面1—2米。5厘米的高度应该会有一模一样的效果吧。某次实验令他差点大难临头。实验结束时，拉绳子的助理想要扶住米诺维奇，因为他担心米诺维奇已经昏迷。可是绳子乱缠在了一起，并没有松开，米诺维奇虽然被助理扶着，却仍然“足斤足两”地吊在索套上。

米诺维奇的实验是法医学的经典实验。研究得出了许多结论，包括：绳索在脖子上的位置也起着决定性的作用。一位助理在不收口的绳结上吊了 30 秒钟，因为他在脖子上找到了合适的悬挂位置。米诺维奇还纠正了“多数缢亡者是窒息而死”的观点，认为脑部供血中断才是导致死亡的主要原因。

谁不相信这些结论，米诺维奇就会邀请谁“检验一下实验结果，但是没有生命危险。只要走到那边，脖子搭在索套上，让绳子末端连着一架拉力器。拉力达到三四千克时，身体开始提升、双脚离开地面，这时，难忍的疼痛会让你不想再继续下去”。

◆ Minovici, N. S. (1905). Étude sur la pendaison. *Archives d'anthropologie criminelle de criminologie et de psychologie normale et pathologique* 20, 568-814.

1911 | “40 桶可口可乐”案件

1911 年 3 月 16 日，美国田纳西州查塔努加市开始审理可口可乐案件，哈里·霍林沃斯（Harry Hollingworth）也在忙着整理、运用他的实验数据。如果事先知道审判结果，他就不用一连几天通宵达旦地工作、努力从 64000 次测量中提取一个清晰的供述了。不过，从周四的情况来看，可口可乐工厂的负责人似乎非常急于将他的实验结果呈给法庭。

两年前，政府官员在查塔努加附近扣押了整整一卡车可口可乐浓浆，指控公司生产及贩售危害健康的饮品。这起案件的正式名称为：美利坚合众国指控 40 大桶及 20 小桶可口可乐案。

事件的幕后推手是农业部官员哈维·威利（Harvey Wiley）。他是一位捍卫纯天然食品的斗士，强烈憎恶咖啡因。他坚信，可口可乐中的咖啡因成分有毒且使人上瘾。

诉讼马上就要开始了，可口可乐公司的管理者们这才意识到，他们对咖啡因的效用一无所知。因此，他们委托霍林沃斯开展了一项大规模的实验。这位年轻的心理学家深知，为这家饮料公司卖力，可能会损害他的名誉，甚至让他永远抬不起头。不过他当时急需用钱，主要是想让妻子莉塔进入大学学习。于是，他要求对方保证，他的名字绝对不能出现在可口可乐的广告宣传中。

霍林沃斯在曼哈顿租了一个六室的公寓，招募了 16 名年龄在 19—39 岁的被试者。诉讼开始前 5 周，他进行了第一批实验：被试者从早上 7 时 45 分到傍晚 18 时 30 分待在公寓。实验人员反复测试他们的注意力、检验他们的感知力、考问并评定他们的判断力。被试者需要做心算题、说出所见颜色的名称、找出所给概念的反义词。同时，他们还得服用一种胶囊，里面要么含有咖啡因、要么含有乳糖充当“安慰剂”。测试结果将显示出“咖啡因组”与“安慰剂对照组”的区别。

3 月 27 日，哈里·霍林沃斯出庭作证。他展示了各种图形、表格，将咖啡因描述为一种温和的兴奋剂。它只有一个不良后果：如果大量服用，可能影响睡眠。霍林沃斯在极为有限的时间内进行了极为合理的科学实验，迄今为止，它仍被视为周密而可靠的典范。只是，它没能对诉讼结果产生任何影响。

证人霍林沃斯陈述完毕。随后，可口可乐公司提出申请，认为法庭应当驳回政府的起诉，因为，起诉的依据是：可口可乐中的咖啡因是一种人工添加的材料。而事实上，咖啡因是可口可乐原本就含有的成分，这和茶、咖啡含有咖啡因没什么区别。法官撰写了一篇长达 25 页的文章，专门论述“添加成为”的含义，其中，他对这条论据表示了同意。经过反复多次上诉，案子转到了最高法院。不过，最高法院裁定：咖啡因是添加成分，责令查塔努加继续受理。在此期间，可口可乐公司调整了饮料的配方，使咖啡因含量减半。这样一来，最初的起诉也就不成立了。

GLAD THE GOVERNMENT WILL TEST COCA-COLA

Will Fight Case in Courts and Win, Says Judge Candler.

In regard to the story from Chattanooga of the libeling there of a carload of coca cola sirup shipped from the Coca-Cola Company at Atlanta, Judge

►《喜讯，政府即将检测可口可乐》(1909年10月24日的《宪法报》)。扣押40桶可乐的事件成为头条新闻。法官坎德勒自信满满，认为一定可以帮助政府打赢官司。

霍林沃斯是一位成功的应用心理学家，咖啡因实验是他职业生涯的良好开端。他的妻子也完成了大学学业，后来甚至比丈夫还要出名。咖啡因研究使人产生联想：也许很多男性的观点是错误的，月经周期并不会影响女性的智力。莉塔·霍林沃斯成功运用了可口可乐实验的方法，令人信服地证明了这一事实。她的博士论文《功能性的周期：通过实验研究女性在月经期间的智力及运动能力》(*Funktionale Periodizität: Eine experimentelle Studie der mentalen und motorischen Fähigkeiten von Frauen während der Menstruation*)至今仍是心理学界的经典作品。

◆ Hollingworth, H. L. (1912). The Influence of Caffein on Mental and Motor Efficiency. *Archives of Psychology* 22.

1926 | 给孩子们的惊喜

许多科学实验需要用到婴儿，其中某些让人于心不忍。不过，儿科女医生克拉拉·戴维斯（Clara Davis）的实验属于令人愉悦的类型。8 个月大的亚伯拉罕·G（Abraham G.，这是他在研究记录中的名字）真是没什么好抱怨的。从 1926 年 10 月 23 日——实验第一天起，每次吃饭，实验人员都会从 30 多种花样的食品中挑出 10 种食物和 2 种饮料，盛在托盘里，摆到他面前。可选的食品有苹果、菠萝泥、西红柿、煎土豆、煮熟的小麦、玉米、燕麦和黑麦、做好并剁碎的牛肉、骨髓、动物的脑、肝、肾、剁碎的鱼肉、鸡蛋、食盐、水、不同种类的牛奶和橙汁，等等。

小亚伯拉罕可以随便点菜。只要他伸手去够某个小碗，或者朝它指一下，一位儿科护士就会把碗里的东西盛出一小勺来送到他的嘴边。据研究记录介绍，他还可以“用手抓食物，或者采取其他吃法，谁也不能评论和纠正他的餐桌习惯”。起初，他曾经把整张脸都埋进了碗里。

每餐过后，戴维斯都要检查亚伯拉罕吃掉了哪些食物，并称量他吃掉的分量，精确到每 1 克。每次，她都会在小围兜上和椅子底下发现大约 60 克的食物。这些当然是要扣除不计的。

戴维斯想要通过这种独特的喂养方式驳斥旧式的育儿观念。过去，人们普遍认为，从母乳改为成人食品的调整过程需要持续 3—4 年。戴维斯并不赞同这种说法。同时，实验中的婴儿可以自己选择食物，因此实验也触及另外一个营养学议题：动物（包括人）能够在丰富的食物供应中凭借直觉选择出最适合自身成长发展的食物，还是必须遵从生物化学家制定的食谱，先由他们分析每种食物的营养成分，然后再做选择？

为了进行实验，戴维斯在 20 世纪 20—30 年代的芝加哥，除了亚伯拉罕之外，还用到了 14 名 6 个月到 4 岁半不等的孤儿。实验结果引起了轰动，一位记者甚至自问："难道说，这么多年，有谁跟我们开了个天大的玩笑？"实验中的儿童接受不到父母的干预，也没有获得儿科医生的指令，但是，他们的生长发育完全正常，没有任何营养缺乏的迹象，没有人肚子疼，也没有人便秘。

若干年过去了，37500 人次的克拉拉式"营养餐"显示：每个儿童的首选"菜单"不仅差异明显，还会固定偏爱某种食品。有的孩子连吃 4 根香蕉，还有的连吃 7 颗鸡蛋。戴维斯拍摄过一个 3 岁男孩，他在晚餐时吃掉了 1 磅羊肉。总的来说，孩子们吃水果、肉类、蛋类、脂肪类食物的数量远远超过了当时儿科医生的建议量，吃粮食和蔬菜的数量则少于建议量。某个女孩在接受实验的 3 年时间里只吃了大概 1000 克多一点的蔬菜。菠菜几乎遭到所有孩子的厌弃，圆白菜和生菜也不太受欢迎。

孩子们自行选择的食物组合"对于每个营养学家来说都是噩梦"。戴维斯也曾描述过：一顿早餐很有可能是由半升橙汁和一些动物肝脏组成的。乍一看来，他们的营养搭配乱七八糟；仔细观察，他们都做出了明智合理的营养选择：蛋白质、脂肪和碳水化合物的数量都在标准范围之内。

戴维斯的实验完全颠覆了此前通行的幼儿喂养方式。实验表明，儿童可以毫无障碍地消化成人食品并正常地长大，"所有人都遵循的标准食谱未必就是最优的膳食搭配"。实验过后，人们开始盛传，儿童具有不可思议的直觉能力，可以从任何备选食物中搭配出均衡的饮食。

克拉拉·戴维斯深知，事实并非如此。孩子们的备选项目只是一些未加工、未调味也未放糖的食物：没有面包、没有浓汤也没有糖果。

她曾打算再用精细加工的食物做一次实验，但她没有申请到经费。假如她做了实验，会得出什么结果呢？您去看看现在每家快餐摊旁边围着多少孩子，就知道了。

◆ Davis, C. M. (1928). Selfselection of diet by newly weaned infants: an experimental study. *American journal of diseases of children* 28, 651-679.

1927 | 一项无聊的实验

▶ 物理学家托马斯·帕奈尔大概做梦都不会想到，他于1927年开始进行的实验会入选《吉尼斯世界纪录》。

澳大利亚布里斯班市昆士兰大学的物理教授托马斯·帕奈尔（Thomas Parnell）一定特别有耐心。1927年的某天，他将炽热的沥青灌入一个下端封闭的漏斗，然后等待了3年时间。在此期间，沥青完全沉落下来。1930年，他打开漏斗开关，重新开始了等待，这一次，他等了8年，直到1938年12月，第一滴沥青液体终于脱落，滴入漏斗下方的烧杯中。

沥青是一种焦油状物质，是加工石油、煤炭、木头时产生的副产品。过去，人们把它绑在木棍顶端，引燃之后作为火把，或者用它密封船只。室温情况下，沥青如同石头一般坚硬，又像玻璃一样易碎。不过，这都只是假象而已。即便是在室温情况下，沥青还是具有液体的特性。计算显示，它比水黏稠1000亿倍。漏斗下端的沥青滴入烧杯之后，似乎又变得“坚硬”起来，和它的“初始材料”（漏斗里的大量沥青）一样。

第一滴沥青滴落9年之后，1947年2月，第二滴沥青分泌出来。不久，帕奈尔便去世了，他的同事继续关注实验，主要任务就是“袖手旁观”。1954年4月，第三滴沥青在未经任何人力干预的情况下独立生成。

1961年，物理学家约翰·梅恩斯通（John Mainstone）来校任职并继续监管实验。50年过去了，总共生成了5滴沥青。

实验进行了60年，终于开始名声大噪。1988年，梅恩斯通突发奇想，打算利用布里斯班国际博览会的契机，在本校展区展示这个实验。自此，“扮演新闻代言人”便成为他工作中越来越重要的部分，他要不断宣传和解释这个“世上最无聊的实验”（准确地说，实验意在演示沥青的某种已知特质，同时尝试发现沥青的新型特征）。

世界各地的新闻记者纷纷打来电话，电视节目团队频繁飞往这里。2003年，这项实验作为“世界上持续时间最长的实验”入选《吉尼斯世界纪录》，书中刊登了盛有沥青的漏斗的照片。2005年，约翰·梅恩斯通以及已经去世的托马斯·帕奈尔荣获“搞笑诺贝尔奖”，这个有趣的奖项名气很大，专门奖励那些“起初让我们发笑，随后又让我们深思”的奇特的科学研究。2006年，有人为实验开发了网站，有意取名为“网上最无聊的页面”。随后，美国南达科他州的“醋文化博物馆”网站也上线了。

不久，实验又影响到了乐坛，有人组建了首个以实验命名的流行乐团。这个“沥青滴落实验”（The Pitch Drop Experiment）乐团在聚友网（MySpace）发布了三首单曲，分别是《第一滴》（*First Drop*）、《第二滴》（*Second Drop*）以及——您肯定也想到了——《第三滴》（*Third Drop*）。

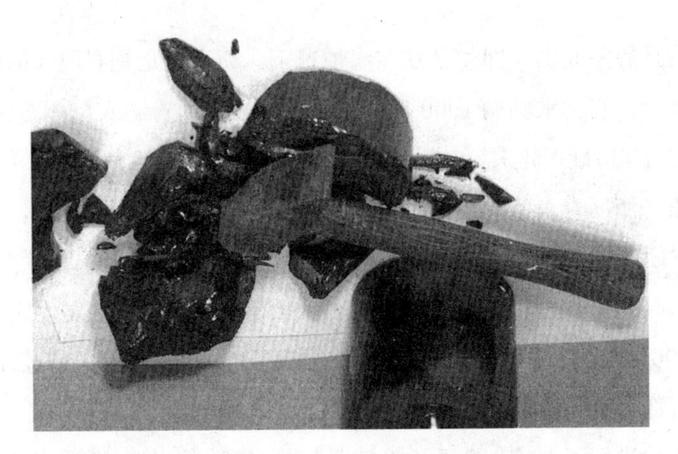

▶ 尽管沥青很脆，用锤子轻轻敲击就会裂成无数碎块，但它还是具有液体的特性，只是极为黏稠而已。

实验如此负有盛名，迄今为止却还没有任何人亲眼目睹过一滴沥青滴落下来，这似乎有些出人意料。不过，花费8—12年等来的滴落过程只能持续0.1秒，确实难以捕捉。上次滴落是2000年的事情，虽然人们在漏斗上安装了一台数字摄像机，但是偏偏就这么倒霉，液体聚集到可以滴落的时候，机器突然出问题了。

最初几十年，装着沥青的漏斗都被锁在一个箱子里。现在，它被陈列在学校“帕奈尔楼”的门厅内。自从这里装了空调，平均温度就比以前低了。这也是今天沥青流动变慢、生成液滴变大的原因之一。梅恩斯通陷入了“可怕的境地，左右为难、良心不安”。虽然在2000年11月28日，第八滴沥青终于滴落，但是它“体形”太大，容器里已经没有多少空间供它下坠了，所以它没能与留在漏斗里的剩余沥青完全分开，而是仍然连着。“我们应该把连着的地方砍断，让新的沥青毫无阻碍地滴落，还是应该让帕奈尔的实验安安静静地进行，不受任何干扰？”最后，梅恩斯通决定不去插手，任由容器里的沥青自由演变。

至于81年前，是什么原因促使帕奈尔开始了这样的实验，梅恩斯通没有多少线索，只能依靠猜测。当时，物理学界出现了量子革命。“也许帕奈尔想要展示，在古典物理学界，同样也有一些东西的实质与它所显示出来的样子不一致。”

过去，个别人认为，严肃高端的大学宣扬这项滑稽可笑的实验似乎不太合适。现在，这些声音早已沉寂。“这所大学最著名的事情莫过于沥青滴落实验了。”梅恩斯通说，他希望，下一滴沥青滴落时，预计是在5年后，他可以在场见证。至于下下次，梅恩斯通算了一下，表示：“恐怕有点儿困难。”这位教授已经73岁了。

verrueckte-experimente.de

◆ Edgeworth, R., B. J. Dalton et al. (1984). The pitch drop experiment. *European Journal of Physics* 5(4), 198-200.

1928 | 无须配菜

1928年2月28日，菲尔加摩尔·斯蒂芬森（Vilhjalmur Stefansson）开始了他的实验，专家预计，他最多只能坚持4—5天。一位欧洲营养学家介绍：在过去的实验中，被试者刚过3天就撑不住了。斯蒂芬森不为所动。他认定：人类可以仅靠肉类存活，多长时间都没问题，健康也不会受到影响。因为他有实践经验：他在北极地区考察因纽特人时，就曾亲身体验过这种生活；他还来到纽约表维医院的B1科室，在一大堆医生的监督下做了这项实验，虽然2天之后，他出现了腹泻症状，不过，这都要怪医生们使了一些小手段。

怎么吃才健康？早在20世纪初，人们便已形成固定的观念。基本准则是：多吃果蔬、少吃肉类。缺乏来自果蔬的维生素C，就会患上坏血病——过去的航海者们几乎都遭受过这种痛苦（参见“1747　甲板上的杀手”）。过度食用肉类则会导致风湿病、高血压、肾脏负担过重。没有人可以仅靠肉类存活，1906年，刚满27岁的斯蒂芬森也是这样认为的。当时，他放弃了哈佛大学人类学专业的助教工作，动身前往北极。22年后，他做了这项不可思议的实验。

每个人都有自己讨厌的食物，不巧的是，斯蒂芬森讨厌吃鱼。他曾写道：“我一年之中就吃一两口鱼，而且只是为了确认：我想得没错，鱼就是很难吃。”首次考察，他必须跟因纽特人（爱斯基摩人）一起过冬，而因纽特人的食物几乎只有鱼。他只能像当地人一样，吃鱼不用水煮，甚至吃生鱼。当地妇女为他做了煎鱼，味道出乎他的意料。“不像预想的那样难吃，我甚至开始不由自主地喜欢上了煎烤鲑鳟鱼。”没过多久，他又偏爱起了烧鱼。还有一种生鱼——当地妇女会像剥香蕉皮一样剥掉鱼皮，他也觉得很好吃。

3个月后，斯蒂芬森基本接受了因纽特人的饮食习惯。他唯独不太敢吃腐鱼。不过，“有一天，我试着吃了一口腐鱼，我觉得，它比我吃的第一块法国浓味软干酪味道要好”。几周之后，发臭的鱼也变成了他的美味佳肴。

后来，斯蒂芬森又做了几次极地长途旅行。截至1918年，他已经连续5年仅以鱼、北极熊、海豹和驯鹿——也就是肉类为食。他向美国食品局的科学家通报了这一消息。他觉得，人们需要深入考察此类现象。虽然他的个人体会告诉他，只吃肉不吃菜没有什么问题。当然，在他所采用的科学定义中，肉类也包括鱼。

► 北极科考员菲尔加摩尔·斯蒂芬森拖着他的猎获物——海豹。为了向持有怀疑态度的营养学家证明：只食用肉类不会生病。他在长达一年的时间里，除了吃肉，别的什么也没吃。

斯蒂芬森总是忙于考察旅行。1926年，他终于接受了检查。医生们通过专业论文《长期单一食用肉类的影响》发表了检查结果：过度食用肉类没有对斯蒂芬森造成任何原本预计将会出现的有害影响。

不过，营养学界依然持有怀疑态度。一些专家猜测：只有在极端的气候条件下，斯蒂芬森的肉类食谱才对健康无害。还有人认为：只有在相对原始的自然界中消耗巨大的体能，身体才能接受单一的肉食。美国肉类加工者联合会则备感振奋，他们希望能将上述论文分发给广大医生和营养咨询师。斯蒂芬森和参与检查的医生拒绝了这项请求，但又提供了另外一种合作的可能：如果联合会愿意资助一项实验，证明全肉食谱对于美国普通城市居民的健康同样无害，他们就能如愿使用实验结果。

于是，1928年2月13日，斯蒂芬森来到纽约表维医院接受测试。最初2周，医生主要确定斯蒂芬森新陈代谢的基本数据。在此阶段，他的食谱比较丰富：包括水果、蔬菜、谷物和肉类。进食之后，他要

EXPORER IS MUCH BETTER EATING MEAT

Stefansson Has Eaten Nothing But Meat Three Weeks And Is More Ambitious

NEW YORK, March 22 (AP).—After three weeks on an all meat diet.

All-Meat Diet Is Condemned

NEW YORK, March 23. (AP).—Dr. Charles Norris, chief medical examiner of the city of New York, takes issue with those who hold that an all meat diet is not harmful to the constitution.

Commenting on the experiment of Dr. Vilhjalmur Stefansson and Karsten Anderson, artctic explorers. Dr. Norris said an all meat diet was likely to cause an enlarged heart and other serious physical disorders. Doctors who examined the two men Wednesday reported they found no apparent defects from the restricted diet.

The human body needs a variegated diet, Dr. Norris said adding that an all vegetable diet was as bad as a menu which included only meat.

►《探险者只吃肉更舒服》(《每日邮报》，1928 年 3 月 22 日)；《全肉食谱遭到批判》(《晨报》，1928 年 3 月 24 日)。斯蒂芬森的实验引发了各种不同的反应。

在热量测量仪中待上 3 个小时。这个东西就像一樽玻璃棺。它可以监控肺部气体交换情况，确定温度等数值，得出与身体代谢过程相关的结论。斯蒂芬森很讨厌这种检查。“我们不能看书，甚至还有人警告我们，不准去想一些特别愉快或者不愉快的事情，因为想法和感觉会让身体变热或变冷。”

起初，斯蒂芬森还想独自一人接受测试。但是，“我非常难受，恨不得被一辆大卡车轧死，均衡饮食者和素食主义者会将我的‘难受’解释为缺乏注意力和活力，还会认为，这都是由单调的饮食和肉类的毒素引起的”。斯蒂芬森说服他过去的考察队友卡斯滕·安德森（Karsten Andersen）充当第二位实验参与者，这位生活在佛罗里达的丹麦青年偏爱“富含植物成分”的食谱，斯蒂芬森对此则不屑一顾。他还补充说：安德森总是感冒、掉头发、肠道有毒素。他相信，面对这种情况，任何一位医生都会说：“恐怕您得戒肉了。”

常规饮食阶段结束。2 月 28 日起，真正的实验开始了。斯蒂芬森和安德森只能吃肉，日夜都被监视。谁也不准批评他们的吃法，不准建议他们偷吃沙拉或者苹果。他们打电话时也会有人监督。

安德森可以尽情享用煎排骨、炖排骨、鸡肉、肝脏、熏肉和鱼，偶尔来点骨髓当做饭后甜点。作为对照，斯蒂芬森只能吃瘦肉，这就是医生们的小手段。第二天，他就出现了腹泻、周身不适等症状。在北极，如果摄入脂肪过少，也会发生类似情况。他知道：只要吃一些肥腻的肉排和用动物油煎过的脑髓，症状就会消失。

让医生们感到惊讶的是，肉类食品含有的蛋白质并不像人们预想得那么丰富，脂肪才是它们富含的主要营养。斯蒂芬森和安德森每天吃掉 $1^1/_3$ 磅瘦肉和半磅脂肪。脂肪满足了他们 3/4 的能量需求。

3 周之后，斯蒂芬森离开了医院，他要去纽约之外的地方办事。安德森在医院待了 3 个月，接受着严密的监视。不过，两人仍然只吃肉食，坚持了一整年（借助这份食谱，安德森战胜了严重的肺炎，他还表示，他不再脱发了）。最后，他们再次接受彻底检查，并将食谱改为正常的“荤素搭配型”。实验末期，轮到安德森遭遇医生们的小手段了。在一周的时间里，他每餐只能食用脂肪，每次都会吃到恶心。令人惊讶的是：两位男士并没有特别想吃水果或蔬菜，除了实验末期。更令人惊讶的是：斯蒂芬森和安德森终日食用肥腻食物，体重居然减轻了 2 千克。

要不是更进一步的观点很快出现，这项实验大概会被医学界视若瑰宝。1972 年，美国心脏病专家罗伯特·阿特金斯（Robert Atkins）出版了一本著作，书名《阿特金斯医生的饮食革命》（*Dr. Atkins' Diet-Revolution*）充满了自我标榜的感觉。作者坚信：导致超重的不是食物中大量的脂肪，而是过多的碳水化合物。书中明确表示：可以任意食用油煎蛋配熏肉、肥腻的肉排和奶油乳酪；但是不能食用土豆、大米、糖和其他富含碳水化合物的食品。

阿特金斯饮食法至今仍然饱受争议。据说，遵循此法确实能够减重。只是人们并不清楚其中原因，也不确定它是否会引起长期伤害。虽然菲尔加摩尔·斯蒂芬森并未向广大民众极力推行他的全肉食谱，不过，今天的人们常常将他和阿特金斯归为一派。

阿特金斯饮食法急需新的中坚力量。2003 年 4 月，罗伯特·阿特金斯摔倒在纽约冰冷的街道上，随后去世。“本着对医学负责的态度”，素食主义医生委员会事后公布，罗伯特·阿特金斯当时的体重高达 117 千克。斯蒂芬森晚年的体重是多少，谁也不知道。

◆ Stefansson, V. (1957). *The Fat of the Land*. New York, The Macmillan Company.

1932 | 不一样的双胞胎

1932 年 4 月 18 日，约翰尼·伍兹（Johnny Woods）和吉米·伍兹（Jimmy Woods）顺利降生：约翰尼脚先出来，16 分 30 秒后，正常胎位的吉米露出了头。他们的妈妈弗洛伦斯·伍兹 32 岁，此之前已经生了 5 个孩子，爸爸丹尼斯在纽约做出租车司机，收入微薄，很难支撑家里的开销。他们需要领取社会救济金。一家人住在纽约阿姆斯特丹大街一间没有暖气的公寓里。

因此，弗洛伦斯·伍兹一定会把这项不太寻常的实验视为上天赐予她的礼物：一位名叫莫特尔·麦格劳（Myrtle McGraw）的女心理学家想要借助约翰尼和吉米研究"促进措施"对儿童运动机能发展的影响。方案规定，这对双胞胎每周要有 5 天时间、每天要从早 9 点到晚 5 点参与实验，一个接受麦格劳的照料，一个待在环境很好的幼儿托管所。今后，约翰尼和吉米还将获得去哥伦比亚大学读书的奖学金。

莫特尔·麦格劳在纽约哥伦比亚长老会医药中心的婴幼儿部工作，专门研究儿童的成长发展。是她发现，婴儿在刚出生的几个月时间里

► 早期的“促进措施”会对婴儿产生怎样的影响？约翰尼·伍兹在 21 个月大的时候就能从 1.6 米高的台子上爬下来。而他的双胞胎弟弟吉米还不太会走呢。

会表现出天生的“潜游反射”，这种能力使他们在没入水中时，可以本能地屏住呼吸。她特别想要知道：成长过程中的婴儿在什么阶段具备什么样的运动机能，会不会因为有目的的训练而发生改变呢？

心理学家阿诺德·吉赛尔（Arnold Gesell）等知名科学家认为，儿童运动机能的发展服从自然规律、遵循着某种预设好的模式，只能按部就班，基本无法加速。麦格劳不太相信这种说法，她想采取一些行动，测试早期训练将会产生哪些影响。

最简单的方式当然是对两个分毫不差的婴儿施加不同的“促进措施”，并观察它们的效果。虽然世上没有一模一样的婴儿，但是同卵双胞胎已经基本符合要求了。同卵双胞胎继承了同样的遗传物质。如果他们的发展状况不太一样，很有可能不是先天原因造成的，而应归结于环境的影响，例如麦格劳采取的“促进措施”。

人们并不清楚弗洛伦斯·伍兹和麦格劳第一次会谈的详情。不过它肯定发生在 1932 年冬天，当时伍兹太太已经怀孕 7 个月，并刚刚得知，她肚子里有两个孩子。麦格劳应该向她解释了实验的流程：出生 20 天起，一个孩子必须接受“促进项目”的安排、经历严格训练，另一个

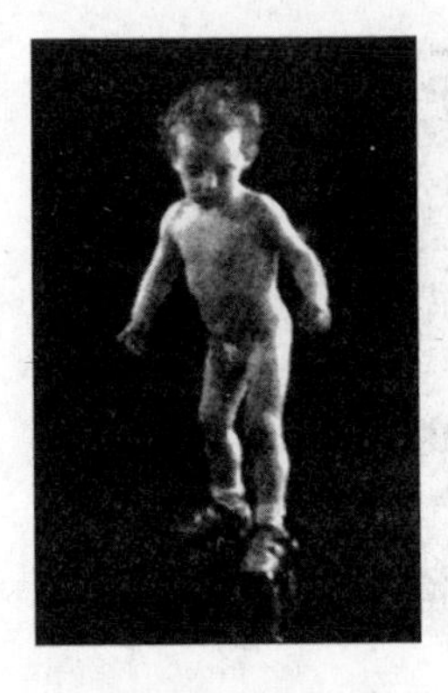

▶ 实验最著名的成果是，约翰尼在13个月的时候就会溜旱冰了（经过了几个月的训练）。

孩子则主要待在托管所里，身边的玩具不能超过2个。每隔一段时间举行一次测试，测试结果将显示出训练的作用。

因为约翰尼出生时发育得没有吉米好，也没有吉米重，麦格劳便选择他参加了“促进项目”。他上游泳课、练习翻越障碍物以及从高台跳下、学习堆放箱子。效果很快便显现出来：15个月时，约翰尼出色地完成了从1.5米高的跳板上俯身跃下的动作；17个月时，他可以在水下潜游4米；21个月时，他能从1.6米高的台子上爬下来；22个月时，他就毫不费力地攀爬上了70度的陡峭斜坡。

约翰尼最惊人的成就在于溜旱冰的灵巧技能。1934年，正值美国心理协会举行例会，麦格劳播放了一段影片。片中，约翰尼穿着旱冰鞋，把医药中心的走廊弄得吵闹不安。麦格劳想要通过教约翰尼溜旱冰来评判他的平衡技能，后来她说，这是她犯过的最大错误：并非因为方法不对，而是因为对于记者而言，穿着旱冰鞋的婴儿绝对是个求之不得的题材，他们不会轻易放过。

《里诺晚报》（*Reno Evening Gazette*）向读者说明：“学习溜旱冰的最好年龄是7个月”；《纽约时报》（*New York Times*）则写道：“有条件训练的儿童显示出了优势。”的确，最初的测试结果表明：训练是有效的。

双胞胎22个月大的时候，实验就不能再以原来的形式继续进行了。吉米一直哭闹不休，对他有限的玩乐手段越来越不满。在接下来的2个半月时间里，他加入了“强化项目”，学习约翰尼出生后就开始学习的所有东西。结果十分惊人：吉米的各项成绩都与约翰尼接近。此后，两个孩子回归家庭，只是定期去医院接受测试，直到他们 10 岁为止。

现在，许多重要的教科书都将麦格劳称作“成熟理论”（Reifungstheorie）的代表人物。人们认为，她的实验表明，人类有意愿且有能力学习什么，归根结底是由遗传因素决定的，早期的“促进措施”终究不会带来任何优势。只要耐心等待，儿童自然会成熟。

麦格劳觉得，关于这个问题，人们误解了她。因为谁也无法用一两句话概括出“早期促进”措施的作用，“不同的能力，有的保持很久，有的容易丧失，有的表现明显，有的隐藏较深，不可一概而论”。麦格劳本人相信，约翰尼在成年以后展示出了更好的身体协调能力，这要归

▶ 约翰尼经历的众多实验之一。最初研发这项实验是为了测定猴子的智商（参见《疯狂实验史》第一部）。

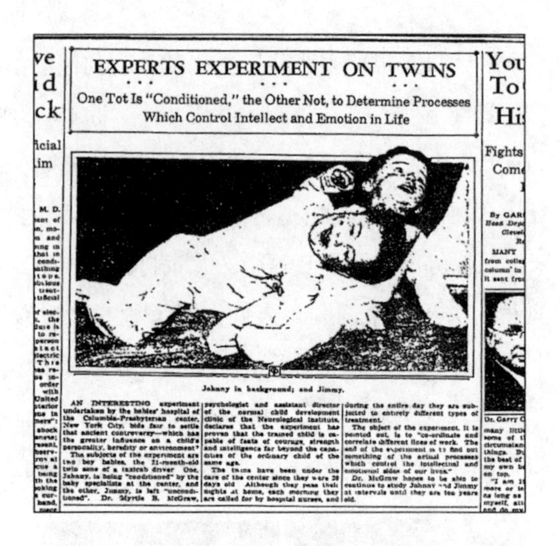
EXPERTS EXPERIMENT ON TWINS

One Tot Is "Conditioned," the Other Not, to Determine Processes Which Control Intellect and Emotion in Life

Johnny in background; and Jimmy.

AN INTERESTING experiment undertaken by the babies' hospital of the Columbia-Presbyterian center, New York City, bids fair to settle that ancient controversy—which has the greater influence on a child's personality, heredity or environment?

The subjects of the experiment are two boy babies, the 21-month-old twin sons of a taxicab driver. One, Johnny, is being "conditioned" by the baby specialists at the center, and the other, Jimmy, is left "unconditioned". Dr. Myrtle B. McGraw, psychologist and assistant director of the normal child development clinic of the Neurological institute, declares that the experiment has proven that the trained child is capable of feats of courage, strength and intelligence far beyond the capacities of the ordinary child of the same age.

The twins have been under the care of the center since they were 20 days old. Although they pass their nights at home, each morning they are called for by hospital nurses, and during the entire day they are subjected to entirely different types of treatment.

The object of the experiment, it is pointed out, is to "co-ordinate and correlate different lines of work. The end of the experiment is to find out something of the actual processes which control the intellectual and emotional sides of our lives."

Dr. McGraw hopes to be able to continue to study Johnny and Jimmy at intervals until they are ten years old.

▶《心理专家用双胞胎来做实验》(1934 年 3 月 15 日的《斯蒂芬森观点日报》。无数的报刊文章报道了这次实验，这只是其中之一。

功于对他的早期训练。

对于实验，媒体人士从一开始就有自己独特的解读方式。1933 年，《文摘》(*Literary Digest*) 发表了一篇文章，题为“约翰尼是个绅士，吉米是个笨蛋”，用两个名词描述了两个孩子的智力和人格，尽管麦格劳研究的只是运动机能的发展状况而已。

不过，记者们很快就对研究失去了兴趣，也许是因为他们很难回答“先天因素和教育因素哪个作用更大”等问题。很多文章开始质疑儿童教育心理学的权威性。“‘普通’的吉米比‘被科学方法调教过’的约翰尼有优势。”一份报纸写道。另一份则说：“双胞胎兄弟中的‘普通人’统治了‘超级宝贝’。”还有一篇文章表示，专家们感到很尴尬，因为他们的理论遭受了打击。证据在于：虽然约翰尼可能更加聪明，但是，吉米掌握了家中的话语权，他会对兄弟“发号施令……吉米似乎具备管理者的全部资质，而约翰尼掌握的只是下属应有的熟练的专业技能”。

用生意场来打比方当然是很可笑的，不过，麦格劳自己也曾说过，约翰尼接受的促进项目“使他具备了忍受大家庭生活磨砺的能力，这似乎不是一件好事”。另外，父母对没有接受训练的吉米心怀同情，难免会在家中给予他更多的支持。

有些记者常来家中访问约翰尼和吉米，每年生日还会陪他们看马戏。双胞胎年满 7 岁了，入学之际，《纽约时报》报道：“约翰尼 · 伍兹从小就接受了‘科学的调教’和人们的观察，昨天，他对科学实施了报复，他大声喊道：‘我讨厌上学！’”

“媒体一致支持吉米，好像他在一场很不民主的实验中扮演了饱受压迫的角色。”宾夕法尼亚州伊丽莎白城市学院科学史家保罗 · 丹尼斯（Paul M. Dennis）调查了媒体对麦格劳实验的报道，做出了上述评价。

但是，记者们似乎忘记了一个重要的问题。出于显而易见的原因，麦格劳自己当然不会去强调它：约翰尼和吉米长得不是很像，似乎不是同卵双胞胎，这一特征在他们出生几个月后开始显现。麦格劳曾在她的研究中提到过，约翰尼和吉米有可能是异卵双胞胎。今天，学界已经基本认定了这件事。

World Disarn

Scientific Twin Boys Grow Up Different, But Still Normal

▶《接受科学调控的双胞胎虽有区别，但都正常成长》（1946 年 12 月 14 日的《每日新闻报》）。这篇文章发表时，约翰尼和吉米已经 14 岁了。

1932 年，人们还无法明确检验一对双胞胎是同卵还是异卵。如果双胞胎位于唯一的一个胎盘里，他们就会被视为同卵双胞胎。约翰尼和吉米出生时，医护人员曾经特别留意过，他们都在一个胎盘里，但是没有注意到另外一种可能性：他们拥有各自的胎盘，只是两个胎盘长到了一起。所以，这项研究的核心目标（将遗传影响与环境影响区别开来）并没有实现。后来，麦格劳又用两个女孩——弗洛莉和玛尔吉做了第二次实验，可以确定，她们俩是同卵双胞胎。只是这次研究结果从未发表。

莫特尔·麦格劳在哥伦比亚长老会医药中心工作到 1942 年。随后，她投身家庭生活 10 年。之后再度出山，在一所大学任教，于 1988 年去世。关于约翰尼和吉米的详细报道也越来越少。据麦格劳早年的一位同事维克多·伯根（Victor W. Bergenn）介绍，约翰尼已于 1980 年去世，吉米有可能仍然在世。那么现在他应该 77 岁了。

⌑ verruekte-experimente.de

◆ McGraw, M. (1935). *Growth: A Study of Johnny and Jimmy*. New York, D. Appleton-Century Company.

1932 | 回答“我愿意”时的血压值

来自芝加哥的 21 岁女青年哈莉雅特·贝尔格（Harriet Berger）和来自里弗塞德的 24 岁男青年瓦克拉夫·隆德（Vaclav Rund）就要结婚了，他们选定的婚礼地点实在非同凡响，那是位于伊利诺伊州埃文斯顿市的美国西北大学刑侦实验室。1932 年 6 月，《希博伊根日报》（*Sheboygan Press*）、《每日独立报》（*Daily Independent*）等多家媒体刊载了婚礼照片，除了一对新人和牧师，照片上还有第四个人：一位身着套装的年轻人。他正在摆弄某部电器的按钮，从电器上伸出的线缆和胶管一直连到了新郎、新娘身上。这位操作新式设备的专业人员名叫查理·威尔森（Charlie Wilson），他的设备号称“谎言侦探”，它将通过这场婚礼一举成名。

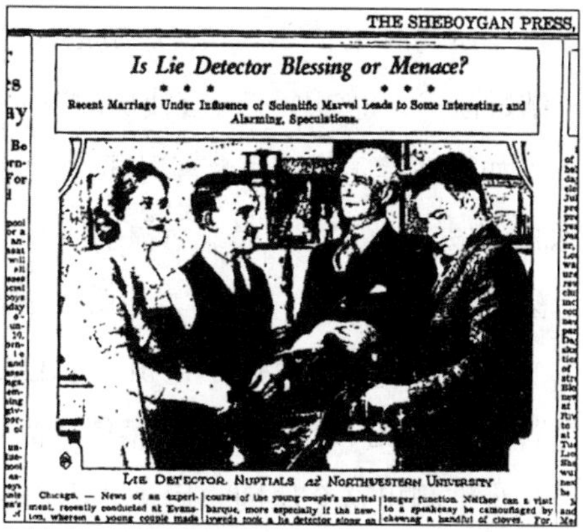
THE SHEBOYGAN PRESS,

Is Lie Detector Blessing or Menace?

Recent Marriage Under Influence of Scientific Marvel Leads to Some Interesting, and Alarming, Speculations.

LIE DETECTOR NUPTIALS at NORTHWESTERN UNIVERSITY

Chicago. — News of an experiment, recently conducted at Evanston, wherein a young couple made course of the young couple's marital barque, more especially if the newlyweds took a lie detector along on longer function. Neither can a visit to a speakeasy be camouflaged by chewing a handful of cloves. For,

▶《谎言侦探：是添堵还是讨喜？》（1932 年 6 月 13 日的《希博伊根日报》）在婚礼上，人们把新郎、新娘和谎言侦探连在了一起。这场罕见的结婚仪式占据了全国各大媒体的头条。

“谎言侦探”无非就是一台由多个装置组合而成的测量仪器，主要测量脉搏和血压。坚决拥护新技术的学者们认为，这些数据能够显示出某人有没有说谎。这种方法是否可靠，学界一直争论不休。大概也是由于这个原因，人们才会安排一对新人在如此不浪漫的状态下结婚：威尔森和他的上司莱纳德·基勒（Leonard Keeler）善于捕捉各种机会给谎言侦探打广告。他们想得很对，没有哪家报纸会错过这么怪异的婚礼。

贝尔格和隆德为什么愿意这样结婚，现在已经无从查证，或许他们是研究人员的好友，或许研究人员为他们出了婚礼蛋糕的钱。反正威尔森宣布的结论很讨喜，他说：“谎言侦探证明了新人对彼此的爱。”数据显示“哈莉雅特·贝尔格小姐向真命天子表示‘我愿意’时，心脏几乎停跳”。新郎的心理活动应该不太容易总结，因为在婚礼过程中，新娘的血压持续上升，新郎的血压却有所下降。威尔森仔细读取数据，终于发现，瓦克拉夫·隆德在宣读结婚誓言的时候，“血压往上蹿了一下”。《纽约时报》（*New York Times*）报道，这对新人在婚礼上既收获了结婚证书，也领取了谎言侦探的数据清单。

如果婚后还继续做谎言测试，是福是祸就不好说了，一位记者写道：“如果丈夫坚持实事求是，幸福生活就不会长久。哪个女人买了新帽子、新裙子、烤了小饼干之后，真想听到不太好听的‘实事求是’的评价？”

谎言侦探未必真能识别谎言，它之所以有效，主要是因为“威慑力”，人们担心被指为骗子，落得“品行不端”的骂名。当时，人们已经初步推测出这个原因；后来，人们又在科学实验中巧妙地利用了这条规律。（参见“1967　一台坏掉的测谎仪如何正常工作”。）

◆（15. Juni 1932）Is Lie Detector Blessing or Menace? *The Tyrone Daily Herald*. S. 3.

1932 | 挠痒痒之一：动手前请戴上面具

这张厚纸板长 40 厘米、宽 30 厘米，上面挖了两个“观测孔”。父亲动手给孩子挠痒痒前，先用这副“面具”遮住了脸，他为什么要这样做呢？

俄亥俄州黄泉安迪亚克学院的心理学家克拉伦斯·柳巴（Clarence Leuba）发现了“笑研究”的一个漏洞。“笑研究往往只研究成年人的笑……研究渠道不是观察，而是推想和纯粹的理论，”他写道，“还很少研究挠痒痒的问题。”综合上述三点不足，他设计了一项新的研究：

给婴儿做一个挠痒痒的实验。因为没上幼儿园的儿童“不太适合组织起来，通常都是待在家里，开展实验似乎不好掌控局面”，于是，他便拿自己的第 4 和第 5 个孩子做起了实验。

听起来似乎有点奇怪，实际上也确实很奇怪。不过，柳巴想要彻底解决的问题，并不是个愚蠢的问题。我们被挠痒痒时为什么会笑，科学家们早就开始探索其中的奥秘了。但是，某个神奇而又重要的角度还一直无人研究：小孩子学会在挠痒痒的过程中发笑，是因为挠痒痒一般都发生于玩闹的情境中，而小孩子在玩闹时，本来就是会笑的，笑未必和挠痒痒直接相关。这种行为堪比巴甫洛夫的实验，狗一听到摇铃就流口水，是因为此前只要摇铃就有吃的。

想要确认上述假定，只有一种方式：孩子被挠痒痒时不能看到或听到旁边的人笑，也不能同时进行其他引人发笑的嬉闹。换句话说：绝不能让挠痒痒和笑之间建立联系。如果已经满足了这些条件，婴儿还能在被挠痒痒时笑出来，那就可以推测，挠痒痒和笑之间的关联是天生的了。

如柳巴本人所述，他“连哄带骗”地征得了夫人的同意：在严密监控的“挠痒阶段”之外，一次都不许给孩子挠痒痒。于是，实验可以开始了。

小罗伯特·柳巴生于 1932 年 11 月 23 日。出生 5 周后，父亲第一次举起纸板面具遮住了脸，给他挠痒痒。罗伯特扭动、躲避，但是没有做出什么表情。7 周、9 周、12 周后，他在这种场合下的表情依然如故，尽管他在做别的游戏时已经会笑了。第 13 周，给罗伯特看病的儿科医生差点搞砸了实验。因为当他用听诊器触碰罗伯特的前胸时，这个孩子不禁哈哈大笑起来。克拉伦斯·柳巴担心的是，医生并不知道实验规定，也没有遮住脸。不过据他后来描述，医生的面部表情是“完全冷静”的，所以，罗伯特不太可能在这种情况下跟着医生学会了笑。12 个“挠痒痒季”过后，罗伯特 31 周大了，他第一次在被挠痒痒时自发地笑了起来。

比罗伯特小 4 岁的妹妹也经历了同样的过程，她也是在大约半年之后自行发笑的。看起来，挠痒痒和笑似乎有着天生的关联。不过，“挠痒痒研究”还有很多亟待解开的谜团。（参见“1970　挠痒痒之二：实验前请洗脚”和“1994　挠痒痒之三：机器能挠痒痒吗？”）

◆ Leuba, C. (1941). Tickling and Laughter: Two Genetic Studies. *The Journal of Genetic Psychology* 58, 201-209.

1932 ｜ 出自《圣经》之二：1 个十字架、3 只钉子、1 把锤头和 1 具尸体

▶ 为了证明三只钉子就可以挂住一个人的身体，皮埃尔·巴贝把这具女尸钉在了十字架上。

20 世纪 30 年代，巴黎，有谁遭遇不幸需要截肢，最好还是小心起见，远远绕开 14 区的圣约瑟夫医院吧。因为那里有位笃信天主教的外科医生皮埃尔·巴贝（Pierre Barbet），他对上帝表达敬畏的主要方式是：把几分钟前刚切下的手臂“用直径 8 毫米的方头钉”钉在板子上，“如同忌讳优柔寡断的刽子手一般”，并在钉

▶ 这座耶稣在十字架上的雕像是按照皮埃尔·巴贝的指示做的，作者是他的同事兼雕刻家夏尔·维兰德雷（Charles Villandre）。

好的手臂上附加 40 千克的重量。欲知详情，可以翻看他的著作《外科医生眼中的基督受难》，1953 年 12 月 1 日，该书得到了教会的付印许可。

巴贝觉得，福音书的作者对耶稣死去的部分描述得太过简短："彼拉多下令抓捕耶稣，并把他移交给钉十字架的人。他们便将他钉上了十字架。"寥寥几笔让这位外科医生感到"惊愕惶恐"，因为人们"很难体会到"耶稣的痛苦，"哪怕只是从精神上"。于是，他进行了实验，正如出版社在其著作的德语版前言中所写，"他研究的是钉在十字架上死去的生理过程，这原本就是每个基督徒都应该知道的"。为了实现这一目标，他需要用到锤头、钉子、十字架以及 12 只"刚切下来的手臂"、若干只脚，最后还要用到一具完整的尸体。

巴贝的研究参考了都灵裹尸布[①]的多幅照片。在对照片做了深入详细的研究之后，巴贝认为，他已经知道了耶稣死去时的状况。尸体在裹尸布上留下两道血迹，为他提供了重要的线索，从位置判断，它

① 基督教圣物，据说耶稣在十字架上被钉死之后、复活之前，尸体就是用它包裹和下葬的。——译者注

们来自耶稣的双手。耶稣挂在十字架上时，血液会“遵循重力原理”垂直向下滴。根据这个敏锐有力的推理，基本可以确定手臂与竖直垂线的角度：从比较大的血迹来看，角度应该是65度，而从其他血迹来看，角度则在68度到70度之间。耶稣挂在十字架上的位置似乎有两个。很明显，他总是以脚上的钉子为支撑，短暂地挺直身体，因此才会出现第二道比较细小的血迹。巴贝当然也知道，耶稣为什么要挺直身体：一个人被钉住了手部并挂了起来，要不了多久，他就会因为手臂产生的拉力而感到透不过气。很多关于行刑技术的报道都曾提到过这种现象。以脚上的钉子为支撑挺直身体，可以暂时缓解一下痛苦。巴贝相信，耶稣经过了艰难的挣扎，最后窒息而死。

巴贝容不得别人批判他的这项以及其他各项推论。据说，他做最后一个实验，完全是“被某些人逼的，这些人并非解剖学家，却很固执己见，坚称人的身体不可能（像耶稣那样）只靠三只钉子就挂住了”。为了批驳这一说法，他找来了一具“在发表图片时尽量不让人反感”的尸体——一具女尸，只用几锤子便把她钉在了十字架上。“从解剖学角度来看，把人体钉上十字架，实际过程只要几秒钟，”巴贝写道，“唯一需要花点力气的工作大概是在事前，人们要在木头上做好标记并钻孔，以便可以轻而易举地将钉子固定到这些地方。”

巴贝的实验着实令人吃惊，更令人吃惊的是，巴贝既不是第一个，也不是最后一个这么做的人。文艺复兴时期，画家难以想象救主挂在十字架上的形象，便会拿起锤头和钉子。而巴贝以及各位虔诚的医生则更关心耶稣死时的详细状况。

要是有谁做了类似研究，却得出了不一样的结果，就一定会和巴贝结仇。对于这位圣约瑟夫医院的外科医生而言，每个细节都很重要，所以必须争个你死我活。他曾评价一篇博士论文只是一本“小手册，如果其中的设想竟然成为医学博士论文的观点，人们肯定大吃一惊”，他首先指出“作者根本不懂怎么写出语法正确的法语”，随后批评泡在药水里的尸体完全不适用，还得意地申明：“我做实验都用活的手臂。”而他对另一位研究者用过的尸体也有意见，评价它“可怜巴巴”、“矮小”、“极度消瘦”。

“我敢保证，等我做完各项实验，我之前提出的那些观点就能经得起任何质疑了。”巴贝表示。他还不知道，不久之后，一位美国的病理学家将会彻底推翻他的认识。（参见“1984　出自《圣经》之三：在客厅里被钉上十字架”）

巴贝做实验时，似乎从来没有感到良心不安。他曾为被他钉上十字架的死者祈祷过“De profundis”（“从深处”——即“发自内心地呼唤主降临于你”）表示歉意，但他是否也为每只手臂和每条腿说过1/4的“从深处”，这位虔诚的实验者未曾表态。

◆ Barbet, P. (1937). *Les Cinq Plaies du Christ*. Paris, Dillen & Cie.

1933 | 神奇增多的果汁浓浆

科学史上的伟大实验往往难以在居家环境中随时反复地操作，但是，让·皮亚杰（Jean Piaget）的实验可以。做他的实验，只需要一个装着果汁浓浆的罐子，一些玻璃杯以及几个4—8岁的小孩。

1933年，皮亚杰的女助手爱丽娜·泽明斯卡（Alina Szeminska）首次进行了这项实验。被试者中有个5岁的小女孩名叫玛德琳（Madeleine）

▶ 哪个杯子里的果汁浓浆更多？幼儿们一般猜测：液面越高，杯中的液体就越多。他们还意识不到，这个问题也和杯身的粗细有关。

泽明斯卡将2个装了等量饮料、但都没有装满的玻璃杯放到她面前，问道："2个杯子里的饮料一样多，对吗？"

玛德琳仔细检查了一下液面高度，回答说："对。"

泽明斯卡把其中一杯饮料倒进新拿来的2个空杯中，并表示，新装的2杯饮料是要给蕾妮小朋友的。她继续问道："现在你们俩的饮料一样多吗？"

"不是，蕾妮的更多，她有2杯呢。"

"那你能做点儿什么，让你们俩的饮料一样多吗？"

"把我的饮料也倒到2个杯子里去。"

玛德琳也拿来了2个空杯，把她原来杯里的饮料倒进了2个杯子。泽明斯卡又问道："现在你们俩的饮料一样多了？"

玛德琳对这4个杯子观察良久，最后确认说："对。"

现在，泽明斯卡把属于蕾妮的蓝色果汁分装到了3个杯子里，而把玛德琳的红色果汁分装进4个杯子。玛德琳坚定地认为，这下她的果汁比蕾妮的多了。泽明斯卡再把分属2人的果汁倒回各自最初的杯中，液面看起来还是一样高，玛德琳似乎有点糊涂了："是一样多的啊！"

"你觉得这是怎么回事呢？"

"我觉得，是谁又多装了一点儿饮料进去，现在它们就一样多了。"

显然，玛德琳的思路是：果汁浓浆的总量会随着把果汁浓浆分装在几个容器里而改变。她还不能理解，某个东西被分成若干部分或者改变了形状，其总量并不会突然增多或者减少，即皮亚杰所说的"数量守恒"。

皮亚杰通过水杯实验以及其他众多富有创见的尝试为儿童思维发展理论奠定了基础。他设想，儿童思维的发展过程要经过几个前后相继的"建设阶段"，儿童要在特定的年纪才能达到某些阶段，从儿童所犯的典型错误能够识别出他们正处于什么阶段。

在前运算阶段（2—7 岁），儿童的判断主要由感知决定。他们还理解不了某些过程是可逆的，例如把液体倒入别的杯子。在具体运算阶段（7—12 岁），儿童开始按照逻辑规则去思考。他们知道，如果不添加新的东西，也不拿走原有的东西，这些东西的数量是不会改变的。此外，他们还能同时注意到多个要素（例如杯子的数量有了变化，以及分装到每个杯子里的果汁都比原来装在一个杯子里时更少）。

1920 年，皮亚杰无意中观察到一个 10 个月大的婴儿玩球，这件事成了他所有研究的缘起。当时，皮亚杰 24 岁，正在巴黎为他的一项智力测验编排标准化试题，住在法国的祖母家里。某天下午，来访的客人带来了这个婴儿。"我观察他玩球，球滚到了一把椅子下面。他找了找，发现了，便又推着它玩起来。这一次，球滚到了一个低矮的沙发下面，沙发巾下摆还有流苏。……他完全看不到球的影子了。于是，他再次爬向之前那把椅子，大概因为他曾在下面找到过球。"对于一般的成年人而言，这个婴儿的举动只是荒唐可笑罢了；但对于皮亚杰而言，儿童的思维错误就是宝贵的知识源泉。

显然，这个婴儿还不明白，他看不到球的时候，球仍然停在那里。皮亚杰当天一早刚刚学习了法国数学家昂利 · 庞加莱（Henri Poincaré）关于"群"具有不变特征的理论，因此想到，这个婴儿对"事物具有

▶ 难得一见的场景：让·皮亚杰和孩子们在一起。事实上，他很少亲自主持他的实验。

恒定不变的特征”（即皮亚杰所说的“客体永恒性”）缺乏认识。

雅克·弗内歇（Jacques Vonèche）是日内瓦大学皮亚杰档案馆的馆长，据他描述，皮亚杰观察婴儿玩球之后，并未立刻认为，它反映出成长发展的正常阶段，而是认为这个孩子可能存在智力障碍。又过了一段时间，他去“硝石精神病院”（Hospital Salpêtrière）[1] 观察癫痫患儿的时候，再次错误解读了孩子们的行为。两串珠链穿着同等数量的珍珠，只是一条疏松、一条紧密，显得两条链子长度不同，医院里的孩子们看不出来两条链子的珍珠数量是一样的。当时，皮亚杰还以为，判断不出数量是癫痫病人的重要症状，而他则通过珠链测试找到了癫痫病症的鉴别诊断方法。

1921 年，皮亚杰成为日内瓦让一雅克·卢梭研究所的科研负责人，没有多少时间顾及自己的几个项目。1925—1931 年，他的 3 个孩子相继出生，他在他们身上做了很多小实验。然而直到 1933 年，他才委托爱丽娜·泽明斯卡更详细地考察珍珠项链问题。据弗内歇介绍，皮亚杰

① Salpętričre 意为硝石，据说当地原本有一家生产硝石的工厂，医院也因此得名。——译者注

本人不是特别会和孩子相处。

令皮亚杰惊讶不已的是：被珠链实验欺骗的并非只是癫痫患儿。几乎所有 6 岁以下的儿童都认为：在泽明斯卡把珠子排列得更紧密或者更稀疏时，也就是珠链更长或者更短时，珍珠数量也发生了变化。和果汁浓浆实验的结论一样：孩子们没有数量守恒的意识。

皮亚杰又设计出一些任务，用来发现儿童许多不同的发展阶段。他的女同事贝贝尔·英赫尔德（Bärbel Inhelder）在数量守恒实验中使用了两个同样大小的软陶泥球，其中一个被搓成了长长的香肠形状。小孩子们再度认为，软陶由此变细变少了。

20 世纪 50 和 60 年代，美国科学家开始重做皮亚杰的数量守恒实验。皮亚杰沉不住气了。他的研究纯粹在于定性，他的理论依据只是个别案例。他不爱好严格的科研，也没有标准化的调查方法、控制组以及统计数据。

因为皮亚杰不懂英文，便请当时还是同事的弗内歇与美国科学家取得联系，询问他们的研究结果。最初一批实验是对“原版”的严格模仿，得出的结论和皮亚杰一样。然而没过多久，其他研究人员便提出了质疑，并对实验方法做了调整。

他们认为，儿童的语言理解能力是一个不容忽视的问题。5 岁的孩子在听到“多于……”、“少于……”的时候，脑子里所想的东西真和成年人一样吗？另外，皮亚杰的实验方法就是不断询问，这会使儿童感到，大人正在敦促他修正答案，改过的答案才是大人希望看到的。

20 世纪 60 年代末，美国心理学家对皮亚杰的实验进行了修改，希望能够排除语言理解问题的干扰。他们把 6 粒巧克力豆紧密地排成一短行，再把 4 粒巧克力豆稀疏地排列成一长行。实验人员不是询问儿童，哪一行的巧克力豆比较多，而是告诉他们：“你们想要吃哪一行，就选哪一行，选中之后，这一行的巧克力豆就全归你了！”快看：这一次，孩子们的表现可比做软陶泥球测试时好多了。

后来，苏格兰的科学家也做了一场实验，想要确定实验主持人对孩子产生的影响。第一批实验遵循的是“传统”方法：桌上放了两排数量相等的珍珠，主持人询问，两排珍珠是否一样多，然后，主持人把其中一排珍珠排列得更紧密，再问一次同样的问题。

第二种做法是：主持人“刚好”向旁边看了一会儿的时候，来了一只“泰迪熊”，它把一排珠子的间距缩小了。等主持人“回过神来”，发觉事情有变时，说道：“哦不！那头蠢熊又来捣乱了，什么都弄得乱七八糟。”这时他问小朋友：“哪一行的珍珠多？”大多数孩子没有受到两排珍珠长度不同的迷惑，给出了正确答案。

研究人员推测，孩子们可能以为主持人怀有某种特别的意图：在第二种情况下，主持人的提问是“真心实意”的，他不知道“熊”干了什么，所以要问小朋友。第一种情况却正相反，是主持人自己改变了珍珠的排列，孩子们一定会不由自主地猜想，主持人为什么还要再问一次之前问过的问题。

皮亚杰的实验绝对堪称心理学界最重要和最富创造力的实验。不过，人们到底通过实验确认了儿童思维的哪些特点，至今仍然争议不断。（皮亚杰的另一项独创实验请见“1936　水平面任务”。）

⌑ verrueckte-experimente.de

◆ Piaget, J. (1936). *La genèse des principes de conservation*. Annuaire de l'instruction publique en Suisse 27, 31-44.

1935 | 变“蠢才”为天才

20 世纪 30 年代初，美国衣阿华州上流社会的一对夫妇在达文波特战士遗孤福利院领养了一个婴儿。遗憾的是，孩子有很严重的智力缺陷，发现问题的养父母立刻表示将会起诉。衣阿华州监督机构从中斡旋，阻止了法律介入，直接与父母达成赔偿协议。为了避免以后再度发生类似事件，监督机构委托心理学家哈罗德·斯基尔斯（Harold M. Skeels）定期为福利院的所有孩子进行智商测验。

今后，以测验结果为依据，养父母们将会领养到“配得上”自己的孩子，“智商分值低下的孩子再也不会成为上等人家‘可悲的精神负担’”，1941 年出版的一本简介“衣阿华儿童福利研究站”的书籍对此事做了上述评价。此前，大学教育向斯基尔斯灌输的是当时通行的学术观点：人的智商主要取决于遗传，一生之中基本不变。

斯基尔斯来到了福利院，不久便发现有 2 个孩子智力不正常。他在日后开展的那项广为人知的研究中，只透露了这 2 个女孩姓名的首字母：C. D. 和 B. D.。当时，她们的年纪分别是 13 个月和 16 个月，在婴儿智商测试中得到的分数是 46 和 35。而正常分数应为 100。

“这是 2 个让人心生怜悯的小家伙，”斯基尔斯描述，“她们哭哭啼啼，还流着鼻涕，头发稀疏打绺、发色黯淡，身体瘦弱，娇小得与年龄不符，也几乎没什么肌肉，整天闷闷不乐、无精打采地晃着上身，哭起来抽抽搭搭的。”

毫无疑问，谁都不会愿意收养这 2 个女孩的。智商测试结束 2 个月后，斯基尔斯把她们送到了伍德沃德的“智障学校”。她们的新集体中有很多智障女性，年龄 18—50 岁不等，头脑却只相当于 5—9 岁的孩子。

故事完全可以就此结束，斯基尔斯也永远都不会想到去做那个大胆的实验。不过 6 个月后，他因为办事顺路再次前往伍德沃德。2 个女孩变化惊人，他差点认不出她们来了。她们精力充沛，到处乱跑，跟大人一起玩耍，言行举止也和这个年纪的正常儿童一样。经过测试，斯基尔斯发现，她们不仅运动能力有所提高，智商也几乎翻了一番。她们真的是半年前他看到的女孩吗？他当时还以为她们只能在福利院里懵懵懂懂地度过一生呢。到底发生了什么？

原来，把孩子从福利院转到智障学校，是为她们做了一件大好事。新集体中只有她们 2 个学龄前儿童，其他女“同学”对 2 个小家伙倾注了满腔爱意。其中一位女性承担起了“母亲”的角色，其他人则扮演“姨妈”，整天前呼后拥地逗弄孩子。工作人员也觉得学校里来了 2 个小孩是件很光彩的事情，经常在闲暇时间带她们出去玩，拉着她们一起购物，还会送给她们图书、玩具等礼物。显而易见，正是这些关爱和温情触动了 2 个女孩，让她们走出了迟钝和麻木的世界。

不过斯基尔斯的心里还是犯了嘀咕。这样的惊人功效会一直持续下去么？ 12 个月后，他再度为 2 个女孩做了测试，18 个月后又做了一次。2 次结果一致显示：2 个女孩发育正常，没有任何智障迹象。她们在 3 岁半时暂时回到了福利院，很快便被领养了。

斯基尔斯在观察 2 个女孩的过程中渐渐领悟到她们的巨大进步说明了什么问题：福利院里有很多看起来发育迟缓、精神涣散的孩子，其实他们并没有先天缺陷，只是他们得到的刺激和关注太少了。

在福利院，不足 6 个月的婴儿都躺在围着栏杆的医用病床上，围栏被布包住，孩子们看不到彼此。他们没什么玩具，忙碌的护士偶尔过来给他们喂食，帮他们换尿布，这便是他们和别人交流的唯一机会了。

出生满6个月的婴儿会搬到卧室去住，每个卧室放5张围栏床。孩子们可以一起玩耍，却不太可能走出房间。当时的人们认为，只要满足基本的生理需求，儿童就可以健康成长。很多人甚至觉得，幼年时期获得过多的温情和关爱是有害的。

斯基尔斯心里清楚，智力发育迟缓的儿童如果只能和同龄的孩子打交道，显然不会有什么长进。但他也不能把这样的孩子随便交给别人领养，因为他并不确定，哪个孩子的异常行径是源自真正的头脑损伤。“因此，只剩下一种选择——有点异想天开的选择，”斯基尔斯写道，“就是把福利院中智力发育迟缓的孩子送到专门照料智障人士的机构中，使他们变正常。”

监督机构当然会有各种顾虑，不过最终还是批准了这项提议，条件是：斯基尔斯挑选出的智力发育迟缓、不爱与人沟通的儿童只能像“旅店客人”一样“暂住”在邻近的格兰伍德“智障人士之家”，名义上，他们仍然是孤儿福利院的孩子。

13名3岁以下的儿童参加了被斯基尔斯称为“大胆试验”的研究项目。其中10名儿童是私生子。据了解，他们的父母没有什么文凭，智商也不高，测试分数低于同龄人——和自己的孩子状况相似。

几名儿童被分配到了不同班级，和智障女性待在一起，女“同学”们个个温柔体贴，忙前忙后地照顾他们：和他们一起玩，给他们缝衣服，手里没有多少钱还要给他们买礼物。美国国庆日那天，“智障人士之家”组织了一场“宝贝秀”，孩子们穿上各色服装，坐在花花绿绿的小背篓里，被大人背着“游行”，并且得到了奖励。他们还有很多时间待在室外的操场上做运动，还可以去这家机构的附属幼儿园学习。

这次尝试收效明显：13名儿童在智商测试中平均提高了28分。进步最大的孩子往往都有一个固定的（智障女性扮演的）“妈妈”。斯基尔斯又抽取了12名留在福利院的儿童作为比对样本。在此期间，他们的成绩下降了 26 分。

孤儿福利院原来是滋生智力障碍的温床！斯基尔斯终于确信，智力高低并非生来注定，还会受到环境影响，幼年环境尤为重要。然而，斯基尔斯以及同事乔治·斯托达德（George Stoddard）和贝丝·韦尔曼（Beth Wellman）却遭到了众多同行的讥讽和嘲笑。

批评的风暴突然爆发。人们指责这几位"衣阿华的研究人员"，认为他们说得好听点儿是天真幼稚，说得难听点儿是欺世盗名，如同社会改革家一般，主要关注政治立场而不是科学方法。他们也"完全不懂统计"。"要是真有神奇的训练方法，可以变蠢才为天才，我当然想知道具体流程，但要是没有，人们就必须终结这个流言，永远不再提起。"一位尖刻的女研究员呼吁。另一位同行拿斯基尔斯的实验开玩笑，说它是用"智障的幼师"来教其他"智障"如何变得智力正常。斯基尔斯深陷风暴中心，这场争论至今都没平息：在智商问题大论战中，"遗传说"和"教育说"仍在激烈交锋。

衣阿华州立院校管理处不再对实验保持宽容态度，1942 年，斯基尔斯被征召入伍，他的研究也告一段落。1946 年退伍之后，他放弃了教授头衔和衣阿华州心理服务站的领导职务以示抗议，他坚持认为：孤儿福利院对孩子们的照顾不够多也不够好，他们长大成人之后所出现的问题，都应归咎于此。

这一次，故事又可以就此结束了。斯基尔斯应该在美国公共健康服务中心工作到 1965 年退休。不过，他总是惦记着"他的"那些孩子们现在变成了什么样子。1961 年，他踏上了寻觅当年 25 名被试儿童的旅途。他飞遍美国各地，探访偏远乡村，希望能和知情人聊上几句，只是好多人都不住在原址了。邮差、村长、牧师都为他提供了相关"情报"。

甚至令斯基尔斯本人感到不可思议的是，3 年后，他找到了全部 25 名被试儿童。因为不想吓到他们，他没有进行正式的智商测试。在他看来，他们的教育背景、职业状况、兴趣爱好、身份地位和疾病记录似乎更能说明问题。他想通过这些信息大致了解每个孩子到底克服了多少生活上的困难，是不是真正融入了社会。

2组人的命运有着天壤之别：曾与智障女性共同生活、后来被人领养的13个孩子中，11个人结了婚，有的在为事业忙碌，有的专心操持家务。他们都很独立，生儿育女，收入可观，有了完整的人生。而当年对照组的12个孩子中，9个未婚，1个离异。1个一直待在智障患者护理中心，已经去世；4个仍在接受护理；3个成为洗碗工。他们都生活在社会边缘，听天由命，前景渺茫。

“如果对照组中12个孩子的悲惨命运能够引起关注，如果有人愿意研究如何杜绝此类情况，哪怕仅仅研究一次，他们就没有白白受罪。”斯基尔斯以此总结他这项历时多年的研究。

1968年4月28日，斯基尔斯获得约瑟夫·肯尼迪智力障碍研究奖，他带着女同事玛丽·斯柯达克（Marie P. Skodak）一同出席了颁奖典礼。颁奖人是毕业于圣保罗明尼苏达大学的路易斯·布兰卡（Louis Branca）。布兰卡在颁奖发言中说：“过去，我坐在角落里，整天只做一件事情，就是晃动上身，一直晃到这两位开始进行实验。今晚，我能来到这里，是因为他们给我带来了爱和理解。”没错，他是斯基尔斯13个孩子中的一个。

尽管斯基尔斯的研究以及众多其他研究都得出了类似结论，学界仍然怀疑结果是否准确。因为，研究者通常不能确定，两组互相对比的孩子是不是从一开始就存在智力差异。最近在罗马尼亚进行的一项研究应该可以彻底消除质疑。136名儿童先是做了测试，然后才被分组，一部分在孤儿福利院、一部分在收养家庭中长大。长到4岁的时候，收养家庭的孩子的平均智商比福利院的孩子高了8分。

◆ Skeels, H. M., and H. B. Dye (1939). A study of the effects of differential stimulation on mentally retarded children. *Proceedings and Addresses of the American Association on Mental Deficiency* 44, 114-136.

◆ Skeels, H. M. (1966). Adult status of children with contrasting early life experiences: A follow-up study. *Monograph of the Society for Research in Child Development* 31(3).

1936 | 水平面任务

任何一个看过小孩子画画的人都有可能设计出这个实验，前提是，他要有瑞士教育家让·皮亚杰那样敏锐的思维。皮亚杰发现，他的 3 个孩子在画水瓶时，不管瓶子如何倾斜，瓶中的水面都垂直于瓶壁。当时，他正在日内瓦的让·雅克·卢梭研究所工作，研究所有一个附属幼儿园。他和幼儿园的阿姨聊起了自家孩子非同寻常的“艺术视角”，并从阿姨口中获悉，大多数孩子在绘制倾斜容器的时候都会把水面画错。这一现象看似稀松平常，却引发了皮亚杰的思考。他相信，儿童所犯的错误与至关重要的“空间参考系统”密切相关，涉及他们对“水平”和“垂直”的认识，反映出他们空间观念的发展和对空间能力的运用。1936 年，皮亚杰委托最亲密的女同事贝贝尔·英赫尔德进行了这方面的实验。

英赫尔德让未满 5 岁的儿童观察桌子上的两个细口瓶：其中一个是大肚瓶，另一个是直筒瓶，它们都装了大约 1/4 的水，水已经被染成比较显眼的颜色。她又拿来两个空瓶，形状与前面两个相同。她将空瓶倾斜摆放，并且不断调整角度，请孩子们大致比画一下：假如她手中的空瓶就是那两个装水的瓶子，根据瓶中的水量以及瓶子的倾斜程度，现在水面应该是在什么地方。随后，她又用简笔画的形式在纸上勾勒出许多倾斜的空瓶，请孩子们把水面的位置画上去。在给5岁以上的儿童做实验时，英赫尔德省去了实物演示的步骤，只要求他们在纸上画出水面。

▶ 水面测试反映出空间意识发展的几大典型阶段：5岁以下的儿童把瓶中的水画成了一团乱麻，年龄稍长的儿童笔下的水面会随着瓶子一起倾斜。右下角的瓶子：瓶口处悬了一条铅垂线，瓶子倾斜时，铅垂线居然也倾斜了。

皮亚杰研究了孩子们的“试卷”，发现答案的正确性会随着儿童年龄段的增加而逐渐提高：大部分5岁以下的儿童还没有“水面”的概念，他们把液体画在了瓶子中央，样子就像一团乱麻。在年龄稍长的儿童眼中，水是固定不动的，不管瓶子如何倾斜，水面永远垂直于瓶壁，如果画中的瓶子是瓶口朝下的，水就会跑到瓶子的最上部。年龄更大的儿童在水瓶倾斜的情况下不会再让水面与瓶壁垂直，而会对两者之间的角度加以调整，但是水面仍然没有完全水平。下一组，也是年龄最大的一组儿童终于有了令人欣慰的表现：7、8岁左右的孩子已经开始向正确答案靠拢，9岁的孩子基本都答对了，他们认为，不管瓶子如何倾斜，水面都是平的。

如前所述（参见“1933　神奇增多的果汁浓浆”），皮亚杰虽然是极为杰出的思想者，却不是特别严谨的实验员。他总是从“个案”中推出结论，也没有老老实实做过统计，不然他不会漏掉一些重要的信息。这些被他忽略的信息在 30 年后引起了另外一批研究人员的注意，他们为此设计的一项测试——人称“水平面任务”——大获成功。有关这项测试的更多秘密，请见本书“1991　慕尼黑啤酒节上的科学”。

◆ Piaget, J. (1948). *La reprensentation de l'espace chez l'enfant*. Paris, Presses Universitaires de France.

1936 | 大衣的价格为什么是 9.99 美元？

19 世纪末，人类发明了收银机，零售商店里也出现了一种新风气：商品的价格都比整数少一点点，如 49 分、98 分、1.98 元等。根据拉夫·豪威尔（Ralph M. Hower）在《梅西百货公司发展史》（*History of Macy's*）中的说法，这样定价最初是为了阻止雇员监守自盗。这些零散的小钱迫使导购必须拿着顾客的整钱去款台结账，才能把找来的零钱还给顾客，如果把商品价格定为整数，导购或许会把顾客交出的整钱直接揣进自己的腰包。

没过多久，商人们便发现，这样定价还有另外一种功效：商品显得稍微便宜了一点，顾客就会情不自禁地多买东西，这将带来巨大的盈利，远远超出每个商品降价一分两分所造成的损失。事实果真如此吗？美国一家大型邮购商店（相关文章没有提到商店名称）的管理层对此提出了质疑，他们认为：这种由来已久的定价传统并不会带来更多收入，只要有人率先改变旧习惯，大家马上就会发现，“增加盈利”的说法是站不住脚的。

▶ 1936 年的商品广告。这种“.99”的价位真的会为商家增加利润吗？

于是，这家商店做了一项奢侈的实验：从600万种商品中挑选出一部分商品，把原来诸如0.49美元、0.79美元、0.98美元、1.49美元及1.98美元的售价改为0.50美元、0.80美元、1.00美元、1.50美元和2.00美元。“结果很有趣，也很令人费解，”这是哥伦比亚大学经济学家以利·金斯伯格（Eli Ginzberg）对实验做出的评价，“为了解释实验结果，我们已经花费了不少精力，可是我们无法从大量数据中总结出普遍规律。”价格调高以后，有些商品开始滞销，有些商品反而卖得更快。再做一次实验又太冒险了。虽说在这次实验中，销量变好的商品带来的盈利基本平衡了销量变差的商品所造成的损失，可是谁也不敢保证下次会是什么样子。

直到60年后，其他研究人员才又进行了类似的研究。（参见“1992 价格温吞吞”。）

◆ Ginzberg, E. (1936). Customary Prices. *American Economic Review*, 296.

1938 | 讨厌的达涅兰人

说实话：您喜欢达涅兰人吗？假设有一群达涅兰人来到了德国，申请了德国公民资格，您的女儿还想嫁给他们当中的一个，您愿意吗？事情就是这么巧！快说说吧。

这正是纽约哥伦比亚大学的144名学生所面临的难题。1938年11月30日，他们填写了一份问卷，为35个种族、7个宗教团体和7个政治组织打分。分数分为8档，从级别1（“禁止其入境”）到级别8（“接受其通过联姻成为家庭成员”）。其中，达涅兰人只达到了级别2（“接受其入境参观旅游”），名次排在土耳其人（平均级别3.4）及日本人（平均级别2.7）之后，和排名垫底的法西斯主义者（平均级别1.9）及纳粹分子（平均级别1.8）相比，优势并不明显。

这样的结果一点儿都不会影响到达涅兰人，因为他们根本就不存在。和他们名次差不多的皮伦尼亚人（平均级别2.3）及瓦隆尼亚人（平均级别2.1）也都是被杜撰出来的。心理学家尤金·莱纳德·霍洛维茨（Eugene Leonard Horowitz）在问卷中“夹带私货”，加入了几个虚构的种族，是想研究人们如何评价自己完全不了解、也不可能了解的族群。

1936年，霍洛维茨完成了博士论文《对黑人态度的演变》（*Die Entwicklung der Einstellung gegeünber dem Neger*），并开始研究反犹主义。他发现，单纯考察反犹主义并不能得出什么有说服力的结论，便将研究范围扩大，凡是对外族人和其他团体持有偏见的现象都成为他的考察对象。这次问卷的受访者除了哥伦比亚大学的学生，还有另外7家科研院所的成员。

"犹太人事务会"为这项研究提供了部分资金。他们的资助合情合理：犹太人在漫长的历史中饱受歧视、屡遭迫害，的确应该关心一下偏见是如何产生的。霍洛维茨本人大概也曾为自己的犹太身份感到困扰，1942年，他抛弃了原本的犹太姓氏，改姓"哈特利"（Hartley）。1946年，他用"尤金·哈特利"的名字出版了专著《偏见中的问题》，介绍了他的研究成果。

问卷调查的受访者来自多家机构，观点也不尽相同。例如，在普林斯顿大学，认为德裔犹太人不可靠的学生数量明显多于纽约城市学院。佛蒙特州的本宁顿学院最宽容，拥有众多黑人学生的华盛顿霍华德大学则最排外。其他机构的受访者对瑞士人完全没有意见，霍华德大学的学生却表示，他们最多只能容忍瑞士人获得美国公民资格，但不希望瑞士人成为自己的同学、邻居或者配偶。德国人的待遇就更悲惨了，他们只能接受德国人赴美旅游。

各单位的调查结果虽然不太一致，但还是呈现出某些共性：总的来说，美国人、加拿大人、英国人比较讨喜，日本人、中国人、土耳其人和阿拉伯人则不太受欢迎。

最有趣的结果还是来自人们对"虚构种族"的打分。研究人员发现：受访者越不喜欢达涅兰人、皮伦尼亚人和瓦隆尼亚人，也就相应地越不接受真实存在的外族人和其他团体。霍洛维茨由此推断，人们对犹太人持有何种态度，不能通过"犹太人具有哪些特征"得到解释。对某一群体的偏见和该群体的真实特征无关，原因在于有些人生性就不够宽容。可以说，心怀偏见的人患有某种"道德维生素缺乏症"。

这种分析角度为"团体间接触假说"（Kontakthypothese）铺平了道路。"接触假说"相信，互相接触会让来自不同群体的人们看到彼此在本质上的相似性，最终解除双方的敌意。

现在，人们已经渐渐明白，事情远不止这么简单。单纯依靠接触不一定会减少偏见，不同文化之间的差异恐怕要比当时的心理学家们看到的更多，也更复杂。此外，哈特利的研究还犯了统计方面的错误。他让受访者对并不存在的种族打分，反而充分暴露了一个问题：问卷调查得到的回答只是受访者假设出来的，极有可能不够真实。

历史上还有一些研究也体现了问卷调查的不可靠性。例如，德黑兰街头的行人曾经热情洋溢地给一位“游客”指路，可是“游客”要去的某某广场根本就不存在。20 世纪 50 年代的一项调查得到的结果更是荒唐。其中一个问题是：“您是支持乱伦还是反对乱伦？”（“乱伦”在当时还不是一个通行的概念，很多人并不知道它的意思。）结果：2/3 的人表示反对，1/3 的人表示支持。

◆ Hartley, E. (1946). *Problems in prejudice*. New York, King's Cross Press.

1951 | 我可不能唱反调

6 号被试者一定会认为这是史上最无聊的心理学实验。听说实验是要“测试视觉判断能力”，他便自愿报了名。此刻，他正与其余 6 名志愿者坐在费城斯沃斯莫尔学院的研讨间里。

主持人向这几位应征而来的男性被试者展示了 2 张白板。第一张上画有一条 25 厘米长的黑线，第二张上并列着 3 条黑线，长度分别为 22 厘米、25 厘米和 20 厘米。被试者需要说出第二张卡片上的哪条线段与第一张卡片上的线段长度相等。

几位被试者依次说出了正确答案：第二条线。主持人又翻开另外 2 张卡片，大家也都答对了：第一条线。再来 2 张卡片？线段的长度差别依然很明显，不难判断：第二张卡片上的第三条线与第一张卡片上的线等长。但是前 5 位被试者是怎么答的？ 6 号被试者不禁怀疑起自己的耳朵：他们答的都是“第一条线”。他往前探了探身子。扶正眼镜仔细辨别：没错啊，第一条线和第一张卡片上的线不一样长。莫非真是一样的？已经有 5 个人觉得一样了。他的视觉能力就这么不可靠吗？

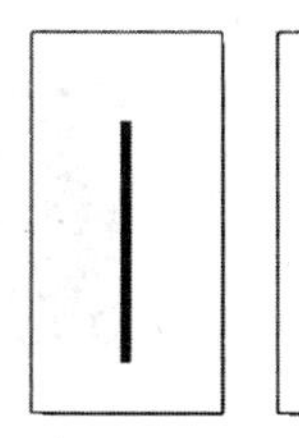

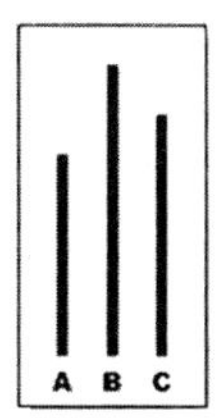

▶ 题目：右边的哪条线段（A、B、C）与左边的线段长度相等？尽管答案很明显：应该是线段 C，但有 3/4 的被试者在其他人都答错的情况下屈从于集体的压力，给出了错误的答案。

导致 6 号被试者坐立难安的“元凶”叫做所罗门·阿希（Solomon Asch），是一位心理学家，他想要研究“人们是否容易屈从于集体的压力”。他不相信过去的研究结果，因为在过去的实验中，被试者的答案常是模棱两可的。比如，人们要求不同的被试者阅读同一段文章，文章出自哪位作家之手，不同的被试者得到了不同的说法，他们很有可能因此对这段文章做出迥然相异的评判。可是这类问题的答案不是一清二楚的“对”或“错”。“判断线段长短”则完全不同。两条线段要么一样长，要么不一样长。6 号被试者要么坚信自己的眼睛，说出与众不同的答案；要么不管自己看到什么，只顾追随大家的意见。他不会想到，其余“被试者”都是主持人的“同伙”，他们按照固定的“剧本”，在这场好戏中统一说出了错误的答案。

今天，每一本心理学教材都会介绍这项实验及其结果：在全部测试中，追随集体意见、给出错误答案的比例高达 1/3。只有 1/4 的被试者一次都没有屈从于集体的压力。看到大家的答案，很多人精神紧张、

▶ 6 号被试者怎么也料不到，坐在桌边的其他人都是主持人的“帮凶”，他们要按照“剧本”的设定统一说出错误答案。

手足无措。一位女性被试者完全乱了阵脚，她冲到前面，抓起尺子比着几条线段问道：“你们真的看不出来？”其他人却反问：“你要我们看出来什么呢？”于是她不安地自言自语起来：“我哪里不太对劲？可能是眼睛的问题，也可能是更严重的问题。”

阿希没有在论文中提到他对实验结果是早有预料还是深感错愕。

如今，许多教材都说阿希设计实验是为了“揭示从众心理”，其实他原本想要证明的是：人们不会毫无主见地服从团体，人们会不受干扰地表达自己的观点。然而事与愿违，实验结果与他的预判恰恰相反。

阿希的“从众测试”是全世界被重复操作次数最多的科学实验之一，1951 年一经诞生便引发了各国学者的仿效热潮。1996 年的一篇研究综述收录了 17 个国家的 133 场从众实验，希望找到某种规律，总结出哪些情况下人们容易顺应他人的观点。研究发现：如果冒牌被试者中多一个人报出正确答案，正牌被试者给出错误答案的比例就会从 32% 降至 5%；另外，如果被试者可以把答案写下来而不是当众说出来——尽管他有机会获悉别人的答案，追随他人意见的比例也会大大降低。

在不同时代、不同文化圈中开展“阿希实验”，会得到不一样的结果。这些结果基本符合人们的预想：在强调个性的西方发达国家，从众趋势相对较弱；而在将集体利益置于个体利益之上的远东和非洲地区，从众的倾向极为明显。西方文化常将从众视为“曲意逢迎”，带有贬义。阿希的同事亨利·格莱特曼（Henry Gleitman）说：“如果谁在测试中一味盲从，很可能余生都会背负阴影，认为自己是个说出‘10 英寸比 4 英寸短’的‘胆小鬼’。”阿希本人倒是没把事情看得这么严重。他觉得：人们在实验中总共收到 2 个信息，一个是自己看见的，一个是别人说出的，严肃对待别人说出的信息，并不一定代表无知。在很多时候，大部分人的意见才是对的，顾及他人感受也是通达人情的表现。在崇尚集体主义的国家和地区，实验人员对被试者的从众表现给出了正面的解读：被试者明知他人说错还要跟着说错，是为了保住他人的脸面。

人们对比了历次实验数据，发现自 20 世纪 50 年代阿希首次实验至今，被试者产生从众行为的趋势正在逐渐减弱，但还没有完全消失。冷笑话“没有肥皂广播”就是一例。这项实验同样产生于 50 年代，至今屡试不爽。其中有这样一个笑话：两只北极熊坐在浴缸里。一只说：

“给我递块肥皂。”另一只回答：“没有肥皂广播！”[①] 相信每个人都会觉得，这句好像该是“笑点”的结束语根本就不好笑，但在实验中，一旦“托儿”们开始大笑，其他听众就会跟着笑起来。

阿希曾对实验做过一些改变。他想要看看，线段长度差距需要多么明显，被试者才会终止跟风，坚持自己的所见所感。但他没有成功：就算两条线段相差 18 厘米，在大多数人“认为”它们长度相等的时候，还是有人愿意服从这个错误的答案。

verrueckte-experimente.de

◆ Asch, S. (1956). Studies of independence and conformity: I. A minority of one against a unanimous majority. *Psychological Monographs: General and Applied* 70(416).

1954 | 世上最快的“司闸员”

约翰·保罗·斯塔普（John Paul Stapp）上校行事低调，他本可以为 1955 年发表于《航空医学杂志》的文章取一个更加惊世骇俗的标题，而不是轻描淡写的“机械力对活体组织造成的影响”。要知道，“活体

① 没有肥皂广播（No soap radio！）是恶作剧者在揭开真相时经常会说的习惯用语，用法类似中文的“逗你玩啦”，据说来源于一系列冷笑话，其中除了北极熊洗澡，还有大象洗澡等版本。该冷笑话的起源众说纷纭、难以考证，一种观点认为：“没有肥皂广播”原是一句广告词，广播电台借此向消费者承诺自己的节目不是没有意思的肥皂剧，后被用到与肥皂有关的冷笑话中。——译者注

▶ 约翰·保罗·斯塔普在火箭滑橇“我的天呐”上。

组织”就是他本人，“机械力的影响”全是身体伤害，例如瘀青、眼部充血和骨折。

1947 年，美国飞行员查克·耶格（Chuck Yaeger）驾驶 X－1 号飞机首度实现超音速飞行。同年，军医斯塔普开始研究这样一个问题：过去出现危急状况，飞行员会被弹射座椅弹出飞机并跳伞逃生；现在飞行速度如此之高，飞行员突然离开飞机时会有什么感觉呢？强大的气流会冲击他们的身体，使他们瞬间减速。这么巨大的力量会不会致人死亡？斯塔普先后在加利福尼亚州的爱德华空军基地和新墨西哥州的霍洛曼空军基地举行实验，用大胆的尝试回答了这个问题。

1947 年，斯塔普计划将黑猩猩放入火箭滑橇“我的天呐”（Gee-Whiz）进行首批测试。因为迟迟等不到合适的猩猩，斯塔普决定亲自上阵，充当“实验小白鼠”。上级领导曾几次三番劝告他不要冒险，但他仍然一意孤行。

最后一次、也是最危险的一次实验进行于 1954 年 12 月 10 日，斯塔普差点没保住眼睛。正午时分，斯塔普请工作人员将他绑在火箭滑橇“超音速之风”（Sonic Wind）上。1 千米外，救护车已经停在轨道终端随时待命。

所谓“滑橇”，其实就是一把能在滑轨上移动的座椅，座椅下面还有一架滑橇，后部装有 9 支小火箭。火箭的推力非常巨大，会造成视网膜缺血。滑橇启动 1.5 秒后，斯塔普眼前漆黑。又过了 3.5 秒，速度已经达到 1017 千米 / 小时，这时该制动了：滑轨终端，2 条轨道之间安放了一个长长的水槽，形似铁铲的挡板插入水槽，在 1.4 秒之内使滑橇迅速静止下来；这好比是以 100 千米 / 小时的速度冲向墙面，只是持续时间长了 18 倍。

制动路线长达 210 米，刚开始，斯塔普感受到一阵炫目的光，他

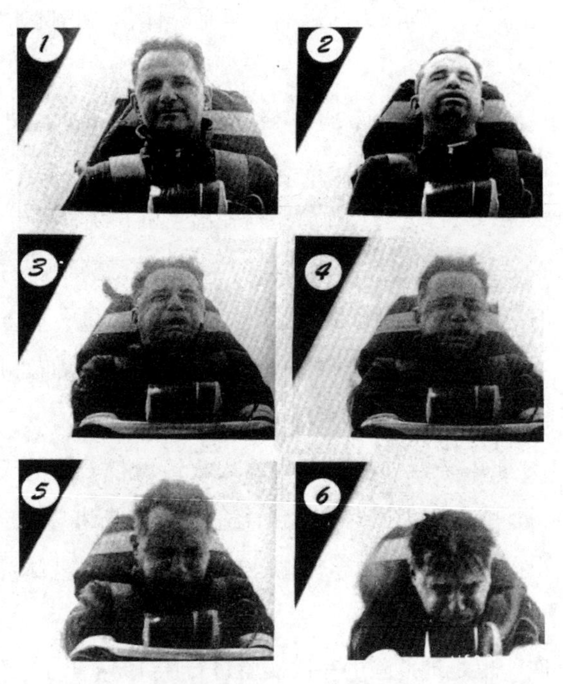

▶ 制动过程中约翰 · 保罗 · 斯塔普的脸：这就像是以 100 千米的时速冲向墙面，只不过持续时间要比“撞墙”长 18 倍。实验期间，斯塔普多次骨折，还险些失明。

▶ 实验开始前，约翰·保罗·斯塔普被绑在滑橇上。

的视力又回来了。可是，推动血液冲进眼中的压力过于强大，血管无法承受，最终爆裂。斯塔普看到的世界变成了绯红色。眼睛的变化牵扯着视神经和肌肉，造成疼痛，“好像没打麻药牙就被拔掉了的感觉”。

滑橇终于静止，助手们将斯塔普从“火箭座椅”上放了下来。双手可以自由活动的斯塔普立刻揉了几下眼皮。他以为，他什么都看不见，是因为眼睛睁不开，可是，他的眼睛明明就是睁着的。他心中暗想：“到底还是发生了。我再也看不见了。”他非常清楚，实验可能造成失明。经过多次实验，他的眼睛已经饱受摧残。

去往医院途中，斯塔普的视力又逐渐恢复了。检查显示，他身上被带子绑过的地方遍布着青紫斑块，沙石颗粒以子弹般的速度穿透衣服，留下许多细小的伤痕。在此前的28次实验中，他曾多次骨折，这一次他的骨头倒是没有受伤。

短时间内，斯塔普承受了40倍以上的重力加速度。这就好比，他带着相当于自身体重40倍以上的重量被缚在了绑带上。很久以来，人们都认为人体最多只能承受 18 倍的重力加速度。

在实验的启发下，设计师改良了飞行员座椅和安全绑带。斯塔普还率先大力推行汽车防撞安全带。他动用军方资金，开展了首批轿车撞击测试。上司对此提出异议，他便给上司算了一笔账，证明部队飞行员死于汽车事故的概率比死于飞机坠毁的概率还要高。斯塔普于 1999 年去世，去世前几年，他还担任了“斯塔普博士国际汽车撞击大会”的主席。

大胆的实验令斯塔普成为家喻户晓的名人。他上了电视，照片还登上了《时代》（*Time*）周刊的封面。对于他的不慎失足，报纸自然也不会放过，1956 年 3 月 9 日，《阿拉莫戈多每日新闻》（*Alamogordo Daily News*）报道，这位“世上最快的人”被警察抓获，原因是他开车太快，时速达到 60 千米。在仲裁法官的记录中，超速的人是“雷·达尔机长”（Captain Ray Darr）——这当然不是真名。仲裁法官还免除了他的罚金，自掏腰包交了这笔钱。

斯塔普的实验衍生出一个副产品，其知名度远远超过实验本身。人们在 1949 年做最初几场实验时，曾将工程师爱德华·墨菲（Edward A. Murphy）研发的探测钻头错误地安装在了火箭滑橇上。斯塔普一向很擅长发明俏皮话，他将这次事件反映的问题称作“墨菲定律”，并将其中心思想概括为：“事情只要有可能出错，那就一定会出错。”“墨菲定律”迅速传播，很快便在通俗文化中流行起来。

⌨ verrueckte-experimente.de

◆ Stapp, J. P. (1955). Effects of mechanical force on living tissue. 1. Abrupt deceleration and windblast. *Journal of Aviation medicine* 26, 268-288.

1954 | 老鹰对战响尾蛇

1954年6月11日，来自俄克拉荷马的11个男孩正坐在一辆开往“罗伯斯山洞”州立公园的大巴中，他们要去那里参加夏令营。旅途一切正常：他们交流了各自的爱好，谈论了喜欢的棒球队，介绍了父亲的工作。到达广阔的宿营地后，他们住进了一所小房子，还勘察了一下周边的环境。他们并不知道，宿营地向他们隐瞒了一件事：第二天，宿营地的另外一角，又将会有11个男孩住进一所小房子。他们也不可能预料到，宿营地的管理人员都是科学家，在此后的3个星期内，这些人将暗中记录2组男孩之间的所有状况。

这项披着“夏令营”外衣的实验是由穆扎费尔·谢里夫（Muzafer Sherif）所设计的。谢里夫是俄克拉荷马大学的心理学教授。他想先让2组男孩互相敌对，再完成一个看似不可能的任务：让斗得不可开交的11岁少年彼此和好。

谢里夫原籍土耳其的伊兹密尔，13岁那年遭到一伙希腊人的袭击，差点丢了性命。这段经历促使他研究起了“不同团体间的冲突”问题。这项实验后来得名“罗伯斯山洞实验”，是他职业生涯中最闪耀的作品。尽管被试者只是一群11岁的少年，争夺的也只是拔河比赛的胜利和浴场的使用权，不过，如今人们在讨论大型暴力争端——如北爱尔兰问题或巴勒斯坦问题时，都会提到这项实验。

谢里夫将实验划分为3个阶段：第一阶段，各自独立、互不影响地生成2个团体。第二阶段，让2个团体有所接触，并为他们制造紧张氛围。第三阶段，尝试消除紧张氛围。当然，如果使用2个已经成

▶ 拔河比赛——老鹰队对战响尾蛇队。孩子们绝对想不到，他们正在参加一项心理学实验。

形的团体来做实验，就可以跳过第一阶段，直接进入第二阶段。但谢里夫是个作风严谨的科学家，他担心已经成形的团体在面对其他团体时，早就有了固定的行为方式，这将破坏实验结果的真实性。

为了控制团体的生成，研究人员必须保证：每 1 组的 11 个男孩都素不相识。谢里夫煞费苦心，从俄克拉荷马的 22 所学校各找了 1 名男生，分成 2 组。这些男孩的身世背景基本一致，都来自健全的中产阶级新教徒家庭。问题少年和容易想家的敏感少年肯定不会入选。

为了做出正确的选择，研究人员曾在操场上偷偷观察学生；也曾与家长、老师攀谈，进一步证实他们的判断；还曾打探“家里房子多大”、“开什么车”之类的问题。家长并不了解详情，他们只是大概听说，科学家要在夏令营时研究 2 组孩子之间的互动。到达宿营地已有 1 周时间，2 个团体都给自己取了名字，一个叫“响尾蛇”，一个叫“老鹰”。他们建立了完善稳固的内部等级制度，也形成了特色鲜明的集体行为方式：

响尾蛇队的孩子总爱说脏话，老鹰队的孩子总爱裸泳。

按原计划，2组男孩还要继续分头行动1—2天，实验才能进入第二阶段，即“树立敌意”阶段。没想到，阶段性目标已经提前实现。2组男孩还没有正式碰面，只是听说了对方的存在，就已经出言不逊了，其中一队把另一队叫做“来这里宿营的黑鬼”[①]。

制造紧张氛围似乎是整个实验最容易完成的部分。即便如此，谢里夫还是得小心行事。1年前，他做过类似的实验，却又提前终止了实验，因为宿营地管理人员“挑拨离间”的诡计过于明显，原本互相仇视的两个团体突然开始一起仇视大人了。

第二阶段主要是在4天时间内设置15场比赛，有棒球比赛、拔河比赛，也有寻宝活动和查房活动，实验人员声称，他们会在暗中观察2个团体，根据双方表现评分。

胜利者的奖品是大家梦寐以求的多功能组合军刀。谢里夫此前做过研究，早就知道比赛可以增进团体内部的团结、引发对对方团体的鄙视和反感。不过，如此之深的敌意还是让他吓了一跳：2组男孩先是互相谩骂（“臭鬼”、“胆小鬼”、“共产主义者”[②]等）。第二天傍晚，老鹰队就烧毁了响尾蛇队留在运动场的战旗。谢里夫事后评论，这一举动甚为有效，“实验人员不必再去刻意制造紧张氛围了”。

果然，回击行动迅速到来。次日傍晚，响尾蛇队突袭了老鹰队的小房子，扯下窗帘，掀翻床铺，还抢走了队长的蓝布牛仔裤。后来，他们把裤子当成战旗，挂在旗杆上到处招摇，还在裤子上题字——“老鹰队的最后一人”。一天后，老鹰队带着棒球杆奔赴响尾蛇队的小房子

① 黑鬼（Nigger）是对黑人或下层人士的轻蔑称呼，当时美国社会的种族歧视还比较严重。——译者注

② 当时美国盛行“麦卡锡主义”，恶意诽谤、肆意迫害共产主义者以及其他民主进步人士。——译者注

▶ 上：响尾蛇队的成员突袭了老鹰队的小房子。研究人员没有必要再为 2 个团队制造敌意了，他们从一开始就表现得很有敌意。

▶ 下：响尾蛇队举起了战利品——老鹰队队长的蓝布牛仔裤。他们还在上面写着“老鹰队的最后一人”。

▶ 研究人员堵塞了宿营地的饮用水箱，促使敌对团体共同协作、建立和平。

寻仇，不过当时响尾蛇队正待在别处。

此后，2个团体之间又产生了一系列冲突，他们再也不愿继续往来了。第三阶段可以开始了。

谢里夫先让2组男孩在非比赛、非敌对的氛围中会面。"一起看电影"并未产生任何促进和好的作用，"一起吃饭"最终演变成了一场互扔食物大战。看来，仅靠单纯的"接触"还不足以平息争端。

在此前的一项实验中，谢里夫通过设立一个双方共同的外敌，使原本互不相容的2个团体联合在一起。但他觉得这种方式没有什么意义，因为旧的冲突的解决，只能依靠新的冲突的产生。谢里夫想用别的方式消除紧张氛围：他要给孩子们布置一些仅靠一队无法完成的任务。

首先，谢里夫派人堵塞了一条为宿营地供应饮用水的管道。孩子们察觉到饮用水短缺的现象，宿营地管理人员向他们解释说，蓄水池离宿营地很远，输水管道很长，想要检测哪里出了问题，不是一件简单的事，大概需要25个人才行。于是，2组男孩开始共同检测水管，团体

▶ 上：2 个团体一起去远处搭帐篷，材料分配得很混乱，他们必须彼此交换才能搭成帐篷。

▶ 下：卡车故障也是骗人的，目的只有一个：为孩子们布置一些仅靠一队无法完成的任务，由此促成和解。

之间出现了短暂的和平，他们互借工具，共同劳作。不过到了晚饭时间，敌意的火苗又重新燃烧起来。

按照夏令营的安排，接下来的活动是大家一起参与的“电影之夜”。电影《金银岛》的租金是 15 美元，2 组男孩必须共同出钱。经过短暂的讨论，大家达成一致，每队各出 3.5 美元，剩下的钱由管理机构支付。

谢里夫使出了最后一招：2 个团体一起去远处搭帐篷。一开始，要去领取食物的卡车发动不起来，2 组男孩都很清楚，他们只能一起推车。他们也真的这么做了。

随后，在搭帐篷时，2 组男孩发现，他们必须借用对方的材料才能搭成帐篷（管理机构有意将装备放乱套了）。最后，食物到了，是一整块肉，4 千克。2 组男孩必须把肉分了才行，不管采取什么分法。

这些手段真的促成了和解。2 组男孩一起举办了“毕营晚会”，决定在回程时坐同一辆车，在老鹰队物资短缺、钱财用尽的时候，响尾蛇队邀请他们一起喝了麦芽牛奶。

谢里夫的实验已被视为心理学的经典案例。更高级别的目标能够产生促进和平的功效，直至今天，这一点仍然鲜少有人质疑。然而，其他一些因素可能会抹杀这一功效。而且，这种实验方法似乎很难全盘照搬到更大的团体（例如民族国家）之间。

调解冲突还有另外一种完全不同的方法，本书“1993　被掉包的和平计划”将为您呈现。

◆ Sherif, M., O. J. Harvey et al. (1961). *Intergroup Conflict and Cooperarion: The Robbers Cave Experiment.* Norman, University of Oklahoma Book Exchange.

1956 | 吸烟无害健康

1956 年，斯坦福大学的某间办公室里上演了一幕奇怪的场景。21 名年轻的女大学生一个接一个地坐在未来的心理学家——24 岁的埃利奥特 · 阿伦森（Elliot Aronson）面前，接过他递来的卡片，念出上面的猥亵词语：性交、阴茎、做爱。念完 12 张卡片后，阿伦森又交给她们 2 本书，要求她们朗诵“生动的性爱描写”片段。阿伦森后来的论文对此做了介绍。“2 本书”的其中一本是 D · H · 劳伦斯（D. H. Lawrence）的《查泰莱夫人的情人》（*Lady Chatterley's Lover*），当年在美国尚属禁书。

这些女生原本以为，她们是要加入一个讨论小组，参与一项关于“集体讨论过程动态”的研究。直到坐在阿伦森面前，她们才知道讨论的主题是“性心理”。阿伦森向她们解释：朗读猥亵词语算是加入讨论小组的“入组测试”。根据脸红、结巴以及其他害羞的表现，他将做出一个“临床诊断”：鉴定她们是否能够自然大方地谈论性。其实，阿伦森完全是在研究别的事情。

埃利奥特 · 阿伦森正在选修利昂 · 费斯廷格（Leon Festinger）的讨论课。当时，费斯廷格刚刚提出认知失调理论。“认知失调”指的是：当我们的想法和行为不一致时，或者当我们的 2 个想法互相矛盾时，内心会产生一种冲突。例如：吸烟者明明了解吸烟的危害，却依然吸烟。女人虽然知道名牌鞋子过于昂贵，却依然购买。费斯廷格认为：人们需要在行为和想法之间重建一致关系，以消除“认知失调”造成的压力，而重建一致关系的途径只有 2 个：要么改变行为，要么改变想法。

如果人们不能或者不愿改变行为，那就只好对行为做出荒谬的辩解，甚至心甘情愿地相信这些辩解，例如：吸烟根本没有那么大的危害；名牌鞋子的质量更胜一筹。

在讨论课上，费斯廷格要求学生们思考，什么情况容易导致“认知失调”，学生们想到了“接纳仪式”。按照费斯廷格的理论，与未经测试便轻松入组的成员相比，经过各种努力才艰难入组的成员更加觉得小组充满魅力。如果某人多年以来都想得到“阿里巴巴”舞厅的会员卡，那么，当他终于拿到会员卡时，“阿里巴巴”在他心里就成为“世界中心”，即便它只是一个破败的舞棚。毕竟，谁都不愿相信“自己是个傻瓜”。阿伦森和同事贾德森·米尔斯（Judson Mills）打算对这一效应进行科学验证。

首先，两位研究者需要设计一个“接纳仪式”。“我们坐在一起，阿伦森想出了一个又一个点子。其中一个是‘朗读猥亵词语’。当时我说：‘就是它了！’”米尔斯回忆道。

女生们念完了规定的词语，通过了入组测试。阿伦森和米尔斯需要检验：与未参加测试或者只经历了简单测试的女生相比，这些通过艰难测试的女生是否更加看重自己的小组成员身份。

于是，实验参与者该戴上耳机，听听讨论组正在进行的谈话了。阿伦森告诉这些女生：每个人单独待在一个房间，使用对讲机与别人交流。她们不必面对面，这样一来，讨论与性有关的话题就会轻松一些。其实，参与者不能接触讨论组的真正原因是：这个小组并不存在。为保证每位参与者身处一模一样的情境，他们播放了事先录好的声音。而为避免女生真的“加入”对话，负责人告诉她们：这是准备阶段，她们只要倾听即可。

据阿伦森和米尔斯事后描述，女生们听到的是“要多没用就有多没用、要多无聊就有多无聊”的讨论。这与令人不适的入组测试形成了最大程度的“失调”。

果然，与其他人相比，通过尴尬测试的女生更加觉得讨论内容和谈话人员都很有趣。她们在用这种方式减轻“艰难的入组”与“无聊的讨论”之间的“失调”。当阿伦森告知她们实验的真正目的时，她们立刻领悟了这个道理。“她们表示完全理解，因为大多数人的行为的确会像我预想的那样，”阿伦森回忆道，“但是她们一再向我保证，对于她们而言，艰难的‘接纳仪式’并没起到什么作用。每个人都声称：她们是真心地喜欢这个小组。”

减轻“认知失调”是一个不自觉的过程，旁观者清，当局者迷。也正是因为如此，这项人类心理特质的作用结果才对我们的共同生活产生了巨大的影响。从日常小事到世界政治，这一特质都在默默发挥自己的力量。继阿伦森和米尔斯之后，学界又发表了3000多篇研究此类问题的文章。其中一篇告诉人们，费斯廷格论述的特质是一种多么基本的特质：就连卷尾猴也不例外。如果卷尾猴从3种颜色的糖豆中偶然挑选了黄色的糖豆，之后就会一直偏爱黄色，虽然起初它们并没发现3种颜色有何区别。

减轻“认知失调”是一种应对生活的原始策略。它能消解内心矛盾，在愿望无法实现时调整情绪。它至少从某些角度解释了我们为什么会坚定地声称：孩子让我们幸福，而事实却恰好相反。研究显示：总的来说，父母和孩子共处时的幸福感比他们单独吃饭、运动、购物或者看电视时要低。哈佛大学心理学家丹尼尔·吉尔伯特（Daniel Gilbert）指出，米尔斯和阿伦森的“入组实验”与家庭生活具有相似性：“当我们为某件事情付出很多时，我们就会设想：它将给我们带来幸福。所以我们对矿泉水和阿玛尼短袜的好处深信不疑。照顾孩子的要求早已写入了我们的基因。我们做牛做马，大汗淋漓，睡眠减少，严重脱发，还得扮演护士、司机和厨师的角色。我们做这一切，完全出于天性和本能。

我们付出了巨大的代价，因此不难想象，我们要对其做出合理的解释，我们总是认为：孩子会用幸福回报我们。”

然而，这项心理机制并不总是带来正面的结果。减轻“认知失调”往往也会引发糟糕的情况，例如审判失误。如果 DNA 分析得出结论：一个背负罪名、已经入狱 10 年的囚徒并非当年的罪犯，检察官将会做何决断？美国的几桩案件显示，检察官常会毫无道理地固执己见，坚信这个囚徒就是罪犯。为什么呢？一方面，检察官知道：是他判决一个人坐了 10 年大牢；另一方面，他已掌握证据：这个人是无罪的。减轻这种“失调”的办法有两种：要么承认自己犯了一个严重的错误，要么坚信囚徒有罪。显然，多数检察官都会很快做出选择。

◆ Aronson, E., and J. Mills (1959). The effect of severity of initiation on liking for a group. *Journal of Abnormal and Social Psychology* 59, 177-181.

1958 | 我看的和你看的不一样

婴儿是每个实验心理学家的噩梦：他们不能填写问卷，不会讲话，不知道伸手比画，也不太愿意合作。想知道婴儿视力如何、会不会认脸、能不能回忆起曾经看过的东西，应该怎么办呢？

婴儿的小脑袋瓜到底在想些什么，谁也不知道。不是只有爸爸、

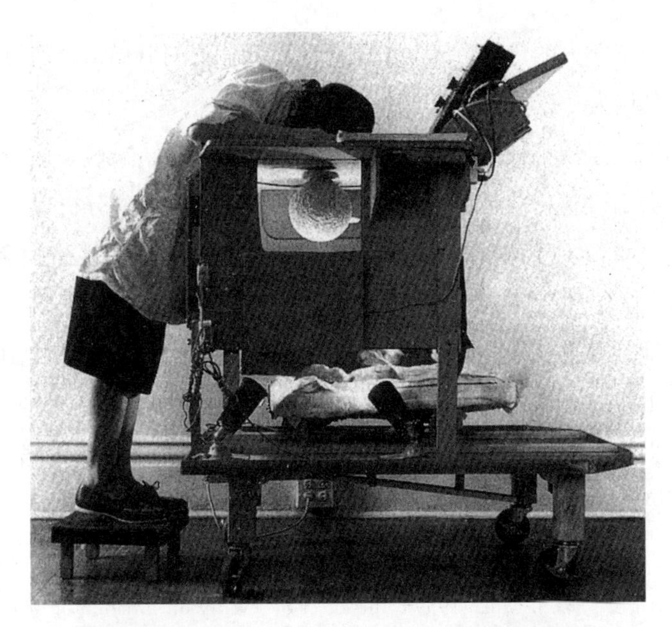

▶ 婴儿如何看世界？人们可以借助这个装置找到答案。

妈妈和儿童心理学家想要解开谜团，关心这一问题的人还有很多，因为它涉及一个更大的题目：人类的哪些技能是生来具备的，哪些技能是后天习得的，先天基础和外部环境，哪个起着决定作用？

20 世纪 50 年代的主流观点认为：新生儿就像一张干净的白纸，世界在他们眼中只是一些或明或暗的色块，非常混沌朦胧。随着“观看”经验与日俱增，他们才逐渐学会分辨不同的事物。

心理学家罗伯特·法恩茨（Robert Fantz）认为上述观点并不正确。理由源自他早年做过的一场实验，他曾将各式各样的几何形状摆在刚刚破壳而出的小鸡面前，发现小鸡会有选择地啄食谷粒大小的球体，它们似乎天生就有辨别事物的能力。

只是这个实验不能用到人的身上——婴儿又不会啄食东西。不过，婴儿会不停地东张西望，他们的眼睛应该可以透露一些讯息，让我们知道他们看到的世界是什么样的。

“如果婴儿看某个特定形状的次数明显多于看别的形状，那么，他一定能够识别这个形状。”法恩茨在一篇专业论文中写道。基于这个简单的观点，他研制了一张“小床”，婴儿躺在里面，可以看到一个各处亮度均匀的“箱体”。法恩茨在箱体顶端固定了一对对测试用的观察对象：要么是纵向条纹与同心圆，要么是实心方形与棋盘格，要么是三角形与十字叉。通过图形之间的观测孔，他可以追踪婴儿的目光方向，看出他们观察各种形状所持续的时间。

第一次实验找了 30 个婴儿（1—15 周不等），其中 8 个不能算数，因为他们在实验中一直喊叫、哭闹，或者干脆睡着了。剩下的 22 个婴儿无一例外，都喜欢观察比较复杂的图形，例如，看棋盘格的时间比看方形更久。显然，婴儿天生就具备区分这些图形的能力。

法恩茨还通过这一方法确定了婴儿的视力。他在条纹板的旁边放了一张灰暗的纯色板。婴儿当然更喜欢看条纹板——只要他们还能看得出来，因为条纹板上的条纹会越来越细。最后，婴儿观察条纹板和灰色板的次数接近相等。这就表示，他们已经看不出两张板子的区别了。在他们眼中，条纹板也变成了灰色的。1 个月大的婴儿能够识别 3 毫米宽的条纹，半岁大的婴儿可以识别再细 10 倍的条纹。

婴儿生来就能看出立体的东西吗？他们看球体的时间比看圆环的时间要长。他们能认出人脸吗？不管板子上画了什么图案，都没有画着人脸受欢迎。

今天，法恩茨的方法已经成为研究幼儿思维能力的基本方法。将上述实验稍做变换，甚至可以证明婴儿能够运算：在婴儿眼前放置一个小舞台，舞台上摆着米老鼠玩偶，然后立起一块挡板，再在挡板后面摆放另外一个玩偶：玩偶数量相当于 1+1。移除挡板后，婴儿同时看到了 2 个玩偶（这是正确结果）。但在另外一次演示中，婴儿却只看到了一个玩偶（后面那个又被偷偷移走了）。总的说来，婴儿观察那道错误加法题的时间要比正确的长 1 秒。这表明，错误的结果让他们惊讶，也说明，他们是知道正确答案的。

◆ Fantz, R. L. (1958). Pattern vision in young infants. *Psychological Record* 8, 43-47.

1960 | “四卡问题”

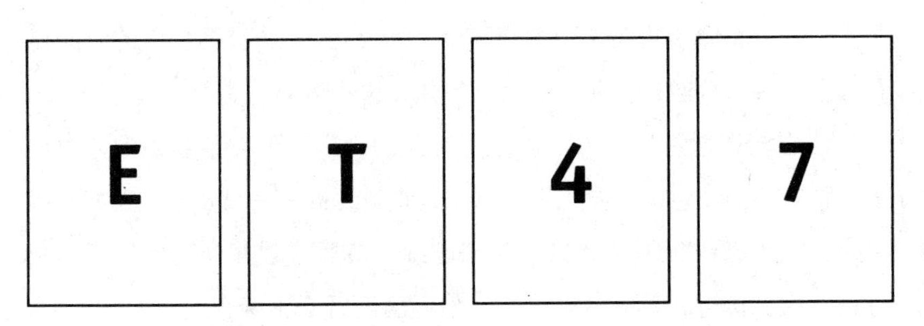

▶ 这是心理学界反复研究的思维游戏：若卡片一面为元音字母，则另一面为偶数，你必须翻看哪几张卡片，才能验出命题的真伪？

这道题目看似不难，实则不易。20 世纪 60 年代早期，英国心理学家彼得·沃森（Peter Wason）设计这项实验时，应该没有料到他会由此一举成名。实验内容如下：桌上放着 4 张卡片，每张卡片一面写有字母，一面写有数字，2 张卡片字母朝上，分别显示 E 和 T，另外 2 张卡片数字朝上，分别显示 4 和 7。实验人员提出命题：若卡片一面为元音字母，则另一面为偶数。若要检验该命题的真伪，必须翻看哪几张卡片呢？这个简单的问题属于“选择任务”（selection task），是心理学界反复探讨的思维游戏，也成为“道义逻辑思维与选择任务”、“沃森选择任务中的复杂问题效应”等上百项研究的中心议题。

实验结果令人惊异：只有不到 10% 的被试者能够制定出正确的解决方案，这一现象引起了人们的极大兴趣。沃森早年曾招募过大学生来解题，128 名学生中只有 5 人做对，59 人表示需要翻转 E 和 4，42 人认为只需翻转 E，其他人的答案更是五花八门。正确答案却是：翻转 E 和 7。

想必人人都会选择翻看写有“E”的那张卡片：如果它的背面是一个奇数，命题便不能成立。而写有“4”的那张卡片是不用检验的。命题只是说：一面写有元音字母的卡片另一面必为偶数，却并没有说：一面写有偶数的卡片另一面也必为元音字母。这么表述似乎有点儿复杂，那就举个具体事例解释一下：“邮政汽车都是黄色的”并不意味着“黄色的都是邮政汽车”，很容易理解吧？

反之，写有“7”的那张卡片必须接受核查：如果它的背面是一个元音字母，命题同样不能成立。遗憾的是，大部分被试者没有考虑到这一点。不仅如此，当沃森告诉他们答案有误时，他们居然还会反驳。他们即便遵照要求翻看了卡片“7”、并在背面发现了元音字母“A”，依然坚称没有必要核查这张卡片。

面对某种假设，人们往往会不自觉地收集更多信息去确认它，而不是推翻它，这是沃森实验得出的最重要结论。翻看卡片“E”，便有可能确认“若一面为元音,则另一面为偶数”的命题；而翻看卡片“7”，哪怕背面是元音，也只能驳斥命题。习惯“证实”、不习惯“证伪”，似乎是某种根深蒂固的人性需求，正是由于它的驱动，人们才会狂热地信奉伪科学和阴谋论。

沃森的“四卡问题”令众多同行感到头疼。实验结果与经典理论——皮亚杰的人类逻辑思维发展理论（参见“1933　神奇增多的果汁浓浆”）

相互矛盾。沃森还从高智商团体“门萨俱乐部”[①] 请来一位成员参加实验。被试者“自信且精准地论证了自己的假定，如果用皮亚杰的理论来判断，他的这些假定都属于非常典型的儿童思维”。沃森写道：“一位同事曾对我说：‘我们再也不要做四卡问题的实验了。’看他那副既嫌恶又惶恐的神色，不知道的还以为实验将会导致整个科系的人感染某种新型病毒呢。”

其实，沃森的研究险些终止于萌芽状态。20 世纪 60 年代初，他做了第一次实验，结果毫无特异之处。“我让两位朋友看了一下题目，他们俩都稍加思索便说出了正确答案，于是我的助理认为，这个问题并不值得深究。”

◆ Wason, P. C. (1968), Reasoning about a rule. *Quarterly Journal of Experimental Psychology* 20, 273-281.

1960 ｜ 瞳孔研究员与招贴画女郎

1960 年的某天早晨，在芝加哥大学教授埃克哈特·赫斯（Eckhard

① 拉丁语“门萨”（Mensa）意为“圆桌”（有“平等围坐”之意），“门萨俱乐部”是专门进行智力测试的国际组织，1946 年成立于英国，以智商水平作为唯一入会标准，号称世界顶级智商俱乐部。——译者注

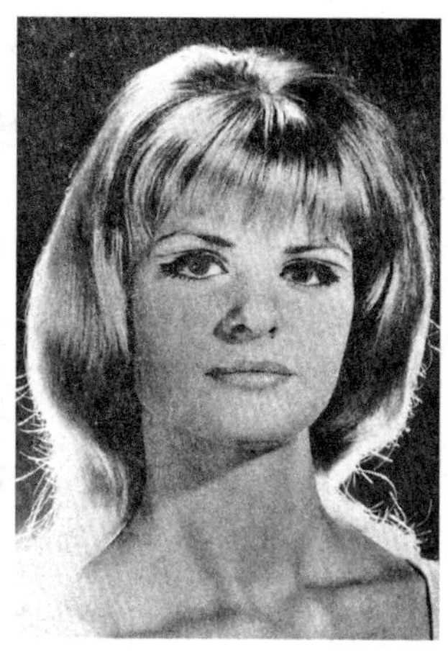

▶ 两张图片的唯一区别在于瞳孔大小。看到右边的图片时，男性被试者瞳孔放大。这说明，他们对右边的图片更感兴趣。

Hess）的办公室里，诞生了一项新奇的研究——瞳孔直径测量。他在一大叠风景图片中混入了一张“香艳热辣”的美女照片，然后手持卡片，将它们依次展示给自己的助理詹姆斯·波尔特（James Polt）。赫斯本人只能看到图片背面，因此并不知晓波尔特正在欣赏什么内容。赫斯事后记录：“翻到第七张卡片时，我发现他的瞳孔明显放大了。”“第七张卡片”的主角是《花花公子》（*Playboy*）杂志1959年10月的月历女郎伊莲恩·雷诺兹（Elaine Reynolds），图中的她尺度开放、大泄春光。此后，“瞳孔大小与大脑活动的关联”便成为心理学教授赫斯的重点课题。

人们无论是在文学作品中，还是在日常生活中，都会接触到一种观点——“眼睛能够透露一切”。法国诗人纪尧姆·德·沙吕斯特（Guillaume de Salluste）将眼睛称为“心灵之窗”。热爱、渴念、憎恶、愤怒等情绪都能通过眼睛传达出来。

大脑从事某些特定活动时，瞳孔大小会发生怎样的变化，这一问题早就引起了科学家的关注和探索。不过，赫斯首次将这项研究设立为专门的科研领域，“幕后推手”是他的妻子。某天晚上，妻子观察到他在翻看一本动物画册时，瞳孔突然放大。因此，他才心血来潮，与助手波尔特进行了开篇的“招贴画女郎”实验。

第一批系统化实验的被试者是2位男士和2位女士。赫斯要求他们把头伸进一个暗箱，通过暗箱观看投影仪在对面墙上依次播放的不同图片。一面小镜子把被试者左眼的图像传送到安装在仪器侧边的红外照相机上，照相机每秒拍摄2张照片。赫斯通过这些照片测量被试者的瞳孔大小。实验结果十分明确：图片内容为婴儿、母亲抱着婴儿、裸体男性时，女性被试者的瞳孔明显放大。反之，男性被试者对裸体女性的反应尤为强烈。赫斯认为，瞳孔放大意味着“感兴趣”和“认同”。在后续实验中，他向被试者展示了残疾儿童以及现代艺术的照片。这时，被试者（包括某些自称喜爱抽象画的被试者）的瞳孔都有所缩小。

赫斯还开展过一项著名的研究，检验被观看者的瞳孔大小会对观看者产生什么影响。他向男士展示了一位女性的2张照片，照片的唯一区别在于瞳孔大小。男性被试者观看瞳孔较大的那张照片时，自己的瞳孔也放大得特别明显。赫斯猜测，女性瞳孔较大，传达的信号是：她对她正在注视的人感兴趣，男士接收到信号，瞳孔便放大了。早在中世纪，女人就常把“颠茄”（Belladonna）成分阿托品（Atropin）[1]滴入眼中，以求提高性感魅力。

赫斯认为，他找到了检视人类思想活动的终极手段。他表示，从一个人的瞳孔反应可以看出其性取向。他也深信，因为瞳孔不会说谎，所以广告商可以通过瞳孔反应预测不同产品的市场价值。据说，某些联邦机构还多次约请赫斯将瞳孔直径测量法用于测谎，不过他拒绝了这项提议。

---

① 阿托品是一种散瞳剂。人们用颠茄散瞳，认为瞳孔放大很美，Bella donna 的本意就是“美丽女人”。——译者注

也有其他研究人员重复做过此类实验，却发现不能证实赫斯得出的结果。匹兹堡生物测量研究项目组的斯图尔特·施泰因豪尔（Stuart Steinhauer）曾评价说："赫斯为人不错，做起实验可就不太好了。"比方说，他在测量瞳孔大小时，没有考虑到引起瞳孔直径改变的很多生理反应可能与图片内容完全无关。

如今，科学家对瞳孔反应领域的诸多问题仍然未能达成一致。不过，2个事实已经得到了澄清：不管观看的内容是正面的还是负面的，只要观看者产生了关注的兴趣，瞳孔就会放大；同样，大脑在努力加工信息时（例如在解一道困难的运算题时），瞳孔也会放大。

只是，瞳孔为什么会随着大脑活动而运动呢？这种现象蕴含着什么深刻的意义吗？或者，它只是大脑在处理其他事情的时候产生的副产品？这些问题至今还没有得到明确的回答。

◆ Hess, E. H. (1975). *The Tell-Tale Eye: How Your Eyes Reveal Hidden Thoughts and Emotions*. New York, Van Nostrand Reinhold Company.

1960 | 浴缸宇航员

1960年1月27日周三早上8点，得克萨斯州圣安东尼奥市，布鲁克斯空军基地航空医疗中心的杜安·格拉韦林（Duane Graveline）爬进了一只长2米、宽1米的水箱。7天之后，也就是2月3日早上8点，他才离开那里。28 岁的格拉韦林是一名医生，他想研究失重状态对人体的影响。

随着苏联在 1957 年将第一颗人造卫星“斯普特尼克”（Sputnik）送入太空，围绕着第一个太空人展开的竞争便开始了。为此，人们必须搞清楚一个问题：失重状态会对宇航员的身体造成什么影响。有一点是确凿无疑的，正如格拉韦林所说，第 1 名宇航员“再次回到大气层时已经和起初不是同一个人了”。由于缺乏重力，他的肌肉将会萎缩。一名如此虚弱的宇航员到底能不能承受回到地球的旅程所带来的负荷呢？

为了查明此事，格拉韦林首先进行了所谓的卧床研究，其间须有 10 名男子躺着度过 2 个星期。通过这种方式，应该能够模拟出宇航员在失重环境中身体完全失去重力负荷的效果。然而格拉韦林并不满意。“这些人又读书，又刮胡子，还从床上坐起来，偷偷摸摸溜出去上厕所，就是不想使用床上便盆。”而就算他们无所事事地躺在那里，这个模拟也并不完美：宇航员们可不是静止的，他们只是在做事情的时候感觉

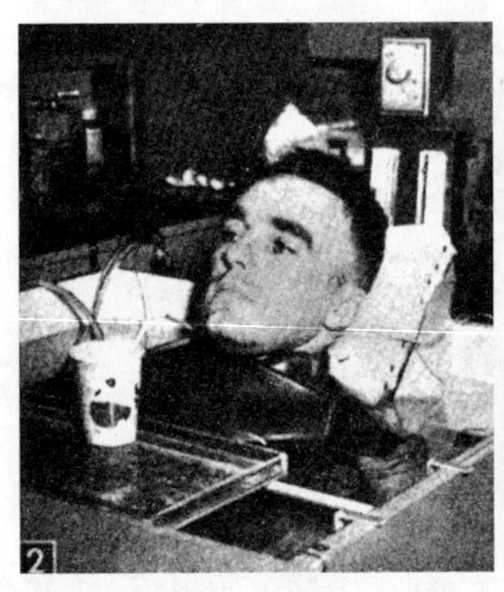
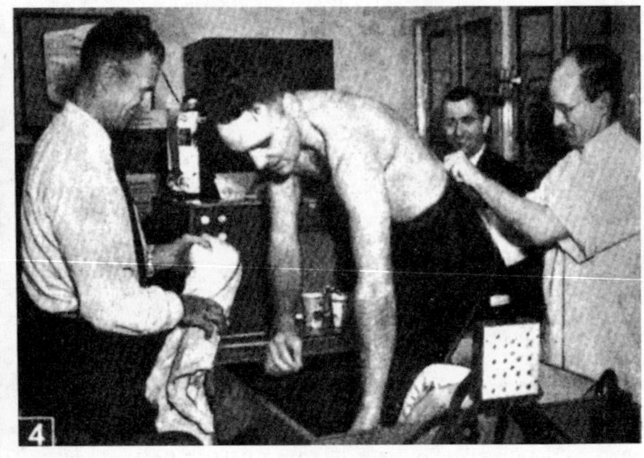

▶ 左：宇航员候选人杜安 · 格拉韦林在他的浴缸里。他在这里度过了 7 天时间，想要通过这种方式模拟失重状态对人体的影响。

▶ 右：1 周后，格拉韦林哆哆嗦嗦地从浴缸里出来。

▶ 作为实验负责人的杜安·格拉韦林（玻璃后面的脸）。在这些后期实验中，被试者整天都要在水下度过。

不到重力。解决方案找到了：水。在地球上，水能够最好地模拟无重力状态。

格拉韦林让人给他造了一个大浴缸，又在浴缸里放了一张躺椅，就跟他在座舱里给宇航员设计的一样。他买了一身干式潜水服，开始进行第一批实验。其中最简单的一个实验差点要了他的命：在一个周日，他独自来到实验室，测试了潜水服的密封性。因为里面进了水，他便试图增强裤子和上衣之间的密闭度。他用一条橡皮软管绕了 12 圈，让 2 件衣服紧贴环绕在他腹部的大号铝环，然后爬进水里。然而橡皮软管从环上滑落，以极大的力量挤压着格拉韦林的身体。他已然开始想象周一早上别人会怎样发现他在浴缸里的死状了。“多蠢的死法啊。”最终他成功地将一只手指挤进了橡皮管下面，一圈一圈地将它挣开了。这次事故过后数周，还有一条 20 厘米宽的血肿像腰带一样延伸在他的身体中部。

格拉韦林在实验期间的时间表是这样的：

8—12 点：心理动力学测试（随着浴缸上方的屏幕显示特定的事件而按下特定的按钮）。

12—13 点：进食。格拉韦林只吃雀巢旗下苏斯塔根（Sustagen）牌的流食。

13—17 点：心理动力学测试。

17—23 点：看电视。“那些肥皂剧太难看了。”他现在回忆道。

23—3 点：心理动力学测试。

3—4 点：离开浴缸。医学检测。更换贴身衣物。

4—8 点：回到浴缸里。睡觉。令人惊讶的是，格拉韦林 2 小时后就得到了充分的休息并醒了过来。

实验带来了意料之中的效果：每一天格拉韦林都觉得爬出浴缸变得更加困难。待在浴缸里的最后一天结束后，马上进行的离心机测试也比实验之前更加让他精疲力竭。

很多报纸报道了这位“浴缸里的上尉”。格拉韦林甚至还出现在了电视节目《今日秀》（*Today Show*）上。人们本来想要让他穿着潜水服和脚蹼接受采访。格拉韦林拒绝了，坚持穿了制服。“要是再有类似的情况，我会穿上脚蹼，”如今他说，“这样观众会对我的登场留下更为深刻的印象。”

后来，格拉韦林又完善了他的实验。实验中，被试者另外戴上了一顶防水头盔，完全在水下度过数日。

1965 年，美国国家航空航天局将格拉韦林选为宇航员。不久以后，他又“出于私人原因”退出了——这也许是指他跟妻子之间那场糟糕的离婚。此后他担任全科医生，如今以“太空大夫”（Spacedoc）的名义经营着一家网站。

◆ Graveline, D. E., B. Balke et al. (1961). Psychobiologic effects of water-immersioninduced hypodynamics. *Aerospace Medicine* 32, 387-400.

1961 | 长鳃的老鼠

1987年秋天，约翰内斯·吉尔斯特拉（Johannes Kylstra）接到了一个不同寻常的电话。当时，吉尔斯特拉正在美国达勒姆市杜克大学担任医学教授。线路另一头，自报家门的是詹姆斯·卡梅隆（James Cameron）。3年前，他曾凭借票房大热的电影《终结者》（*Terminator*）取得了好莱坞导演事业的重大突破。他的下一部电影《深渊》（*The Abyss*）情节将在深海中展开，为此，他需要吉尔斯特拉的帮助。

50年代末，约翰内斯·吉尔斯特拉正在荷兰莱顿大学工作。为了寻找机会帮助肾病患者，他想到了一个主意：因为人有2个肺，所以可以把其中一个改造成应急用的肾脏。他的想法很简单：如果将一个肺灌满液体，那么肺泡里的有害物质就会从血液转移到这些液体中去，并就此流走。在此期间，另一个肺将承担呼吸的功能。"我用狗做了实验，但是这个方法效率不高。"1969年，在美国得克萨斯州的加尔维斯顿市，吉尔斯特拉在海洋生物医学研究所做工作报告时表示。更好的方法是，将2个肺都灌满液体——不过这样又出现了一个显而易见的问题：实验对象会被淹死。

但是吉尔斯特拉认为，他可以阻止此事发生，只要增加液体中的氧气含量即可。对身体来说，是从一种液体还是从空气中得到氧气，都

▶ 这只老鼠还活着！它呼吸的不是空气，而是液态的氟碳化合物。

没有关系。最重要的是，氧气的量要足够。

然而在正常的压力下，水中含有的氧气大约只有空气中的1/40，基本相当于在20千米高空的空气。“要在这样的高度存活下来，天使都需要长出鳃来。”吉尔斯特拉在发表于《生活》(*Life*)杂志的一篇文章中写道。但是如果增强压力，就可以往水中压进更多的氧气：在8个大气压下，可以往1升水中压入200毫升氧气——跟1升空气里的氧含量一样多。于是吉尔斯特拉将含盐量与血液相近的盐水置于8个大气压之下，然后通过一扇小闸门往这个压力舱里放了一只老鼠；水面以下设有一道栅栏，防止这只啮齿类动物浮出水面。

“实验成功了！”吉尔斯特拉在报告中说——至少依他看来是这样。在他发表的文章《论作为鱼类的老鼠》中提到的66只老鼠可能并不这么认为。所有的老鼠都淹死了，对此，吉尔斯特拉的表述是：“我们尚未成功地将从空气呼吸到液体呼吸的过渡颠倒过来。”然而一些老鼠是在18小时之后才淹死的，这也证明：它们的确呼吸了液体。

从此以后，与解决人类的肾脏问题相比，吉尔斯特拉对如何把人类变回鱼类产生了更大的兴趣，他开始与荷兰海军合作。第一只呼吸了24分钟液体并存活下来的哺乳动物是一条名叫史尼比的狗。实验之后,荷兰救援潜水艇“刻耳柏洛斯号”(Cerberus)的全体船员收养了它。

与潜水专家合作是个合乎逻辑的选择。因为液体呼吸有望帮助人们克服潜水时的最大困难。一名潜水员在水中冒险下潜得越深，身体以及肺部所承受的压力也就越大。只要肺部存在着一个同等大小的反作用力，潜水员对此就几乎全无察觉。当潜水员从压缩氧气瓶中呼吸空气时，这个反作用力就会自动生成。（就像普通的空气一样，潜水用氧气瓶中的空气是由大约 1/5 的氧气和 4/5 的氮气组成的。）然而这些本来很普通的空气在肺部受到更强的压力，带来 2 个严重的后果，在下潜深度达到几十米的时候就会出现：一方面，在较强压力下，氮气有麻醉效果（氮气麻醉），而氧气甚至有毒；另一方面，当潜水员上浮过快时，在较强压力下分散在体内的氮气会形成气泡，就像打开瓶盖时碳酸矿泉水会起泡沫一样。这一效应会造成所谓的潜水病，导致包括瘫痪在内的各种症状。要避免这些问题，潜水员只能缓慢上浮，使氮气能够从组织中流失、排出，或者在一间压力舱里度过一段时间，并在那里补上减压过程。

追根究底，造成以上 2 个问题的原因在于：空气就像任何其他气体一样，是可以被压缩的。这就会导致处在压力下的肺部突然挤进了过多的压缩氧气和氮气，随后这些气体会被压入血液中，并造成上述疾病。

如果人们可以呼吸液体，就可以同时摆脱上述所有问题：因为实际上，液体是不能压缩的，因此即使肺部压力很大，也并不会使处于高压下、溶解在液体中的氧气浓度更高。

这样，人类似乎就可以随意潜入深水了。然而吉尔斯特拉也被迫认识到，这又带来了一系列其他问题：比如，水不能像空气一样有效率地运走被呼出的二氧化碳，此外，肺部需要更大的力量，才能呼吸水。吉尔斯特拉粗略估算，他的老鼠大约需要比呼吸空气时多 60 倍的能量，才能充满再腾空它们的肺部。

4 年之后，另外 2 名研究者改善了这些问题，但还没能彻底解决。利兰 · 克拉克（Leland C. Clark）和弗兰克 · 戈兰（Frank Gollan）在实验中使用了氟碳化合物。氟碳化合物能够结合比水多 3 倍的二氧化

▶ 詹姆斯·卡梅隆获悉了吉尔斯特拉关于液体呼吸的实验之后，立刻写出了水下惊悚小说《深渊》。在影片中，他用一只真正的老鼠重现了这个实验。

碳和30倍的氧气。他们使用的很多老鼠在实验中存活了下来，并没有受到损伤。但是二氧化碳过多的问题仍然存在。

1971年，17岁的詹姆斯·卡梅隆参加了竞技游泳运动员、深海潜水员、跳伞运动员弗朗西斯·法列切克（Francis J. Falejczyk）的一场报告会，并得知了这些实验。法列切克参与过吉尔斯特拉的一个实验，人们用盐水灌满了他的一个肺，他完全靠另一个肺正常呼吸。这虽然不是真正的液体呼吸，但是根据吉尔斯特拉的说法，这至少表明：这样做既无不适，又并非特别危险。法列切克在他的报告中讲到了吉尔斯特拉的实验，并展示了幻灯片和录像。

卡梅隆深受吸引。他回到家里，写出了短篇小说《深渊》。小说情节发生在开曼海沟边缘的水下700米深处的一个科研观察站，日后那部电影也以此为主要内容。影片中，主角必须潜入开曼海沟，并在潜水时使用液体呼吸。为了让观众熟悉这个概念，卡梅隆想要在此前的一场戏中介绍吉尔斯特拉用老鼠做的实验，因此，他才会向吉尔斯特拉求助。

起先，吉尔斯特拉持有怀疑态度，但还是被卡梅隆说服了。后来，这位导演回忆道："我对他说，我想要重现17年前我在录像里看到的那个实验，但是我能不能用一只真正的老鼠来做呢？他说，那很容易。"

就这样，约翰内斯·吉尔斯特拉的液体呼吸帮助《深渊》树立起了一座电影艺术的丰碑。直到今天，观众们还在网络论坛中讨论这场戏。实地拍摄这个实验是否妥当？老鼠们是否经受了巨大的痛苦？这些动物如今身在何处？詹姆斯·卡梅隆再三保证，所有的动物都存活下来了。

甚至还有传言说，在影片的英国版中，这场戏被剪掉了，而卡梅隆后来把用过的 5 只老鼠中的一只留作了宠物。

除了在《深渊》以及科幻小说史上的几次登场之外，潜水员液体呼吸的话题如今已经沉寂下来。然而，研究者已经证明，用氟碳化合物灌满肺部的做法在其他一些情况下也可以救人一命。如果病人有严重的肺部问题，那么让病人通过一种液体进行人工呼吸可能比使用普通空气更有效率。此外，氟碳化合物也是迄今为止尚未研制成功的人造血液的候选品之一。

⌑ verrueckte-experimente.de

◆ Kylstra, J. A., M. O. Tissing et al. (1962). Of mice as fish. *Transactions of the American Society for Artificial Internal Organs (ASAIO)* 8, 378-383.

1962 | 请您写下遗嘱！

想知道人们在极度恐惧时会做出什么反应？办法只有一个：引起他们的极度恐惧。这是“美国军事领导人才研究组”成员米切尔·伯尔昆（Mitchell M. Berkun）的心得。身为心理学家的伯尔昆认为：在普通的“危机”实验中，被试者很快便会发现，他所面临的“危机”是“假冒”的，这是阻碍人们研究恐惧反应的最大障碍。不过他坚信，他的实验将会打破这种“知觉防御”。

▶ 极度恐惧如何影响脑力活动效率？为了找到答案，实验人员欺骗了一架 DC － 3 飞机的乘客，让他们误以为飞机即将坠毁。

在加利福尼亚州的福特奥德，10 个新兵登上了一架 DC － 3 双引擎飞机。他们还以为，他们正在参与一项名为“飞行高度对精神运动绩效的影响”的科学研究。起飞前，他们按照要求提供了自己的尿液，仔细阅读了紧急情况指示。到达 2000 米的高度时，他们填写了一份问卷，回答了一些不痛不痒的问题。飞机继续向高空爬升，突然，一个引擎失灵了。新兵听到对讲机里传来消息，得知飞机出了故障。他们还看到，地面上的消防车、救护车正匆匆赶往机场。几分钟后，飞行员宣布：他已无法开动飞机，只能想办法让飞机在海面降落。

飞行员使出浑身解数，努力避免危险的“摔机着陆”。就在此时，人们给新兵分发了 2 份调查问卷，一份是“紧急数据表格”，另一份是“针对紧急情况的官方指示数据”。第一张表格被刻意设计成很复杂的样子，看起来，它就是一份变相的遗嘱，涉及“死后私人财产如何处理”等问题。第二张表格提了 12 个有关紧急指令的问题，新兵在起飞前阅读过这些指令。实验人员谎称：飞机出了事，保险公司可能需要军方提供相关证据，证明机上所有人员都知晓并遵守了安全规定；表格填好后，会被装进防水容器，飞机迫降之前，它们将被抛到机舱外面，避免随飞机一同损毁。

所有问卷填写完毕，飞机稳稳地降落在机场跑道上，新兵终于得知了实验的真相。

第二天，人们又找来 10 个新兵，重新做了一次实验。2 次实验的 20 位被试者中，只有 5 人没有在“紧急情况”下惊慌失措。其他人都“对死亡或受伤产生了不同程度的恐惧”。填写问卷的过程中，惶恐情绪体现得最为明显，尤其是在回忆安全指令时，很多人忘记了近乎一半的内容。

伯尔昆似乎有意要在古往今来的“不道德实验”排行榜中奋勇争先，于是他又做了另外 2 项实验。其中一项的内容是：在军事演习中，诱骗一位驻守偏僻哨所的新兵相信，由于组织疏忽，他所在的位置被误划为炮火进攻的目标。为了使场景显得更加真实，人们还在哨所周围安装了炸药，制造出炮火袭来的假象。

新兵携带的无线电设备外观复杂，功能已受损。但他并不熟悉设备的运行原理及性能。现在，他获救的唯一机会便是按照贴在设备表面的使用说明修好设备，呼叫直升飞机过来接他。他必须拆开机器，切断几根电线，再重新连接几根电线，拧下控制板上的螺丝，再拧回去。他并不知道：机器里装有时钟，秘密记录了他在慌乱之际开始和结束每个修理动作的时间，并计算出总共耗时。

“险情”花样频出，新兵并不总是遭受炮火的威胁，有时还会遇到放射线污染和森林大火。当然，这些“火灾”都是烟雾制造机模拟出来的。不过，只有炮击场景会分散新兵修理无线电设备的注意力，另外 2 种场景并没有影响他们的效率。

还有一次，15 个新兵上当受骗，误以为他们在连接电线时犯了错误，引发了爆炸，导致一位战友身负重伤。

伯尔昆的研究连同这一时期的其他实验（参见“1964　以毒攻毒”）成为伦理学课程最常讨论的案例。它们有力地证明了伦理标准的变化。今天，这样的实验会引发人们的气愤和反感，而在当年，人们却没有做出这样的反应。

◆ Berkun, M. M., H. M. Bialik et al. (1962). Experimental studies of psychological stress in man. *Psychological Monographs:General and Applied* 76, 1-39.

1962 | 穴居人

迈克尔·斯佛尔（Michel Siffre）用红色的墨水写日记。他希望，这能给他暗无天日的生活带来一些色彩。可惜他的愿望落空了。看看他写的内容吧：“我来这里做什么？”或者：“天哪！我到底是怎么想的？”

1年前，这位22岁的地质工作者在法国和意大利边境的马古亚雷斯山脉中发现了一个布满地下冰川的洞穴。他决定于第2年来此露营2—3天。也许2个星期会有更多收获？或者时间还应该再长一点儿？最终，斯佛尔决定至少在洞穴里待上2个月，不带钟表，观察自己的自然节律。

家人和朋友都劝他放弃这个念头。进入冰川洞穴的通道只有一条，好似竖井一般狭窄。假如他在洞穴里受了重伤或者生了病，即便是装备精良的救援队也很难救他出来。不过，斯佛尔心意已决，谁也劝不住他。

1962年7月16日，斯佛尔下了“地牢”。此前，同事们已经把重达一吨的物资艰难地运送到这片地下冰川露营地，其中包括1座帐篷、1个煤气炉、一些电池、1台电唱机、1张行军床、1只睡袋、备用的铝箔材质的防潮服装、书籍以及食物。洞穴入口处装有1部电话，实验期间，始终有2个人在这里站岗。斯佛尔每次起床、进食或者准备睡觉，都会打来电话通知值班人员，同时估算一下此刻的时间。接到电话的值班人员会记下真正的时间，只是不能让斯佛尔知道。

斯佛尔为介绍实验所写的著作《永恒的经验》读起来就像一部“受虐指南”。洞穴温度常年为0；空气湿度为100%；帐篷上会有凝结的水珠；行军床总是湿乎乎的；睡袋和衣服也一样；鞋子就像2块吸饱了冰水的海绵。斯佛尔背部疼痛难忍，意志消沉，甚至开始考虑立一份遗嘱。他没有固定的日程安排。起初，他还会在冰川上多走一走，没过多久，他便再也不愿离开他的居住空间了。

斯佛尔反复估算自己穴居了多长时间。他想通过播放唱片找回对时间的认知，但是没有成功。他觉得，有些乐曲从头到尾的播放时间实在太短了，叫人难以把握。他甚至还考虑过连续烧光一整罐煤气，因为他知道：一罐煤气可以使用35个小时。

9月14日，电话那头传来通知：实验结束。斯佛尔简直不敢相信自己的耳朵。据他估算，那天是8月20日，还要再过25天才能完成58天的洞穴生活。其实，斯佛尔在不知不觉中保持了早已习惯的24小时生活节律（睡8个小时，醒16个小时），只是他误以为：他每次起床之后，只经过短短几个小时便又去睡觉了。这样一来，他便完全搞错了待在洞里的总体时间。

媒体热烈报道了这位“在130米深处、靠聆听贝多芬音乐度过假期的寂寞的洞穴研究者”。实验结束后，斯佛尔乘坐飞机前往巴黎接受检查，他被搀扶着走下飞机的照片传遍了全世界。人们看到，他戴了一副巨大的墨镜，防止日光伤害眼睛。斯佛尔是献身科学的英雄？其他洞穴研究者似乎并不认同这一说法。很多人质疑这场实验的科学价值。他们认为：斯佛尔只是想要出个风头。

斯佛尔坚信他的实验意义重大。此后，他又继续做了几场隔离实验。1972 年，他独自一人在得克萨斯州的“午夜”洞穴（Midnight Cave）度过了 205 天。美国航空航天局也参与了这次实验，宇航员在太空中长期航行，航天专家当然需要了解人类的睡眠节律。

60 岁的斯佛尔在洞穴中迎来了崭新的 21 世纪。1999 年 11 月 30 日，他进入法国南部的克拉姆斯洞穴，在那里生活了 2 个月的时间。（睡眠研究领域的其他特殊实验请见本书“1964　不眠不休的兰迪·加德纳”及《疯狂实验史》第一部。）

verrueckte-experimente.de

◆ Siffre, M. (1971). *Expériences hors du temps*. Paris, Fayard.

1964 | 为何无人伸出援手？

1964 年 3 月 27 日，《纽约时报》（*New York Times*）刊登了一则骇人听闻的消息。在其 155 年的发行史中，如此轰动的报道并不多见。文章开头是这样写的：“女子在邱园惨遭非礼与刺杀，皇后区 38 位可敬的守法公民袖手旁观逾半小时。”文中的女子名叫姬蒂·珍诺维丝（Kitty

Genovese），28 岁，她在这个夜晚离开了人世。

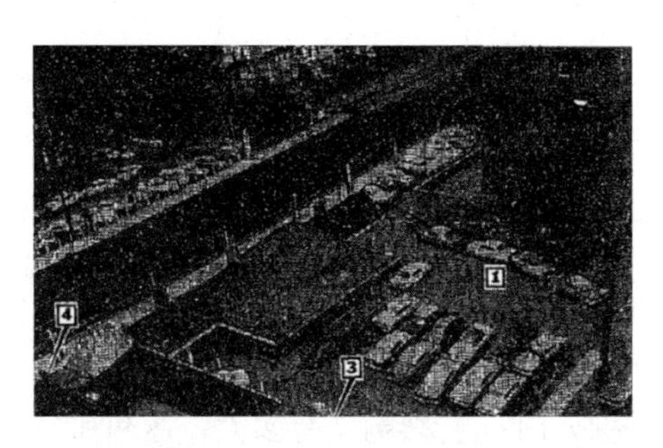

▶ 1964 年 3 月 27 日，《纽约时报》报道了年轻女子姬蒂·珍诺维丝被害案，文章促成了社会心理学史上最著名的一场实验。[①]

让读者感到震惊的不是女子的悲惨遭遇（纽约经常发生类似罪案——大家早已见怪不怪），而是周围人群的冷漠反应。文章指出，被害女子曾多次呼救，但是，透过窗户向外张望的居民却没有一人在案发过程中及时报警。事后，有人追问目击者为何无动于衷，一位住户表示："我不想卷入此事。"

正当媒体大肆批评 38 位当事人都是铁石心肠的恶棍、政客义正辞严地斥责美国社会道德沦丧之际，纽约 2 位年轻的心理学家约翰·达利（John Darley）和比伯·拉坦纳（ Bibb Latané ）相约吃了一顿晚饭。他们整晚都在讨论姬蒂·珍诺维丝事件。"我们从社会心理学的角度来观察目击者的行为，不像报纸那样把他们看成怪物。"达利回忆道。

2 位年轻人并不认为这些目击者都是坏人。理由在于：38 是个不小的数字！作为社会心理学家，他们相信，将某种集体行为归因于某些个体的病态性格是毫无道理可言的，那天晚上的悲剧也许恰恰反映了某种正常的集体效应。这其中应该包含 2 种可能性：

1. 责任分散：在场的"他人"越多，"我"的救援责任就越小。

2. 错误定性："他人"没有伸出援手，"他人"可能比"我"更了解情况，因此情况应该不太紧急。

怎样检测上述假定是否正确呢？当天晚上，达利和拉坦纳设计了

---

① 报纸上的标题写的是"37"名目击者，但本书作者多次指出是"38"个，译文保持原状。——译者注

一批实验，它们也成为了2人职业生涯中最著名的一批实验。如今，面对过去的光辉成就，约翰·达利有点儿高兴不起来，他说：“没有哪位研究者愿意看到：他的声誉只是来自多年以前的业绩。”

为检测“责任分散”而布置的场景不可同时含有导致“错误定性”的因素，否则，研究者永远都无法确定是哪种效应对目击者的“不作为”造成了影响，影响又有多大。达利和拉坦纳设计的“情况”须与姬蒂·珍诺维丝被害案一样紧急，只不过，被试者虽然知道还有别人在场，却无法观察别人的反应。这就相当于：谋杀案的目击者并不知道其他站在窗边的目击者中是否有人采取了行动。

经过深思熟虑，2位心理学家找到了一个好办法：被试者刚走进实验室，便会发现一条长长的通道，通道两旁排列着很多小房间。实验负责人带领被试者进入其中某个房间，要求他戴上耳麦。随后，负责人离开房间，通过耳机告知被试者：他参加的是一场集体讨论，主题是“大学生的生活”。很多人在当面交流时不太容易袒露心扉。因此，实验安排所有参与讨论的人通过耳机和麦克风进行联系。被试者还不知道，把他隔离起来，只是为了阻碍他看到“其他讨论者”面对突发事件做出的反应。

负责人还表示：他不监听讨论，因为这样做可能会让大家觉得拘束，从而影响自由发言。讨论过程全凭一个自动开关控制。首先，每个讨论者依次发言2分钟，谈谈自己遇到的问题。之后，每个人还将获得2分钟的时间评论别人的发言。某人发言时，其他人的麦克风会被关闭。被试者绝对想不到：“别人的声音”全部来自磁带。

耳机里传来了第一个声音，说话的应该是位年轻男性。他告诉大家他如何努力适应着纽约的生活、其间遇到了什么困难，还提到他遭受压力时会犯癫痫。接下来，“其他讨论者”（声音来自磁带）依次介绍了自己的情况，最后，真正的被试者也发了言。到了第二轮，第一个人的声音突然结巴起来："我……呃……嗯……我觉得，我……我需要……呃……呃……有没有人呃……呃……呃……呃……呃……呃……呃。"70秒钟过去了，很明显，这名学生犯了癫痫。"有人……呃……呃……能……帮……我……呃（咳嗽声）？我……要死了。"

▶ 通过这项实验，人们发现了"旁观者效应"。某乐队还以"旁观者效应"为名，科学史上大概只有少数实验才能获得这等殊荣吧。

负责人需要记录的是，被试者听到发言人说话结巴之后，经过多久才会冲出房间提供帮助。结果很清楚，也很惊人：如果实验情景是"双人对话"，即被试者认为，只有他正在和那位癫痫发作的同学交谈，那么，85% 的人都会赶去帮忙——平均结果为 52 秒。如果负责人告诉被试者，他们是 3 个人在一起"讨论"，则有 62% 的人采取行动——平均结果为 93 秒。如果设置 6 名"讨论者"，最终只有 31% 的人冲出房间——而且是在 2 分多钟之后。

事实证明：面对紧急状况，在场的人越多，责任就越分散。尤其是在这种情况下，人们往往有所顾虑，因为发病者不会希望这么多人看到他犯病，而是越少越好——最好只有一个。

也就是说，正因为目击者人数众多，姬蒂·珍诺维丝才没能及时获救。这真是一个带有讽刺意味的结论。如果只有一位住户听到了她的呼救，她也许就能活下来了。当然，一切只是推测而已。

《纽约时报》发表报道 40 多年之后，人们才发现，撰稿记者并没有如实地记录事件。律师约瑟夫·德梅（Joseph De May）利用闲暇时间仔细核查真相，最终断定：文章中的很多内容都与事实不符，例如，38 位所谓的"目击者"中，大部分人并没有看到外面出了什么事；某些人确实听见了声音，但还以为是一对情侣在大吵大闹。案件的大部分过程是站在窗口也无法看到的，因为窗户并不朝向事发地点。"无人报警”的说法也不属实，当天明明就有人报警。也就是说，这项最著名的社会心理学实验的设计依据只是一篇过渡渲染的不实报道。

不管怎样，报道内容毕竟给读者留下了无法磨灭的深刻印象。达利和拉坦纳也证实了他们的第 2 个假定——“错误定性”。这次，他们让被试者坐在房间里“填写问卷”。刚写了一小会儿，房间的通风口突然开始冒烟。如果房间里只有被试者一个人，那么 3/4 的被试者都会在 2 分钟之内将情况通报给负责人。而当房间里坐着 3 名被试者时，只有 13% 的被试者及时汇报了突发状况。

有时候，烟雾甚至弥漫了整个房间、遮蔽了调查问卷，几名被试者却依然不声不响地坐在原处。每个人大概都抱着同样的想法：既然别人不觉得冒烟是什么大不了的事儿，我就不用大惊小怪吧。他们没有意识到：如果人人都这么想，就永远发现不了真正的紧急情况。

那么，遇到危险的人应该怎样激醒他人“麻木迟钝”的本性？达利说：“我们只能推荐受困者向一群人中的一个人求助，这样才能化解‘责任分散’效应。”针对“错误定性”，美国在培训救生员时特别提出：救生员绝对不能参照他人的反应做出判断，必须自行认定游泳者是真的陷入困境还是在嬉戏。

您已经阅读了本篇介绍，这就意味着，您已经担起了呼吁人们伸出援手的责任——您应该让更多的人了解这项实验。要知道，某些被试者对达利和拉坦纳的实验早有耳闻，面对紧急情况，他们做出积极反应的比率几乎达到普通被试者的 2 倍。

⌨ verrueckte-experimente.de

◆ Latane, B. and J. M. Darley (1970). *The Unresponsive Bystander - Why Doesn't He Help?* New York, Appleton-Century-Crofts.

1964 | 以毒攻毒

如何消除酒瘾？最早的办法大概来自于公元1世纪的古罗马学者老普林尼，他提出：人们应该在酒徒的杯子里放几只蜘蛛。他肯定不会知道，这项建议奠定了“厌恶疗法”的基础。厌恶疗法是将欲戒除的行为（嗜酒）和不愉快的刺激（杯子里的蜘蛛）进行结合，使人们像反感蜘蛛一般反感饮酒，即便后来不放蜘蛛，厌恶情绪也依然存在。

厌恶疗法最大的问题在于：如果最初的“震撼”力度不够强烈，随着时间的流逝，苦心建立的“结合关系”就会逐渐松动，厌恶酒精的情绪也会慢慢减弱。为了找到让病人永生难忘的痛苦刺激，医药工作者开展了各种实验，包括趁病人喝酒之际实施电击、让病人闻刺鼻的气味或者服用引起呕吐的药物。

1960年，加拿大安大略省金斯顿女王大学的莱弗蒂（S. G. Laverty）想出了一个新主意：他不再对被试者进行物理治疗，而是让他们产生极大的恐惧。

在4年后的一场实验中，莱弗蒂为病人提供了他们最喜欢的酒精饮料，要求他们拿起酒瓶或酒杯，闻一下气味、再喝一口。随后，莱弗蒂迅速拿起事先备好的输液针，将司可林（Scoline）注入病人的血管，他必须手疾眼快，病人才会毫无察觉。

司可林是一种药物，可导致短时间的肌肉麻木、呼吸停止。药物起效后，病人便无力继续握住酒瓶，因此，实验负责人会扶着酒瓶，让他们再闻一分钟酒味。至此，病人如果还没有重新开始呼吸，医生就会启用呼吸机实施救助。事后，多数被试者表示：当呼吸停止的时候，他们真的以为自己快要死了，他们从来没有遇到过比这更恐怖的事情。

在这场实验中，与“饮酒快感”相伴的“痛苦刺激”已经强烈到无以复加的程度，结果却是喜忧参半。某个酒徒在药物起效后深感不适，所以赶快抓起他还够得着的酒瓶，把它砸到了墙上，另一个酒徒则一直没有出现这种反应。另外，有的病人惊恐不安，想要喝掉一整瓶威士忌来寻求安慰；还有一些病人移情别恋，转而饮用其他种类的酒，因为其他种类的酒没有给他们带来过“痛苦刺激”。

厌恶疗法还引发了意想不到的副作用。某位病人在给汽车添加防冻液时出现了呼吸困难的症状，还有一位病人在妻子饮酒之后无法与妻子接吻。多数病人没过多久便又开始酗酒了。

今天，人们已经不再使用可能导致呼吸停止的厌恶疗法。一是因为人们质疑其效果；二是因为，在现代人看来，以实验为目的，让人毫不知情地陷入极度恐惧，是一件不可容忍的事情。莱弗蒂和同事们的疯狂实验以及同时期的其他实验（参见“1962　请您写下遗嘱！”）都成为伦理学课程中的标准负面案例。

人们过去不仅使用厌恶疗法治疗酒瘾，还用它来对付过度贪玩、暴食症或性取向异常。例如，人们在向男同性恋者展示裸体男人的照片时，会对他们进行电击，一旦换成裸体女人的照片，就关闭电击器。

将人视为一系列可以任意改编的“反射集合”，这是一个简单粗暴的观念。20世纪60年代，在这种思想的指导下，厌恶疗法迎来了它的全盛期。1962年，作家安东尼·伯吉斯（Antohny Burgess）在小说《发条橙》（*A Clockwork Orange*）中以批判的视角探讨了这一问题。1971年，斯坦利·库布里克（Stanley Kubrick）将小说翻拍成了电影。自此，具有暴力倾向、被迫接受治疗的阿历克斯形象便成为厌恶疗法的固定代言人。影片中，阿历克斯被绑在椅子上，眼皮被夹子夹住，眼睛睁得大大的，正在接受“治疗”。

那时，人们还普遍使用安塔布司（Antabus）来治疗酒瘾。这种药物使人一碰到酒就想呕吐。不难想象，很多病人不久之后就终止了治疗。

厌恶疗法的效果的确存在争议，而且厌恶疗法经常用到电击，这在外行看来简直就是行刑，但是，接受其他疗法的病人却要面对“他人的探问、解读和评析”，因此，厌恶疗法更受病人的欢迎。西佛罗里达大学的心理学家威廉·米库拉斯（William Mikulas）在他的著作《行为矫正》（*Behavior Modification*）中写下了这样的论断。

◆ Laverty, S. G. (1966). Aversion therapies in the treatment of alcoholism. *Psychosomatic Medicine* 28, 651-666.

1964 | 不眠不休的兰迪·加德纳

1964 年 1 月 3 日，威廉·德蒙特（William Dement）在报纸上读到一则短消息：“兰迪·加德纳（Randy Gardner），17 岁，波因特洛马高中学生，正在尝试打破人类连续不眠的纪录——260 小时。截至周四，他已完成一半任务。”德蒙特立即致电圣迭戈，联系到兰迪的父母。

精神病学家威廉·德蒙特来自加利福尼亚州帕罗奥图的斯坦福大学。他是一位重要的睡眠研究人员，不过他也不太清楚极端的“睡眠剥夺”会对人体造成什么影响。此前出现的许多长期不眠实验只是作秀而已，并未接受科研人员的监督检验。兰迪想要打破的纪录是在 5

▶ 左：原本只是学校活动，最终成为媒体头条：17 岁的兰迪·加德纳不眠不休长达 264 小时。2 个朋友日夜陪在他的身边。
▶ 右：后来，睡眠专家威廉·德蒙特对他进行了研究。

年前由夏威夷的某位 DJ 所创造的。

德蒙特从兰迪·加德纳的报道中看到了千载难逢的好机会，他终于找到了一个本身具有不眠意愿的被试者，可以供他研究极端的“睡眠剥夺”现象。“我甚至连研究经费都不用申请了。”德蒙特在著作《睡眠的承诺》(*The Promise of Sleep*) 中回忆道。他与住在圣迭戈的兰迪父母通了电话，希望可以在后半程的“破纪录战斗”中观察他们的儿子。德蒙特没有遭遇任何阻挠，能有医生在场，父母自然很高兴。不过他们也流露出了一丝顾虑，害怕儿子落下什么毛病。父母的担忧并不是瞎操心，1894 年，人类用狗进行了“睡眠剥夺”实验，这也是首次有文字记录的睡眠剥夺实验，几条狗在连续不眠 4—6 天后全部死亡（参见《疯狂实验史》第一部）。虽然人类的不眠时间相对较长，但是究竟能够坚持多久，会有什么后果，谁也不知道。

兰迪此次挑战极限，只是为了参加学校举办的“科学博览会”。按照规定，每个学生都要为博览会准备一个科学项目。自 20 世纪 50 年代起，这种类型的“博览会”已经成为美国高中校园文化不可或缺的组成部分。1963 年 12 月 28 日早晨 6 点，兰迪起床，他打算在接下来的 11 天时间里坚持不眠。只有 2 名同学陪在他的身边。兰迪本人绝对没有料到他会因此名声大噪。当被问及为何选择这种方式时，兰迪回答，他一直都对“极端情况”感兴趣，别人越说什么事是不可能的，他就越想尝试。

德蒙特抵达圣迭戈后，在兰迪家附近的汽车旅馆租了一个房间。只是他都没怎么待在房间里，因为他必须不断关注实验，确保兰迪没有睡着。“一开始我没有想到：总这么折腾，我自己也睡眠不足了。有一次，我逆向驶入单行道，差点撞上一辆警车。警官火冒三丈。我努力向他们说明我的情况，却有种越描越黑的感觉。”经过这次教训，德蒙特意识到，他不能独自一人监督兰迪，于是便邀请了家住圣迭戈的同事乔治·古列维奇（George Gulevich）来帮忙。

兰迪·加德纳事后回忆：“最难熬的时段是日出之前，从第一天起我就发现了。一到那个时候，我就有刺痛的感觉，好像眼里进了沙子似的。”在这个时段，兰迪的脾气极为暴躁，经常辱骂提醒他保持清醒的研究人员。

夜里，兰迪和他的“看护者”们会到温切尔甜甜圈店吃东西，去游戏厅玩游戏或者在兰迪家听音乐。如果“沙滩男孩”的歌曲也不能使兰迪保持清醒，德蒙特就拖他去篮球场打球。在德蒙特的印象里，打篮球这招一直都很管用。媒体的瞩目也为兰迪提供了动力。报纸每天都在报道“无眠之王”的最新消息。《生活》（*Life*）杂志派了一位摄影师，哥伦比亚广播公司甚至派了一个摄影组。

挑战已经完成大半，兰迪开始变得口齿不清。“我说不出完整的句子。此后情况越来越糟。我再也高兴不起来了，一直很消沉，感觉有人在用砂纸打磨我的脑袋。”

1月8日，星期三，早晨5点，兰迪召开了一场记者招待会。2小时前，他还在跟德蒙特打篮球，并且赢了德蒙特。尽管时间定得很早，记者和摄影师的大队人马还是准时赶到了。德蒙特回忆，兰迪的表现无可指摘，说话也没有颠三倒四。会后，兰迪被送到位于巴尔波亚公园的海军医院。6 点 12 分，在连续不眠 264 小时后，兰迪睡着了，身上绑着的仪器开始记录他的脑电活动。

兰迪入睡后，德蒙特和古列维奇成了焦点人物，记者的问题蜂拥而至，例如："他会醒过来吗？""他会睡多久？"第一个问题似乎比第二个容易回答。德蒙特事后写道："我必须承认，我完全不知道他会睡多久。"周三晚上，8 点 52 分，他得到了答案：兰迪睡了 14 小时 40 分钟，身体已经基本恢复。他洗了澡，接受了采访。深夜时分，他仍然很清醒，于是决定熬夜，第二天就去上学。这场著名的睡眠实验就这样平淡地结束了。德蒙特也没发现什么重要的信息。兰迪在这么短的时间内恢复过来，这一点的确令他吃惊。算起来，兰迪这些天大概损失了 75 小时的睡眠，可他睡了不到 15 小时就休息好了，这并不比通宵狂饮后的"补觉"时间长多少。兰迪在实验中出现的症状——例如，反应能力下降、注意力难以集中和视力障碍等问题——在短时的"睡眠剥夺"中也会出现。德蒙特说："我本来预计，从 1—2 周不睡觉的被试者身上可以检测出某些问题，从而推断出睡眠的重要功能，不过我什么也没看出来。"

兰迪的成绩进入了《吉尼斯世界纪录》，不久之后，该纪录就被多次打破。只是后来的纪录创造者没能获得 17 岁圣迭戈少年兰迪曾经获得的关注。或许是因为，睡眠研究界逐渐认识到：从不断刷新的不眠纪录中并不能得出多少"睡眠剥夺"的知识。人们还不能确定这类挑战具有多大的危害，所以，如今的吉尼斯大全已经不再收录"最长不眠时间"的纪录了。

（其他特殊的睡眠研究实验请见本书"1962　穴居人"，以及《疯狂实验史》第一部。）

◆ Gulevich, G., W. C. Dement et al. (1966). Psychiatric and EEG Observations on a Case of

Prolonged (264 Hours) Wakefulness. *Archives of General Psychiatry* 15(1), 29-33.

1965 | 交流中的“丑角”

20世纪60年代，与哈罗德·加芬克尔(Harold Garfinkel) 的学生关系密切的人一定要做好大吃一惊的准备。加芬克尔是洛杉矶加利福尼亚大学的社会学教授。他的弟子很有可能在毫无征兆的情况下做出奇怪的举动。

▶ 社会学家哈罗德·加芬克尔要求学生们开展交流实验，学生们的家长和朋友很不喜欢这些实验。

例如，周五晚上，一位女生的丈夫坐在电视机前，说了一句他很累，便莫名其妙地卷入了下列对话：

“怎么个累法呢？身体上累？精神上累？或者只是无聊？”

“我说不好，我想，主要还是身体上累。”

“你觉得肌肉疼还是骨头疼？”

“我觉得……哎！你别钻牛角尖嘛。”

停顿片刻：

“老电影里总会出现这种铁架子床。”

“你的意思是？……你是说所有的老电影还是某几部老电影，或者只是你看过的老电影？”

“你怎么啦？你明明知道我的意思。”

“我只是希望，你能精确一些。”

“你知道我的意思！算了，都别说了。”

这是加芬克尔为学生们布置的任务：他们必须在日常聊天中坚持要求对方表述得更加精确。这种尝试几乎总是以吵架收场：

“你好，最近怎么样啊？”

“哪一方面怎么样呢？健康、经济状况、学校里的工作、精神状态还是……”

“听着！我只是出于礼貌问一句。老实说，你怎么样我完全不在乎。”

加芬克尔意在通过“固执”地追问指出一个问题：人们在说话时，信息表达往往很不完整。令人吃惊的是，它没有给任何人带来困扰。精确细致的表达或者持续不断的追问反而会让人不胜其烦。加芬克尔相信：无障碍的交流大多是建立在语言含混的基础上的——这听起来像是一个悖论。我们虽然没有完全相互理解，但是我们认为，我们已经相互理解了。

人们从含义不明的句子中整合出固定的意义，加芬克尔将这种策略称为“俗民方法学”。说话人当然会认定：自己的句子毫无含混之处，而是客观、清楚、明确地表述了事实情况。听者则觉得：说话人的句子结构紧凑、逻辑合理。为了展现我们的交流多么依赖共同的背景知识和隐含的猜测，加芬克尔设计了一项“破坏性实验”，打破交际中隐含的惯例。“我总是先设想一种日常场景，然后再考虑，怎么才能在这种情况下把对方惹急。”他在《俗民方法学研究》中写道。

据说，他让学生们待在家里，每隔 15 分钟到 1 小时就“变身”为这所房子的“房客”，言谈举止都要服从房客的“角色”，不能和家人拥有共同的集体记忆。于是，他们遭到了家人的粗暴对待。

家人先是绝望地寻找他们行为怪异的原因：是学校课业繁重，还是和女朋友吵架了？发现根本找不到答案时，他们变得愈发气愤。一对家长差点把儿子赶出家门。

加芬克尔的实验堪称“奇谈”。如今，有些美国人会将有意打破默认的文化规则的行为称为“加芬克尔化”。

不过，实验并非总能得到理解。一位女生向她的姐姐解释，她为什么突然做出奇怪的举动。姐姐听完回答说：“可别再搞这种实验了。我们又不是小白鼠。”

◆ Garfinkel, H. (1967). *Studies in Ethnomethodology*. Englewood Cliffs, NJ, Prentice-Hall.

1966 | 包装能手

这是史蒂文·滕德里希（Steven Tendrich）接到过的最奇特的任务。以往都是蟑螂占领厨房或者白蚁啃食房梁时，迈阿密的绝望房主才会给这位国际驱虫公司的室内灭虫专家打电话。他也会马上赶往现场，喷洒溴甲烷土壤熏蒸剂1号或者陶氏环氧乙烷，消灭害虫。然而，1966年春天，一位年轻人打电话找他，却是因为别的事情。年轻人想要知道，他是否可以把整座岛上的物种都除尽。

联系滕德里希之前，爱德华·威尔逊（Edward O. Wilson）已经给好几个室内灭虫专家打过电话了。大多数人都觉得他是在开玩笑。不过，威尔逊的确是在严肃认真地进行这个大胆的项目，它已成为生态学史上最著名的实验之一，研究者们对实验结果给出了不同的解读，争论至今仍未止息。

威尔逊是哈佛大学的生物学家，特别喜欢蚂蚁。他主要研究生物地理学，即动物和植物种类的地理分布。与前辈研究者一样，他周游世界，记录在何地找到何种动植物。这很有趣，但也不够令人满意。因为，为什么某些物种会生长在某些地方，多少物种可以同时并存，为何会有物种不断灭绝，此类问题只有极少的理论说明，多数理论没有经过验证。记者大卫·奎曼（David Quammen）曾在他的《渡渡鸟之歌》（*Der Gesang des Dodos*）中将早年的生物地理学描述为“体系松散的、叙述性的、无法定量研究的、没有理论指导的行为”。

威尔逊从自己所做的笔记中发现了几种模式，他认为，一定存在着与之匹配的理论。生物学家罗伯特·麦克阿瑟（Robert MacArthur）持有相同意见。威尔逊与麦克阿瑟通力合作，总结物种分布理论。1967年，他们出版了一本名为《小岛生物地理学理论》（*Die Theorie der Biogegraphie von Inseln*）的图书。书中含有许多令生物学家都应接不暇的公式，借助公式，可以根据一座小岛的面积、小岛与最近的岛屿或大陆之间的距离计算出小岛上生活着多少物种。

威尔逊很快便想到：要对物种分布问题进行理论思考，小岛就是解题的关键。每座小岛都被大海隔绝，都是一个自足的小世界，可以和其他小岛相互对照。威尔逊推测：一定面积的小岛能够容纳的物种数量是有上限的。他曾发现：每当新的蚂蚁种类在一座小岛上定居，就有旧的蚂蚁种类灭绝。自然的平衡总会自动实现。

从这一观点出发，精通数学的麦克阿瑟列出了一个方程式。以无生命的小岛为例，最早迁徙来的物种会迅速落脚，因为它没有竞争者。与已经落脚的物种相比，新的迁入者想要立足就会比较困难。也就是说，

▶ 爱德华·威尔逊（如图）和罗伯特·麦克阿瑟创立的生物地理学理论大量运用复杂的数学知识。为了检验理论，威尔逊和他的博士研究生丹尼尔·辛贝洛夫用杀虫剂杀光了佛罗里达州小岛上的昆虫。

岛上的物种越丰富，新来的物种就越少。还有一个效应：岛上的物种越丰富，某些过去迁入的物种就越有可能灭绝。当灭绝的物种与迁入的物种数量相等时，岛上的物种数量刚好达到标准定额。标准定额取决于两个因素：小岛的面积以及小岛与大陆之间的距离。小岛面积越大，相依共存的物种数量就越多。小岛越是偏僻，新迁入的物种数量就越少。

理论清晰明了。但是对不对呢？威尔逊和麦克阿瑟希望寻求数据，对理论加以检验。他们来到了喀拉喀托岛——位于苏门答腊岛和爪哇岛之间的一座印尼小岛。1883 年，喀拉喀托岛火山爆发，吞噬了所有生命。这场天灾过后，曾有许多旅行者前来考察。威尔逊和麦克阿瑟想要借助这些人的观察，再现从鸟类迁移而来到实现物种平衡的过程。他们的计算有的时候符合喀拉喀托岛的情况，有的时候又与事实不一致。数据漏洞百出。威尔逊逐渐意识到：他需要一座属于自己的“喀拉喀托岛”，可以首先消灭岛上的所有生命，然后等待新物种的迁入。

但是他要如何实现他的理念呢？达到物种平衡状态，也许要等上一百年。另外：技术困难如何解决？谁能批准他做这样的实验？即使做了实验，他还需要更多小岛，这样才能进行对比。

威尔逊提出了解决方案：缩小系统。他在佛罗里达州的沼泽中选择了几个半湿半干的沙洲。沙洲上零星生长着几株红树。虽然这些“岛”上既没有哺乳动物，也没有鸟类，但却有大量的昆虫、蜘蛛和其他节肢动物。“蚂蚁或蜘蛛的大小只有一头鹿的百万分之一，对于它们来说，一棵树就是一片森林。”威尔逊事后写道。

首先，他要确定岛上都有哪些物种，然后，他要清除所有物种，最后，他要观察迁入者如何在这些岛上慢慢定居下来，并要确认迁入物种和灭绝物种之间是否实现了平衡。计划的执行主要由威尔逊的博士研究生丹尼尔·辛贝洛夫（Daniel Simberloff）负责。

出人意料的是，2 位研究人员居然轻松获得了国家公园服务处的许可，可以清除几座岛上的生物。不过，困难也随之而来。很少有专家能够辨识岛上的所有甲虫、蜘蛛和蚂蚁。威尔逊和辛贝洛夫耗费很长时间，终于找来了 54 位专家。其中一位亲临现场，采集动物样本或拍摄照片邮寄给其他人。

这还不是最大的问题。“把岛上的昆虫消灭干净”才是最难办的事情。威尔逊首先想到：大自然可以为他提供帮助。这块沼泽地不时会有飓风呼啸而过。被飓风光顾过的小岛将被“扫荡”得干干净净，于是便符合了威尔逊的研究要求。但是，他无法事先预知，飓风会吹向哪些区域。所以他放弃了这个想法，委托灭虫专家史蒂文·滕德里希来完成此事。

1966 年 7 月，滕德里希和威尔逊在两座小岛（E1 和 E2）上喷洒杀虫剂“对硫磷”。其中一座小岛附近生活着绞口鲨。滕德里希的团队成员拒绝下水，威尔逊只好自己动手，站在齐腰深的水中，用船桨驱赶这群食肉鱼类。喷杀行动没有收到预期的效果。杀虫剂只杀死了露

▶ 为了检验物种分布理论，爱德华·威尔逊不惜花费重金。他将佛罗里达州的小岛“包装”起来，希望杀灭岛上的全部动物。

在外面的昆虫，藏在红树枝干里的幼虫安然无恙。

显然，仅仅使用杀虫剂是不够的，必须动用毒气才能把它们都熏死。在迈阿密，如果房子惨遭白蚁啃食，人们通常会采取一种措施：用密封良好的尼龙帐篷盖住整个房子，再往里面灌毒气。威尔逊觉得，岛上应该也能尝试这种办法。1966 年 10 月 10 日，擅长利用帆布的保加利亚包装能手克里斯托还没有加盟。威尔逊、滕德里希以及几位工人来到位于佛罗里达礁岛群中的红树岛，打算把它“包装”起来。帆布篷实在太重，他们无法将篷子直接支在树上。为此，在包装第一批小岛时，他们搭建了一个脚手架；后来，他们又在小岛中心竖立一根桅杆，通过桅杆撑起帐篷。

此前，滕德里希在小树和树枝上做过多次测试，意在确定甲基溴的正确剂量：剂量不能太小，这样才能消灭所有昆虫；但也不能太大，这样才不会损害红树。第一次试验，虽然有一棵树在被毒气帐篷围困3小时后出现了受损情况，但这似乎不是毒气本身的原因，而是帐篷内的高温导致的。此后，他们改在夜间工作，终于取得了成功。动用毒气之后，威尔逊和辛贝洛夫再也没有找到存活下来的动物。

现在，辛贝洛夫要开始工作了：在一年时间里，他定期来到4座岛上，观察物种的定居状况。经过250天的观察，他发现：除了最偏僻的一座小岛，其他岛上的物种数量几乎没有明显变化，基本达到了毒气熏蒸前的平均值。看来，小岛面积和物种存量之间确实存在某种联系。2年后，人们对岛上的物种进行了重新测定，数量仍然没有大的改变。当然，在这一过程中，有新物种迁入，也有老物种消失。这也证实了威尔逊和麦克阿瑟的动态平衡观点。

小岛生物地理学不属于主流的专业领域，但是这个实验却名声大噪。一方面是因为，它将一种描述性的科学变成了实验性的科学；另一方面是因为，实验的结果不仅适用于小岛。

威尔逊和麦克阿瑟在《小岛生物地理学理论》中已经指出：被水包围的陆地就是某种形式的小岛。任何位于“封锁中心”的地点都可算作一座岛。热带雨林被砍伐后剩下的小片林区也是如此。1975年，美国自然研究者贾里德·戴蒙德（Jared Diamond）提出，实验对于建立自然保护区具有指导意义。他最重要的结论是：大型保护区可以容纳更多物种，因此优于相同总面积的多个小型保护区。

20世纪70年代末，人们围绕上述观点展开了异常激烈的争论，这场争论还有一个著名的简称：SLOSS（single large or several samll——

“单个大面积还是多个小面积”的缩写)。持有异议的人居然是丹尼尔·辛贝洛夫。就在不久前，他还撰文表示：威尔逊和麦克阿瑟的理论可以用于“保护地球生物的多样性”。现在，他却不能确定：实验结果对于自然保护是否真的有用。人们至今也没有弄清楚，是什么让他改变了想法。也许，他从红树岛收集到了新的数据，通过数据可以清楚地看出：一座大的红树岛容纳的物种数量并没有多于若干座小岛的物种总量。

辛贝洛夫以及其他持有相同观点的科学家遭到了严厉的谴责，人们认为，他们在与自然保护运动唱反调。

为了澄清这一问题，有人试图在亚马孙河流域举行更大规模的实验，但却以失败告终。树木已被砍伐，留下了面积各异的“原始森林岛”。然而，结果却比预料的复杂得多。经过各种“如果”、“但是”的论证，人们还是没有找到 SLOSS 问题的明确答案。

◆ Wilson, E. O., and D. S. Simberloff (1969). Experimental zoogeography of islands: defaunation and monitoring techniques. *Ecology* 50, 267-278.

1967 | 一台坏掉的测谎仪如何正常工作

1967 年春天，60 名被试者接受了一台仪器的测试，那真是一场难忘的体验。4 个大盒子立在桌角，两两摞在一起。正面是令人眼花缭乱的电路示意图和几十个插口，盒子上的电线横七竖八地延伸出来，连接着桌上的其他器械：一盘录音带、一台电压表、一个黑箱子，箱子里还伸出一个方向盘。“它看起来就像是一台‘恐怖电影版’的‘异形’电脑。”哈罗德·西加尔（Harald Sigall）这样描述。

西加尔目前是马里兰大学的心理学教师。当时，他正在纽约附近的罗切斯特大学做研究。这台仪器名叫“肌电图仪”，据说可以测量微小的肌肉活动。它有一个惊人的特性，被试者绝对不能知道。因为它的特性是：它不起作用！这台置于大学地下室的仪器，不过就是一堆通了电的废铁，是西加尔的同事理查德·佩吉（Richard Page）从物理学部搜集来的。对于西加尔所设计的这项具有开创意义的实验而言，这些都不重要。唯一重要的是：被试者必须相信这台仪器是正常运转的。

从心理学作为一门科学出现之日起，研究者就梦想着直接看到人们的灵魂深处。然而，人们一般不会心口如一，研究者只能间接地探索人们的内心世界，例如向他们提出问题：您现在正在想什么？您有什么感觉？如果发生了这种事或者那种事，您会怎么做？而要搞清楚他们到底有没有说实话，几乎是不可能的。

西加尔、佩吉以及第3位参与实验的心理学家爱德华·琼斯（Edward E. Jones）认为，他们找到了直接通往人类内心世界的线路。他们的实验必须用到一个小小的谎言，因此琼斯将其称为“虚假情报法”（Bogus Pipeline）。

当年的心理学实验经常用到撒谎的方法。其中某类“懒惰的把戏”启发琼斯和西加尔想出了这个重要的主意。这类“把戏”是：在一些实验中，被试者会获得关于本人身体机能的虚假反馈。例如，一名研究者向男性展示了10张半裸女性的图片，并通过一部扩音器让他们清晰地听到自己的心跳声——至少男性们对此信以为真。实际播放的只是一盘录音带上已经录好的心跳声。在其中某5张图片出现时，男性们以为自己的脉搏剧烈加速。随后，人们要求他们评价几位女性的吸引力，这 5 张图片就会名列前茅。很明显，男性们受到了虚假反馈的极大影响。

西加尔和琼斯将这一思路进一步延伸：如果让被试者相信，一台机器有能力预言他们的每一个回答，他们的行为会受到影响么？西加尔认为：会的，“没有人想被一台机器揭发为‘骗子’，所以他们肯定不敢撒谎”。

▶ 这台所谓的肌电图仪具有一个惊人的特性：它无异于一堆通了电的废铁，不能正常运作。然而只要被试者对此一无所知，它就会发挥巨大的作用。

于是，佩吉找人设计了一台令人过目难忘、但是没有任何功能的仪器，思考如何借助它来蒙骗被试者。当然，为了测试说谎行为，必须提出一些让人很难诚实回答的问题。

20 世纪 60 年代末的问卷调查表明，数年以来，美国白人对黑人的看法已经变得更加正面。西加尔猜测，很多被调查者的偏见其实并没有减少。

西加尔和佩吉让 60 名白人学生填写了一份关于美国白人及黑人性格特征的问卷。他们必须从 −3 到 +3 的范围里选出分数，评价 22 种性格特征与 2 类人群的契合程度。22 种性格特征从“有音乐才能”到“懒惰”，不一而足。一半的实验参与者使用了肌电图仪。西加尔将电极固定在实验参与者的小臂上，并向他们解释，当手臂平放在方向盘上时，肌电图仪能够从无意识的手臂肌肉活动中读出各题的答案（从 −3 到 +3）来。

随后，他展示了仪器的准确性：他向被试者提出了几个关于电影、音乐、运动和汽车的简单问题。此前，被试者在前厅填写一张问卷时，已经回答过这些问题，他们还以为没人看过那张问卷——实际上，一名研究者的“共犯”已经悄悄抄下了答案。于是，西加尔提出问题后，被试者还没有转动方向盘，电压表的指针就会指向被试者之前在问卷上勾出的数值。

电压表是佩吉操控的，此刻，他正坐在隔壁的房间，面前放着抄来的答案。被试者们一定觉得，这台仪器确实能够预言他们的回答。现在，西加尔提出了关于美国黑人及白人性格特征的问题。他向被试者解释，就像刚才做测试问题那样，这台肌电图仪能够从肌肉活动中读取答案。他又说道，他还很想了解“人们与其自身感觉之间的关联到底有多紧密”。他遮住了显示屏，每出现一个问题，他都要求被试者猜测机器可能显示的数值。也就是说，人们如果没有说真话，就不得不一直担心会被机器揭发出来。第二组被试者没有被连接在肌电图仪上，因此不需要担心他们的真实观点会被公之于世。

西加尔猜得没错，2 个组别的答案存在区别。连接到肌电图仪上的人透露了自己的真实想法，与不受监控、任意提交答案的人相比，前者明显将他们的黑人同胞评价得更懒惰、更不可靠、更脏且更笨。

实验结束，西加尔向被试者们坦白，这台仪器不是真的。据他回忆，他们非常吃惊，也很感兴趣，但是声称，就算没有肌电图仪，他们也会做出一模一样的回答。

这个方法之所以奏效，还有另外一个原因：每个实验参与者都能轻易看出，这台肌电图仪与 50 年前问世的测谎仪有些相似。“因为公众对测谎仪及其在刑讯调查中的应用有所了解，我们的任务就大大减轻了。”西加尔在《心理学公报》上介绍虚假情报法时，做了上述评价。尽管没有科学依据可以证明，测谎仪能够准确运作（直到今天也是如此），这项令人难忘的技术以及媒体报道的某些成功案例还是给人们留下了深刻的印象。

正如科学历史学家肯·阿德勒（Ken Adler）在《测谎仪》（*The Lie Detectors*）中所写，这些成功案例与西加尔的虚假情报法遵循的是同样的原则。那些不得不接受测谎的人害怕被拆穿，因此宁愿招认。琼斯和西加尔研发虚假情报法的时候，还不知道，早在30年代，新泽西州某位高中校长就已经成功地让学生面对一台测谎仪模型承认了错误，而警方也采用过类似的做法。

虚假情报法是一种精巧的把戏，能够迫使人们坦诚相待。在研究中，如果事先料到人们可能不会说出真相：例如实验涉及偏见、饮食习惯，或者需要询问男性他们害怕什么东西的时候，这种方法就派上了用场。

并不是每次实验都要用到肌电图仪。在一项关于青少年吸烟行为的研究中，人们为实验参与者播放了一部影片，影片解释了如何从一个人的唾液推断出他的香烟消耗量。随后，填写问卷之前，参与者必须交出自己的唾液样本。当然，之后就没有必要去实验室做分析了。

人们并未频繁地运用虚假情报法。一方面，它相当昂贵；另一方面，它蕴含着自我覆灭的危险：如果有太多人得知，实验中的一切都是假装的，我们就再也找不到相信这些谎言的人了。

verrueckte-experimente.de

◆ Jones, E. E., and H. Sigall (1971). The Bogus Pipeline: A New Paradigm for Measuring Affect and Attitude. *Psychological Bulletin* 76 (5), 349-364.

1968 | 对两块棉花糖的漫长等待

假设您必须预测一名 4 岁儿童的未来——他日后能否在学校取得优异成绩，是否有很多朋友，是否会去吸毒，是否有一段和谐的伴侣关系。简而言之：他能否成为一个健全而知足的人。您会怎么做呢？

要让专家观察他么？要对他进行智力测试么？要扫描他的大脑么？答案其实简单得多：您只需对他进行棉花糖测试：让他选择是现在吃到 1 块棉花糖，还是以后吃到 2 块（您也可以使用巧克力）。孩子愿意为 2 块棉花糖等待的时间越长，他在以后的人生中就表现得越好。

这么简单的实验竟然如此有效，实验设计者沃尔特·米舍尔（Walter Mischel）也没有料到。这位心理学家最早开展实验，只是为了研究“延迟满足”问题，直到完成实验的 20 年后，他才近乎偶然地发现，实验的预测极其精准，令人讶异。

▶ 心理学家沃尔特·米舍尔只是偶然才发现他的实验具有令人讶异的预测能力。

1955 年夏，时年 25 岁的米舍尔首次来到加勒比海上的岛屿特立尼达，并在这里度过了此后的 3 个夏天。那时，他的第一任妻子正在研究当地人的礼俗和仪式，他陪同妻子来到岛上，没过多久便开始寻找自己的研究项目。

他通过对话获知了岛民们对彼此的看法。在来自印度的移民眼中，非洲裔的特立尼达人“耽于享乐，贪心不足，活在当下，不去考虑未来”。相反，非洲人则把印度人看做“在床垫下面藏了钱，并不去享受眼前生活”的工作狂。

▶ 一名儿童坐在“惊喜室”里。他推迟需求的能力正在经受考验。桌子左边放着一个铃铛，如果儿童不想继续等待奖励的话，摇铃即可叫来实验负责人。

到底应该马上服从自己的需求，还是应该为了一个更高的目标推迟这些需求呢？米舍尔一直都对这个问题很感兴趣。1938 年，年仅 8 岁的他与家人为了躲避纳粹迫害，从维也纳逃到了美国，于是，他的许多需求都只能暂时搁置了。“我来自一个中产阶级家庭，在美国却陷入了极端贫困。‘怎样才能摆脱困境、飞黄腾达’成为我的人生命题。”

心理学界早就认为：自发地延迟满足是迈向成熟的重要一步。节约金钱，遵守节食计划，学习一门语言——很多时候都需要用到这种能力。然而，还没有人对此进行过科学实验。

沃尔特·米舍尔要求特立尼达的学生们填写问卷，并告诉他们：“我想给你们所有人分发甜品，但是大份甜品我没有带够。你们可以选择在今天拿到小份甜品，也可以等到下周五，到时候我再给你们带大份的。”

他发现，成长过程中没有父亲陪伴的儿童——这种情况在非洲人中间十分常见——往往不想等待更大的奖励。许多非洲裔的儿童甚至怀疑，这个白人实验员会不会遵守诺言。因此，他们选择了眼前的奖励。

1962年，米舍尔与他的第二任妻子搬到了西海岸的加利福尼亚。位于帕罗奥图的斯坦福大学给他提供了一个职位。在那里，他的3个小女儿帮助他完成了一项重要发现。

1966年，斯坦福大学在校园里成立了宾氏日托幼儿园，为科研工作提供便利。1968—1974年，米舍尔在那里进行了他最著名的、关于延迟满足机制的实验。

这里的被试者比特立尼达岛上的被试者年纪更小。4—6岁的儿童独自一人待在幼儿园的“惊喜室”里，坐在一张桌子旁边，外面的人可以透过一面单面镜看到房间里。米舍尔在桌上摆放了2种不同的奖励和一个铃铛，他告诉这些儿童，他现在要离开房间，并且过一阵子才会回来。如果他们等到他回来,就能得到较大的奖励。如果他们等不及了，也可以摇响铃铛，他会马上回来，不过这样只能得到较小的奖励。

这个实验过程看起来相当简单，但也必须考虑到许多难以衡量的因素。如果儿童不屈服于诱惑，实验负责人最多应该等待多久呢？在前期实验中，一些儿童在房间里独自等待了整整1个小时。米舍尔最终将等待时间限制为20分钟。

当然，儿童愿意等待多久，也与奖励有关。“一次，我们把一粒巧克力豆和一口袋巧克力豆摆在一起，为了得到那一口袋，大部分儿童都一直等了下去。”米舍尔回忆道。如果奖励内容过于接近，儿童当然会立刻去拿那个小份的。在前期实验中,米舍尔根据等待时间的长短（0—20分钟不等）权衡奖励的价值。因为米舍尔在实验中也使用了棉花糖，所以实验获得了一个广为人知的称号——“棉花糖测试”。

米舍尔通过单面镜观察到了儿童用来抵抗诱惑的策略。一些儿童用手挡住脸，这样他们就不用看到奖励。还有一些劝诫自己：“如果我再等久一点，就能拿到了——他肯定马上就要回来了——；他必须得回来，肯定的。”另外一些则唱起歌来，或者编出游戏，玩着自己的手和脚。

甚至还有的儿童试图睡觉——有一个还真睡着了。

米舍尔希望探明儿童头脑中的想法，研究在什么条件下，儿童更容易安心等待，又是什么情况使他们失去耐心。他的女儿们也在宾氏幼儿园上学，同样属于被试者。这是一件非常幸运的事，因为在数年以后，米舍尔还能从她们那里了解其他儿童的情况。“我总是询问她们：苏茜到底怎么样？或者：乔治做了什么？我把回答写下来，在测试结果和她们的评论之间发现了令人瞠目的关联性。”那些在棉花糖测试里显示出耐心的儿童，在学校的表现明显好于其他人，也较少出现各种问题。

这让他产生了一个想法：在首次实验过去13年之后，再度仔细观察这些孩子。观察的结果令人惊讶：4—6岁完成的棉花糖测试以出人意料的准确度预测了被试儿童10年后的许多特征。通过唯一的测定数值——儿童等待的秒数——就可以看出，他们日后是否性格平和，是否具有合作精神，是否积极主动，会拿什么样的分数回家。即便这些孩子已经长大成人，如果要评判他们现在的自我意识和抗压性，早期的测试结果仍然具有参考价值。

1995年，丹尼尔·戈尔曼（Daniel Goleman）的畅销书《情商》（*Emotional Intelligence*）向非心理学专业人士介绍了米舍尔的棉花糖测试。戈尔曼将“为长期目标放弃短期诱惑”的能力誉为人生中最应该掌握的重要能力之一。“这种能力是没有价值导向性的，”米舍尔说，“不管是想成为黑手党老大还是甘地，我们都需要它。”

米舍尔的实验涉及了一个不容忽视的问题，却在将近40年后，才得到人们的关注。这个问题是：既然测试结果出色的儿童普遍在人生中过得更好，那我们难道不能训练这种能力么？如果可以的话，应该怎样训练呢？这种训练真的能够对以后的人生产生正面影响吗？还是说，延迟满足的能力也有可能是基因决定的。

相关的研究目前正在进行。如果能够取得成果，它将成为心理学在教育问题上的重大突破。

在您立刻就要用3块棉花糖和1只秒表去预测您家4岁孩子的未来之前，请您先听一句告诫：并没有一张图表可以告诉您，多长时间的等待就能保证您的孩子拥有美好的人生。实验结果深受实验组织方式和奖励类型的影响，而且归根结底也只反映出一种统计学上的倾向，就个体案例来说指导作用有限。

说到“指导作用有限”，我当然也很高兴，因为我4岁的儿子一定会迫不及待地一把抓住那个小份的奖励，然后对他妈妈哀求不已，直到她把大份的也交出来为止。

verrueckte-experimente.de

◆ Mischel, W. (1974). Process in Delay of Gratification. *Advances in Experimental Social Psychology*. L. Berkowitz. New York, Academic Press. 7, 249-292.

1968 | 长着黄色犄角的牛羚

动物学家汉斯·克鲁克（Hans Kruuk）并不认为黄角牛羚的实验特别具有说服力，所以他从未将其发表。尽管如此，30年后却有几百万人得知了这个实验，这是美国畅销书作家迈克尔·克里奇顿（Michael Crichton）的功劳。在他的科学惊悚小说《猎物》中，多亏有人想到了克鲁克的实验，众多主角才躲过了危险的纳米颗粒。

在克里奇顿的科幻小说中，有一群人想要躲过纳米颗粒的攻击。这些微型机器在空气中大量聚集，并以生物进化为榜样，不断发展出新的狩猎战略。随着纳米颗粒向人类袭来，5 位主角组成了一个迷你兽群：他们一个接一个地排成一列，并完全同步行动。

▶ 在迈克尔·克里奇顿的纳米技术惊悚小说《猎物》中，多亏了有人熟悉以前某个关于牛羚的实验，众多主角才得以自救。

他们这么做，是因为小说中的一个人物回忆起了克鲁克的一项实验：30 年前，克鲁克在塞伦盖蒂研究鬣狗，发现他用颜色做过标记的一头牛羚一定会在下一次袭击中遭到猎杀。相反，其他牛羚外表类似、行动相同，狩猎者就难以从中单独挑出一个牺牲品来。

的确，纳米微粒在面对这个迷你兽群时茫然失措，不知道应该袭击谁。不过故事里总要有点儿动作戏：后来小说中的一个人物陷入恐慌，试图逃跑，于是就被杀死了。

克鲁克并不知道克里奇顿是如何得知他的实验的。他是在坦桑尼亚的恩戈罗恩戈罗国家公园进行的实验。另一位研究人员也为了日后辨识方便，对牛羚做了标记，克鲁克从他那里听说，鬣狗就是偏爱袭击这样的牛羚。克鲁克对这一现象很感兴趣。他麻醉了 32 头 1 岁大的牛羚，把其中 16 头的黑色犄角涂成了刺眼的黄色。然后他一头接一头地把它们放回兽群。那些没有黄色犄角、只是被麻醉过的牛羚没有遇到任何问题，有着黄色犄角的牛羚则被其他牛羚从团体中驱赶出去，独自度过了第二天。此后克鲁克就跟踪不到它们了。而即便他真的观察到这些牛羚比其他牛羚更容易被鬣狗追猎，也有两个可能的原因：黄色犄角本身，抑或牛羚因为黄色犄角而成为独行侠这一事实。

克里奇顿的小说人物对克鲁克的实验只有一个相当粗浅的印象。

他们能够得救，与其说是因为他们从实验中获得了知识，倒不如说是因为作者在有意庇佑他们。他大概不想在写到第 271 页时就把小说里的一半人物扔给纳米颗粒当饲料。

◆ Crichton, M. (2002). *Beute*, Blessing, München.

1969 | 一场非常特殊的万圣节聚会

1969 年 10 月 31 日，6 名小学生出现在纽约一场非常特殊的万圣节聚会上。这些 8—10 岁的孩子受邀在各种游戏中度过这个下午。有人通知他们不必自带变装服饰，聚会上已经准备了衣服。孩子们刚一到达，就拿到了大号的姓名标牌，这样一来，成年监督员们就可以用名字来称呼他们。变装服饰还没有出现。"还没送到呢。"一名监督员对他们撒谎道。于是孩子们就穿着日常服饰开始了游戏。

活动地点是客厅以及隔壁的几个房间，共有 8 项游戏可以选择：4 种比较静态的，例如在一块木板上保持平衡；还有 4 种强调对抗的，例如往一名成人脸上扔水球。孩子们都很积极，因为他们在游戏中可以赢得兑换券，并在聚会结束时换取玩具。

房间装饰得富丽堂皇，从扬声器里传来音乐声，还有彩色灯泡负责营造气氛。应该没有孩子注意到，其中一个黄色的灯泡固定每 20 秒钟闪烁一次，它一闪，几名成年人就会环顾四周，并在他们的本子里

▶ 群组中的匿名性可能带来爆炸性的效应。心理学家斯科特·弗雷泽邀请儿童们参加一场万圣节聚会。当第一个水球在他耳边飞过时，他便认为这次实验成功了。

写下些什么。

1小时后，成年人们宣称，变装服饰到了。事实上，这些3K党风格的长袍早就已经准备好了，不过按照实验要求，孩子们一开始是不能进行伪装的。

当所有的孩子都套上了他们的变装服饰之后，就没人知道谁是谁了。一是因为，每个孩子都是在单独的隔间里换的衣服；二是因为，所有的变装服饰看起来都一样：长及脚面的白色斗篷，给手臂留出了窟窿，再用枕套把头遮盖起来。成年人们也做了同样的装扮。孩子们并不知道，藏在头套下面的成人还戴着彩色眼镜，以便继续区分辨认他们这些年幼的聚会参与者：因为成人戴的是滤色镜，能够看到斗篷上仅凭肉眼看不到的数字。

“他们看起来就像是幻觉里的小鬼魂。”心理学家斯科特·弗雷泽（Scott Fraser）回忆道。他是这个实验的发起人，当时正在写博士论文。他的教授就是日后凭借斯坦福监狱实验（《疯狂实验史》第一部）引起轰动的菲利普·津巴多（Philip Zimbardo）。津巴多当时正在研究一个课题：如果人们发现自己处于某个可以隐匿身份的群组，他们的行为会有何种变化。

他曾做过一项令人不安的实验：实验参与者是一群女性，她们都戴着一副面具，穿着一条超大围裙，谁也认不出谁，她们要对另一个人进行电击。在伪装的情况下，她们施加电击的持续时间与没有伪装并且佩戴姓名标牌时相比，整整翻了一番。这一效应被称为“去个体化”，它会导致身处群组中的人做出他们作为个体绝对不会做的事情来。

不过，上述实验是在实验室中进行的。弗雷泽想要知道，这一效应在实验室之外，也就是在自然环境中是否也能得到证明。于是他打起了万圣节的主意：11 月 1 日前夜的“变装”传统对他的去个体化实验十分有利。于是他开始寻找研究助手，以及愿意送孩子们来参加聚会的家长。

尽管弗雷泽对结果早有预料，实验的进展还是让他吃了一惊。在所有人都穿上变装服饰之后，一种攻击性的氛围迅速扩散开来。这时再让孩子们去参加比赛，更多的孩子就会选择对抗性的游戏。许多人甚至干脆不玩游戏了，而是互相推撞、大喊大叫或者彼此殴打。

那盏黄色的灯仍然每隔 20 秒钟闪烁一次。随着这一节奏，各位研究助手会观察并记录，此时哪些孩子的表现具有攻击性。弗雷泽希望通过比较各组数据，研究由变装带来的匿名化效应是否推动了群组中攻击性的增长。孩子们不再老老实实地投掷水球，还会拿平衡游戏里使用的木板作为武器来进攻，混乱的局面增加了他们的工作难度。

与实名阶段一样，匿名阶段本来也该持续一个小时。“然而情况完全失控了，”弗雷泽说，“我已经不太担心孩子们的安全，而是担心起研究助手们的安全来。”因此他提前中止了这一部分的实验。

他编了一个借口，说另外一个聚会还要使用这些变装服饰，孩子们必须把它们脱掉。之后他们还能再玩 1 个小时，依然可以赢得兑换券。没有了变装服饰的孩子们立刻又平静下来。通过统计兑换券的数量可以看出，攻击性的行为对他们有害无益：在变装阶段，每个孩子平均收集到 31 张券，而在之前的阶段是 58 张，在之后的阶段甚至有 79 张。群组中的匿名性促进了攻击性，尽管从根本上讲，这与个体的利益相悖——兑换券数量下降就是一个明证。“攻击行为带来了‘游戏的乐趣’，这就是它本身的奖励。在这一奖励面前，其他更加遥远的目标则被忽略了。”菲利普·津巴多日后写道。

后来，斯科特·弗雷泽从纽约来到位于西雅图的华盛顿大学，他再一次为万圣节实验寻找起了“受害者”。与在纽约的实验不同，这次实验并非只在一所房子里，而是在西雅图的 27 所房子里同时进行。通过预谈，他获得了这些房子的支配权。所有房子的入口处看起来都一样：一张桌子上放着 2 只碗，一只碗里装着糖果，60 厘米之外的另一只碗里则装着零钱。按照传统习惯，住在附近的孩子们会挨家挨户敲门讨糖。一位他们并不认识的女士会把他们请进门，并对他们说：“每个人都可以拿 1 块糖。我得回另一个房间干活去了。”

现在孩子们被单独留下，自由行动：有些孩子很听话，只拿了 1 块糖，另外一些则拿了 2 块，或者向放着零钱的碗里抓去。他们并没有注意到，弗雷泽的一位助手正藏在柜子里，通过一个微小的窥视孔观察着他们。

这次实验再次证明了群组中的匿名性所带来的影响：如果那位女士在离开房间之前询问过孩子们的名字，只有 21% 的孩子会去偷窃。如果孩子们保持匿名，比率就变成了 57%。另外，那位女士有时会对群组中的一个孩子单独强调：“如果丢了什么东西的话，就是你的责任。”在这种情况下，有 80% 的孩子会去偷窃。

相比之下，个体的匿名性影响则要小得多：如果来敲门的孩子是独自一人，即便没有被问到名字，也只有 20% 会在未经允许的情况下去碗里抓东西。

弗雷泽实验中无伤大雅的违规行为正是现实中重大违法犯罪行为的模型。从 19 世纪初美国针对黑人实施的私刑，到 1938 年“第三帝国”的大屠杀之夜，再到今天政治游行中左派和右派的暴动，群组中的匿名性曾经，也一直都会扮演决定性的角色。匿名不仅可以使人免受惩罚，更可怕的是，它会使人失去自制力，最终迷失自我。这时，只要少数几个人迈出第一步，连锁反应就会开始。

弗雷泽本人以及后来的学生们又进行了其他几次万圣节实验。多数实验耗资巨大，因为需要用到房子和许多助手。许多实验至今仍被视为心理学上的经典实验。不过，弗雷泽最初的研究——纽约的那场万圣节聚会——却未能位列其中，原因很简单：它从未被正式发表。尽管菲利普·津巴多在他的教科书《心理学与生活》（*Psychology and Life*）中提到了这一研究，但它却没有在专业期刊上登载。“我当时还有很多其他工作，”弗雷泽说，“也可能只是因为懒。”以后再想出版也不可能了，因为所有相关文件已经在 1996 年的一场火灾中付之一炬。

◆ Fraser, S. C. (1974). Deindividuation: Effects on Anonymity on Aggression in Children. University of Southern California (unveröffentlichtes Manuskript).

1970 | 1 头海豚和 40 名裸女

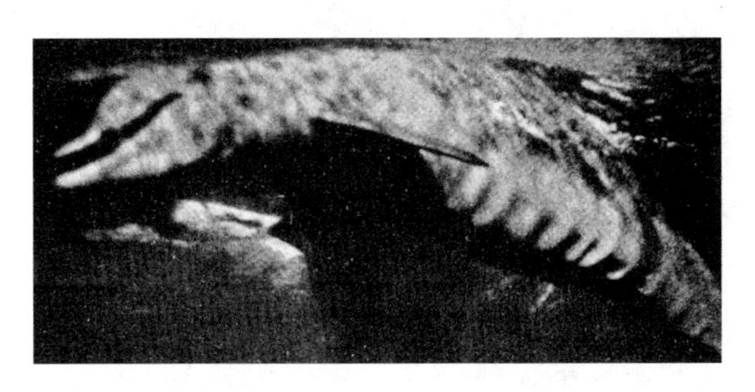

► 快速游动时，海豚的皮肤上会出现长条形隆起，人们推测，它能降低水对动物身体的阻力。

为了深入研究海豚的游泳技巧，俄罗斯生物机械学家尤·阿列耶夫（Yu Aleyev）寻找着与海豚最为相似的动物。他找到的是 40 位年龄在 17—28 岁的女性竞技游泳运动员。他在她们身上贴上电流指示器，让她们赤裸着身体，由一架钢索绞车在水中拖行，并用一台高速相机将这一场景拍摄下来。

“女性与一头中等大小的海豚尺寸相仿，”阿列耶夫开始历数 2 个研究对象之间的共同点，“跟海豚一样，女性的身体轮廓是平滑的。”据说这与二者体内厚度相似的脂肪层有关：女性的脂肪层厚度为 1—4 厘米，海豚的脂肪层厚度为 3—6 厘米。此外，“在营养充足的情况下，女性的身体表面基本呈现光滑无毛的状态，这也是海豚的典型特征”。

对研究者而言，海豚极高的游动速度一直是个难解的谜：根据测量，海豚每小时可以游动 23 英里（接近 38 千米 / 小时）。1936 年，动物学家詹姆斯·葛雷（James Grey）计算得出，海豚需要拥有比目前

直到今天，科学家还是难以解释海豚极高的游动速度。这种动物本应需要比现在更多的肌肉才能做到这一点。

肌肉数量再多 7 倍的肌肉，才能获得这样的游速。尽管后来有人证明，葛雷的计算方法不够完善，但是人们仍然难以解释，海豚为何能够如此迅捷地在水中穿行。科学家认为，这种动物掌握了一项非常特别的技巧。他们推测，海豚可以在身体表面保持水的层状流动。

物体在液体中运动时，会遭受多大的阻力，取决于液体在物体表面的作用状态。如果液体只是平坦地拂过——研究者将其称为一个层流——阻力就会维持在较低水平；如果形成了漩涡，阻力就会急剧增加，通常被称为扰流。

每个潜水艇建造者的梦想都是尽可能在整个艇体表面保持层流。然而实践显示，这种流线型的结构一旦达到一定的尺寸，最后总会在什么地方生成一个扰流。难道海豚不是这样？

20 世纪 50 年代，人们成功拍摄到了高速运动状态下的海豚。图片显示，海豚的皮肤上出现了长条形隆起，它们如同波浪一般在躯干上移动。很快，许多研究者便开始认为：海豚也许能够主动形成这些隆起，以阻止扰流的产生、降低水的阻力。阿列耶夫找来40位裸体女游泳运动员，正是为了验证这一假说。

拍摄过程中，阿列耶夫发现，这些女士在游泳、跳入水中或者受到绞车拖行时候，皮肤上也产生了与海豚非常相似的长条形隆起。但是他觉得，从解剖学角度来看，人类的肌肉不具备主动形成这些隆起的能力。它们可能只是强大的水流冲击皮肤产生的结果。为了确认这一现象是否真的源自水的作用，他让这些女士在陆地上模拟游泳动作——所用的仪器像是家用健身器和刑具的"杂交品种"。女士们手握拉环，腿部伸缩，仿佛是在水中游泳，脚则被绳索捆住，模拟受到水的阻力。不出所料，她们在做这些奇怪动作时，皮肤上并没有出现长条形隆起。阿列耶夫由此得出结论：海豚身上的长条形隆起不是为了快速游动而发展出的秘密武器，只是快速流过的水所产生的结果。

直到今天，人们还是没能完全搞清楚，海豚的皮肤是否具有便于快速游动的隐秘特性。京都工艺纤维大学的工程师荻原良道(Yoshimichi Hagiwara)相信：答案是肯定的。荻原某次去水族馆参观，偶然得知了海豚的一个奇怪特征：它们最上层的表皮每2个小时就会脱落一次。这种现象背后一定隐藏着某些原因。据他推测，不断从皮肤上脱落的小皮屑可以扰乱大型漩涡的形成，便于海豚快速游动。

与阿列耶夫不同，荻原没有用40位裸女来验证他的理论，而是用硅制作了一张海豚皮，并在水中测试了它的水流阻力。为了模拟皮肤碎屑从身体上脱落的过程，他用水溶性黏胶在硅海豚身上粘贴了亮片。初步实验似乎验证了他的假说。

◆ Aleyev, Y. G. (1977). *Nekton*. The Hague. Dr. W. Junk.

1970 | 挠痒痒之二：实验前请洗脚

牛津大学的某个储藏室里放着一台奇怪的设备：一个木头箱子，上面有一道缝，缝里有根毛衣针刚刚露出针尖。箱子正面有一支操纵杆，可以操纵针尖在缝里上下移动。外人一定猜不出来，这架粗糙的仪器其实是一台足部挠痒机，由心理学家劳伦斯·威斯克兰茨（Lawrence Weiskrantz）及其两名学生制造，诞生于1970年。

威斯克兰茨并不是第一个研究挠痒现象的人。亚里士多德、弗朗西斯·培根、查尔斯·达尔文等大思想家已经对此进行过深入思考。他们曾经反复提及一个问题：人类为何不能对自己挠痒并让自己发笑？达尔文的观点是："儿童几乎无法自行挠痒，这一事实表明，无从获知挠痒时被碰到的具体位置，才会产生痒的感觉。"威斯克兰茨并不认为这就是全部真相："大多数儿童都怕痒，即便知道挠痒的刺激发生在何时何处也是一样。"他建议2位学生通过实践详细探究这一问题。

"首先，我们得找出一个我们能够挠痒、又不会违反社会常规的身体部位，"威斯克兰茨回忆道，"最好的选择就是足底。"为了比较不同实验条件下得出的结果，必须将挠痒刺激标准化。这就需要仪器来发挥作用了。仪器的基本原理是用直径1毫米的针尖持续对足底施加17克的压力。为了引发挠痒刺激，连接塑料针尖的操纵杆须在4秒钟内来回运动10厘米的距离。节拍器已经设定好了节奏：每秒钟转换一次方向。

30名参与实验（并提前洗了脚）的学生一致表示：与自行控制操纵杆相比，一个陌生人控制操纵杆会让他们明显感到刺痒。另一个版

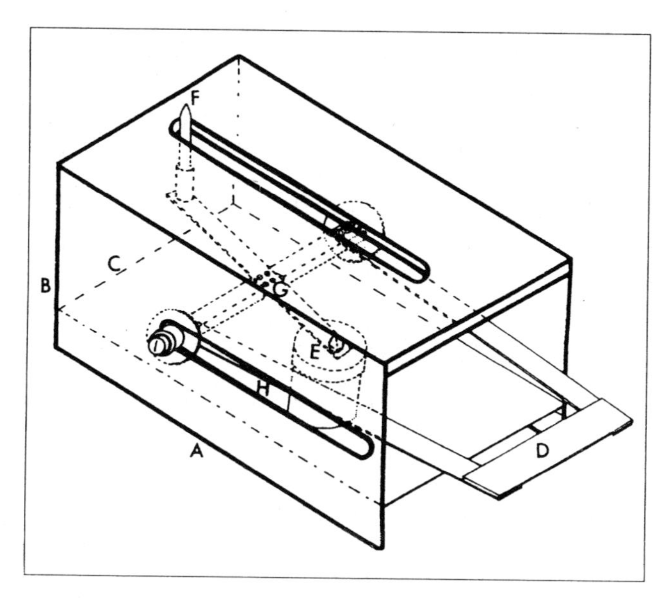

▶ 劳伦斯 · 威斯克兰茨的挠痒机：被试者把他们的脚放在箱子上，使得塑料针尖 F 接触他们的足底。当操纵杆 D 牵引塑料针尖运动起来时，砝码 E 会造成持续的压力。

本更有趣：尽管是由他人控制操纵杆，但是被试者也用手握住了操纵杆，由此直接体会操纵杆的运动，做好准备，迎接即将产生的发痒感。

在这种情况下，被试者的发痒敏感度虽然有所减弱，却仍然比他们自己控制操纵杆时要强。威斯克兰茨得出结论：与达尔文的猜想不同，得知被挠痒的时间和位置，并不足以完全压制发痒感。想要压制发痒感，被挠痒者本人必须掌握控制权。

威斯克兰茨在享有盛誉的专业期刊《自然》上发表了他的研究成果，论文题目为“对自体挠痒的初步观察”。众多报纸对此进行了报道。一位英国喜剧小品演员还想在舞台上展示足部挠痒机，威斯克兰茨拒绝了他的提议。

今天，通过用挠痒机器人、大脑扫描等进一步的研究，我们已经知道大脑中的哪些区域可以控制神经信号，使得我们无法对自己挠痒。但是，“人类为什么会怕痒”这一更为根本的问题仍然是个谜。一些研究者推测，挠痒可以增进儿童与成人之间的联系；另外一些认为，儿童经常利用挠痒的方式进行友好的打闹，这既能保证竞争的存续，又能帮助他们更好地应对紧急情况；还有一些相信，在寻找伴侣的过程中，挠痒也发挥了一定作用。

不过，也有部分研究者质疑这些与“社会性”相关的解释。1999 年，美国心理学家克里斯汀·哈里斯（Christine R. Harris）提出了一个问题：人们在独处时也会怕痒么？她借助挠痒机器人找出了答案。（参见“1994　挠痒痒之三：机器能挠痒痒吗？”）

◆ Weiskrantz, L., J. Elliott et al. (1971). Preliminary observations on tickling oneself. *Nature* 230 (5296), 598-599.

1972 | 我开得快，所以先到终点

过去，心理学界普遍默认这样一个观点：人类在生活中始终保持耳聪目明的清醒状态，人类的行为举止通常是对所见所闻产生的合理反应。许多理论都建立在这一观点的基础之上。20 世纪 70 年代初，心理学家艾伦·朗格（Ellen Langer）却只通过一台复印机和一些毫无戒心的被试者，动摇了这个看似不言而喻的假设。“当时，研究人员一直

试图查明，人类的思考过程是什么样的，”朗格回忆道，“不过我想：我们还是先证明人类确实会思考吧。”

▶ 心理学家艾伦·朗格通过一个极为简单的实验展示出：人们经常不假思索地按照一份固定的剧本行事。

人类并不思考！朗格用纽约城市大学研究生中心的复印机做了一次漂亮的实验，成功地揭示了这一点。1972 年的某一周，朗格的助手不断与那些正想复印并且已把纸张放在机器上的人搭话：“不好意思，我有 5 页纸。能不能让我先用一下复印机？因为我必须印点东西。”14 位被搭话者（只有 1 人除外）都同意了。而当助手略去“理由”部分时，结果则完全不同：“不好意思，我有 5 页纸。能不能让我先用一下复印机？”这时，15 个人里只有 9 个人表示同意。

上述事件透露出一个惊人的问题，虽然起初不易发现，但是没有逃过朗格的眼睛。她很快便指出了人们表现出来的奇怪态度。在第一种情况下，学生助手根本没有给出任何真正的理由：“能不能让我先用一下复印机？因为我必须印点东西。”——好吧，不然还能因为什么？！

朗格将这种虚假的理由称作“安慰剂信息”，并断定，被搭话者时常将其作为真正的解释予以接受。实验中，虚假的理由往往与真正的原因同样有效，例如：“能不能让我先用一下复印机？因为我赶时间。”朗格的助手与 16 个人搭话，提出这项合理的请求，有 15 个人让出了位置。

朗格认为，尽管日常生活中的许多行为貌似是有意识决定的结果，但实际上，它们只是不假思索地按照一份现成的剧本机械播放出来的。

如果有人请你帮个忙，你就会期待对方提供一个理由。如果只是一件小事，你就不会浪费工夫推敲这个理由的可信度。然而，如果你要做出较大的牺牲，情况就不同了。当助手不是只想复印 5 页，而是复印 20 页的时候，被搭话者的大脑就不再“短路”了。现在，他们发觉到了“必须印点东西”的荒谬之处，做出让步的概率有所下降，与没有得到理由时基本持平。但是，“赶时间”这个借口仍然有效。

根据朗格的理论来推测，最擅长“漫不经心”的人大概就是体育记者。几十年来，他们都原封不动地记录着采访对象的“废话”：“我开得快，所以先到终点”，或者“对方球队进球更多，所以我们输了”。此外，每个电脑用户也会在不知不觉中放松自己的注意力。（参见“1997　我的朋友——电脑之一：屏幕前的助人为乐精神”、“1999　我的朋友——电脑之二：屏幕前的礼貌”、“2000　我的朋友——电脑之三：屏幕前的隐私”。）

◆ Langer, E., A. Blank et al. (1978). The mindlessness of ostensibly thoughtful action: The role of “placibic” information in interpersonal interaction. *Journal of Personality and Social Psychology* 36, 635-642.

1972 | 地铁里的胆小鬼

如果设立一个奖项，专门奖励最简单的心理学实验，那么斯坦利 · 米

▶ 心理学家斯坦利 · 米尔格拉姆派他的学生向地铁里的乘客索要座位。对于许多学生来说，这一任务成为一场恐慌之旅。

尔格拉姆(Stanley Milgram)的“地铁研究”实验一定会成为获奖的大热门。您随时都可以自行开展这一实验：在一辆人满为患的地铁上，来到任意一位乘客面前，对他说：“不好意思。我能坐您的座位么？”就可以了。

1972 年，米尔格拉姆的 4 名女学生和 6 名男学生就是这样完成了耗时数周的实验。30 年后，《纽约时报》(*New York Times*) 询问他们当年的状况，他们还能清晰地回忆起来：对不少人来说，那是一次创伤性的经历。“如果不是亲临现场，就无法真正理解。”杰奎琳 · 威廉姆斯 (Jacqueline Williams) 说。“我都害怕自己会紧张得呕吐出来。”另一位女生凯瑟琳 · 克罗 (Kathryn Krogh) 这样描述她的处境。

米尔格拉姆的实验动机来自与岳母的一次谈话。她曾问他，为什么如今公交车或者地铁里的年轻人都不给白发苍苍的老妇人让座了。他则反问她是否曾经请求他们让座，她诧异地看着他，似乎觉得“这想法完全不合情理”。显然，地铁里存在着一条不成文的规定：别去直接索要别人的座位！

米尔格拉姆对他所教的某班学生提出建议，打破这条规定，勇于索要座位。但是，学生们并不愿意这么做。后来，一名学生鼓起勇气，做出尝试，却没有圆满完成任务，规定要做 20 次实验，他只做了 14 次。米尔格拉姆跃跃欲试，最终亲自出马，然而当他选中了某位乘客并接近他时，不禁瞠目结舌："那句话卡在我的喉咙里，就是说不出来。"他在接受《今日心理学》(*Psychology Today*)采访时说。"你真是个胆小鬼。"他想。

后来，他终于还是勇敢地开了口，而那位乘客也让出了座位。这一刻，他体验到了某种令他惊讶不已的感觉。"在我从那位男士手中获得座位之后，我迫切地渴望通过行动来证明我提出这个要求的正当性。我低下头，把脸埋在两膝之间，而且我能感觉到自己的脸色变得多么苍白。我并不是在演戏。我觉得自己马上就要晕过去了。"

在下一个学期，他派了 10 名学生前去挑战各种不同的场景。令人吃惊的是，面对第一个问题："不好意思，能把您的座位让给我么？"竟有 2/3 的人让出了座位，尽管"健全的人类理智告诉我们，仅仅通过提出要求是不可能得到座位的"，米尔格拉姆后来写道。而如果问题是这样的："不好意思。能把您的座位让给我么？我站着没法看书。"则只有 1/3 多一点儿的人会起身让座。

米尔格拉姆推测，在第一种情况下，被搭话的地铁乘客可能觉得自己遭到了突然袭击，对于他们来说，直接让出座位比想出一个拒绝的回答要来得容易。为了验证这种推测，他让学生们上演了这样一幕场景：2 名学生用所有人都能听到的音量谈论，请求别人让出座位是否妥当。然后其中一人才去请求让座。被选中的乘客事先就会知道这到底是怎么回事。果然，现在愿意让出座位的人只有 1/3。

米尔格拉姆为实验设计了最后一个版本，他想把请求的内容与提出请求的方式分隔开来。按照设计，他的学生走向被选中的乘客，说声“不好意思”，然后递给他一张纸条，上面写着：“不好意思。我可以坐您这个座位么？我很想坐下。”米尔格拉姆推测，这样一来，让座的人就更少了，因为与口头询问相比，书面询问似乎略显“事不关己”。不过，他低估了这一行为不合常理的程度：一个明显能说话的人——之前刚说完“不好意思”——递给一名乘客一张写着让座请求的纸条。半数以上的乘客会都觉得，这件事太过诡异，于是他们立刻就让出了座位。

还有一个现象比这些结果更加令人惊讶且富于启发意义：正如上文所提，学生们要对一个完全陌生的人提出让座的请求，这让他们感到无比困难。米尔格拉姆认为，这一现象明确反映出，不成文的规定具有维持群体秩序的作用，并且力量巨大，难以撼动。

◆ Milgram, S., und J. Sabini (1978). On Maintaining Urban Norms. *Advances in Environmental Psychology*. A. Baum, J. E. Singer und S. Valins. Hisdale, NJ, Lawrence Erlbaum. 1, 31-40.

1975 | 刮擦黑板声的听觉效应

科学家大卫·伊莱（David J. Ely）完全清楚这项实验的残酷性。他在脚注里写道：“笔者要为阅读此文可能导致的痛苦道歉。”伊莱确实应该请求原谅，因为他的著作讲的是“刮擦黑板声在想象中与听觉上的扩大效应”。

很多人受不了手指甲（或者粉笔）刮擦黑板时发出的声音，这是早已为人熟知的事实。但是，谁也不知道为什么会这样。唯一可以肯定的是，这是一种极其怪异的效果。刮擦黑板声用不着特别响亮，就能够发挥影响，响亮的噪音仅会造成耳朵的疼痛，而刮擦黑板声还会引发各种不同的身体反应：例如起鸡皮疙瘩和冒冷汗。

伊莱的目标非常朴实。他只想证明，如果人们在听到噪音的同时还会想象这种噪音是怎么产生的，噪音的效果是否就会得到强化。也就是说，这种效果的背后也许有着更深层次的原因：让人起鸡皮疙瘩和冒冷汗的不是噪音本身，而是对其产生过程进行的想象。

伊莱在他的工作地点——加利福尼亚州波特维尔市的波特维尔州立医院招募了16位值得同情的被试者。他向他们播放了由刮擦黑板声和一个无害音组成的音列，并详细记录了他们的皮肤电阻。皮肤电阻可以作为人体兴奋程度的度量指标，通过电阻数值，他便能够测量噪音引发的身体反应。

伊莱告诉一部分被试者，某个噪音是用手指甲在一块黑板上刮擦所产生的（实际上，伊莱没有伤害自己的手指甲，而是使用一根塑料棒“虐待”了黑板）。其余被试者则并不知道噪音从何而来。实验结果令人备感困惑：有时候是知情组被试者的皮肤电阻更高，有时候却是不知情组的数值更高。尽管如此，伊莱仍然认为他证明了自己的命题（理由何在，我们很难理解）：听到噪音的同时，想象手指甲刮过黑板的过程，这会增强噪音产生的效果。

实验过去10多年后，才有另外3位研究者搜罗到足够数量的被试者，进一步开展了以刮擦黑板声为主题的实验。他们的论文题目是“一种可怖声音的心理声学效应”。（参见“1986　一把园艺镰刀在石板上的缓慢刮擦”。）

◆ Ely, D. J. (1975). Aversiveness Without Pain: Potentation of Imaginal and Auditory Effects of Blackboard Screeches. *Bulletin of the Psychonomic Society* 6(3), 295-296.

1977 | 非洲女性的完美行走方式

其实，诺曼·海格伦（Norman Heglund）1977年前往非洲，并不是要研究非洲女性的行走方式。这位哈佛大学的生物系学生更想研究的是大型动物在运动中的能量消耗。要完成这项工作,最简单的方法便是：借助一副面具测定动物对氧气的摄入，该数值与它们的能量消耗直接成正比。

海格伦在肯尼亚首都内罗毕附近的穆古加生活了6个月，他与同事们在一座临时棚屋里搭设了一条跑步机传送带和一台氧气测量设备。在用水牛、羚羊和瞪羚做第一组实验期间，他观察到，村里的卢奥人和基库尤人女性能够轻而易举地用头部承载重物。她们负重真的比别人负重更加容易么？他询问了几位非洲助手，想看看他们的妻子是否愿意参与一项实验。“尽管这些女性起初感到有些羞赧，但我们用报纸贴住窗户以后，她们就参与进来了。”

5位女性进入实验室，接受了海格伦的测试。她们戴上一副面具，头顶不同重量的物品在跑步机传送带上行走了若干分钟，行进速度分为5个等级。

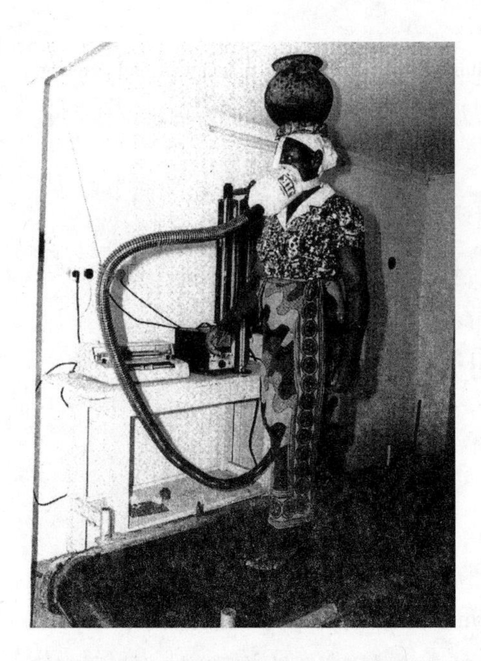

▶ 诺曼·海格伦测量非洲女性的能量消耗之后，发现了一个谜题：卢奥女性的负重是她们体重的 20%，但这并不消耗更多能量。

过了整整 8 年时间，海格伦才发现这项实验会得出极为惊人的结果。因为想要确定女性们的氧气消耗，需要对获取到的测量数据进行若干演算，而海格伦没有时间演算。他必须完成他的博士论文。此后，他又搬去了米兰，在当地的大学与著名步态学者乔万尼·卡瓦纳（Giovanni Cavagna）一起工作。

直到 1985 年回到哈佛之后，他才再度翻出这些测量数据。他注意到了一个让他伤透脑筋的现象：那些女性顶起小于自身体重 1/5 的物品时，并没有消耗更多氧气，而是与无负重行走时一样。也就是说，一位体重 70 千克的女性可以负重 14 千克，而并未因此消耗更多能量。这与海格伦掌握的动物能量消耗知识相左。对奔跑的人、马、狗和老鼠所做的实验表明：自身体重 20% 的负重会使能量消耗相应提高 20%。美国新兵的行走实验也得出了同样的测量结果；非洲女性却将受过训练的士兵远远甩在身后。

非洲女性把重物顶在头上，新兵则把重物扛在背上，谨慎的海格伦想要确定，上文所述的超凡效果不是由于负重部位不同而导致的。他找了一些欧洲人，请他们戴上一顶配有铅块的自行车头盔。实验除了造成被试者脖颈僵硬，还显示出：不管是用背扛还是用头顶，氧气消耗都没有区别。海格伦茫然了。

当时，他还推想了其他几种原因，后来的研究表明，它们都是错的。他曾猜测，女性们或许一直把身体重心保持在了同一高度，由此节省了能量——如同迈克尔·杰克逊（Michael Jackson）的“月球步”一样；又或许，女性们从小就要负载重物，身体已经出现解剖学意义上的变化，使得节约能量成为可能。

虽然海格伦并不知道这一效应的原因，但是他知道怎样才能找出原因：借助一个所谓的测力板。这是一种复杂的浴室用秤，可以按照时间进程，将作用其上的力量记录下来。1989 年，他将这样一台仪器装进行李，重返肯尼亚。

他让非洲女性们在测力板上行走，密切观察每走一步的确切过程——从脚接触平板的时刻开始，到它离开平板的瞬间为止。他要比较非洲女性与欧洲人的走步过程。通过二者的区别，一定能够找到谜底。

在与卡瓦纳的合作中，海格伦得知，行走是一种重复运动，人们可以将它看作来回摆动的钟摆。与普通钟摆不同的是：钟摆的固定轴心在上面，而行走的轴心在下面。一只脚落在地上，腿连着上身向前移动，从脚与地的接触面的后方移动到前方，直至另一只脚落在地上，上述过程又重新开始。就像人们借助棍子越过溪流一样，最高速度是脚——或者棍子——落在地面上时产生的。此后速度变慢，身体重心变高。速度（动能）转换成了高度（势能）。身体重心位于脚或棍子的垂直上方时，身体到达最高点。此后，人们又可以在下一段进程中再次获取储存的能量，即在损失高度的同时获得速度。

如果动能和势能可以实现完美转换，行走就不会造成任何劳累。然而海格伦知道，行走的人并不是完美的钟摆，只能重新利用所投入能量的大约 65%。

测力板测出的不同受力过程表明，卢奥女性和基库尤女性也有这种问题——至少没负重时是这样。与欧洲人类似，她们在每一步的开头

► 尼泊尔的谢尔巴人可以背起达到自身体重 2 倍的物品，需要的能量却只是欧洲人的一半。

和结尾，即双脚同时落地的一刻，也会损失能量。这是无法避免的。钟摆需要动力，人在行走时也需要反复获得一个小的推力，使得运动持续进行。

不过，还有一个地方需要损失能量，那就是运动的中途。身体重心在最高点时，有 15 毫秒的势能并未完美转化为动能。重心已经降低，速度却没有相应增加；或者人们借助棍子越过溪流时，在最高处稍微顺着棍子往下滑了一点，高度受到损失，速度却没有增加。

诺曼·海格伦继续比较受力过程，他看到，非洲女性能够在承重状态下减少这种不必要的能量损失。此时，她们变成了更好的钟摆，把储存在高度中的势能近乎完美地转化为动能，承担达到自身体重 20% 的重量似乎也就不成问题了。

那么，美国新兵和负责周末大采购的家庭主妇也能学会这种本领么？海格伦表示怀疑。尽管他并不认为这项技能是天生的，但他觉得，如果想要获得这一能力，可能从小就得负担重物。行走方式之间的区别非常细微，单凭肉眼根本无法察觉。

20 世纪 90 年代，海格伦迁往尼泊尔，那里的谢尔巴人可以背起达到自身体重 2 倍的物品爬上山坡。他发现，谢尔巴人所需的能量也比预想的要少很多。与非洲女性相比，谢尔巴人背起达到自身体重 20%

的物品时，的确消耗了更多能量，因为前者那种特殊的钟摆行走方式只适用于平原地区。但是，后者在负重更大的时候却表现更好。谢尔巴人背负与自身体重相当的物品，只需要欧洲人背负一半重量时所需的能量。谢尔巴人是如何做到这一点的，海格伦并不知道——至少目前还不知道。

◆ Maloiy, G. M., N. C. Heglund, et al. (1986). Energetic cost of carrying loads: have African women discovered an economic way? *Nature* 319(6055), 668-669.

1979 | 吧台前的娃娃

1979 年夏天，亨利 · 贝内特（Henry L. Bennett）陷入了一场激烈的争论，因为他不愿相信长久以来心理学界普遍公认的一个事实。当时，贝内特还是加利福尼亚大学戴维斯分校的医科生，选修了一门关于记忆的讨论课。他在课上得知，短期记忆的最大容量是 7 ± 2 个信息单元。这个结果是通过无数实验得出的。

“每个女侍者都能记住超过 7 样东西。”贝内特宣称。

“不能。”一位同学反驳道。

“肯定能。”

“就不能。”

“我证明给你看。”

立下豪言的贝内特足足忙碌了好几年。在此期间，他记录了女侍者们令人惊讶的记忆效率。

看看他最初的研究方法，您就会知道，他肯定成为大学周边餐厅有史以来最“不受待见”的顾客：他与一行8位朋友围着一张桌子坐下，每个人点的菜和饮料都不重样。女侍者拿着菜单走向厨房，当她的身影消失在学生们的视线中时，他们就会抓紧时间互换座位。贝内特不仅想要弄清：女侍者能够记住多少份点单内容，他还想知道：她是怎样忆起这些菜品和饮料分别属于谁的，她记住的是座位还是人脸？

如此实验数次之后，贝内特认识到，这并不是最理想的方法。各家餐厅区别太大，导致他难以得出可用的结论，另外，有些侍者还会把点单内容写下来。“于是我就换到了酒吧。”现已成为纽约圣路加医院麻醉师的贝内特回忆道。酒水的点单通常是不会被写下来的。

为了给每位女侍者布置完全相同的任务，他想出了一个古怪的主意，这也使他的实验成为“奇谈”：他在一家玩具商店买了33个手指大小的塑料娃娃，回到家里，花了几个晚上给它们穿上各具特色的衣服，并把它们的头发染成不同的颜色。此外，他还手工制作了2张迷你圆桌，配上椅子，固定在一个与端菜托盘尺寸近似的木质平板上。下午4点半，酒吧里还没什么人。此时，他便会带着这套装备出入各家酒吧，询问女侍者是否愿意参与一项实验。尽管她们很有可能把贝内特视为当地某些“人偶崇拜”组织的成员，不过，还是有40名女性参与了这项奇怪的实验，只有1名拒绝了他的邀请。

贝内特带着一盘录音带，他和同学们已经录下了一组7项、11项和15项的点单内容。一旦女侍者做好准备，他就开始播放磁带：“请来一杯玛格丽特”（停顿2秒钟），我想要一瓶百威啤酒。”如此这般，依次进行。伴随着每项点单，贝内特都会晃动一个塑料娃娃，表示某个声音是由某个娃娃发出的。

贝内特的一位助手在柜台后面准备这些饮料——其实就是一些橡皮塞，上面插着小旗，旗上写着饮料的名字，贝内特则会利用这段时间简单地采访一下女侍者。他希望通过这种方式制造干扰，妨碍她们牢记点单内容。随后，女侍者们把迷你饮料端到了娃娃们的桌边。与参加同样测试的学生相比，她们的成绩确实更为出色。40 人中的 6 人完全没有弄混共计 33 份点单内容，9 人只搞错了 1 份。

贝内特的猜想似乎得到了证实：短期记忆的容量——7 ± 2 个信息单元——只是一个人造的概念，在现实生活中几乎没有任何意义。女侍者们表示，她们有时能够记下 50 项内容，还有一次甚至记下了 150 项内容。然而，她们是如何做到这一点的，却非常难以解释。她们往往只会回答："我不知道我是怎么把那些饮料记在脑子里的。"经过详细询问，研究人员发现，客人坐在桌边的位置其实没有那么重要。对于多数女侍者来说，客人的脸和外表才是记忆的关键。

有些女侍者说，她们会在顾客身上寻找一个与饮料相符的特征：例如腮红对应"草莓德贵丽"。不过，还有 3 位女侍者的意识层次明显更加高级。她们对自己出众的记忆能力做出的解释令人讶异："只要不大一会儿的工夫，我眼中的客人们就跟他们点的饮料长得一样了。"

◆ Bennett, H. L. (1983). Remembering Drink Orders: The Memory Skills of Cocktail Waitresses. *Human Learning* 2, 157-169.

1980 | 我们是怎么插队的

对于大多数人而言，排队是由无聊的等待与酸痛的双脚组合而成的“混合物”，是我们的文明所能提供的最令人厌烦的东西。而在排队研究者眼中，排队则是一种“社会体系”，“依赖人们对此类情况中恰当行为规范的共同认识得以维持”，斯坦利·米尔格拉姆在论文《排队时对插队的反应》中做了上述表达。一旦某人开始在烤肠摊前排队，不管他是否愿意，他都进入了一个具有自身规则的迷你社群。20 世纪 80 年代初，斯坦利·米尔格拉姆开始着手研究这些规则。

想要研究规则，最简单的方法就是观察人们打破规则时会发生什么情况。米尔格拉姆为身在纽约的学生分配任务，让他们四处寻找机会、尝试插队。当年的心理系学生乔伊斯·瓦肯哈特（Joyce Wackenhut）还能清晰地回忆起这个实验。理论上，这一行为似乎十分简单：瓦肯哈特扮演插队者的角色，来到队伍中第三和第四个人之间，说道：“非常不好意思，我想在这里插队。”然后挤占队伍中的第四个位置。可是执行起来就完全不同了。“要做到这些，需要有超级强大的意志力。”瓦肯哈特回忆道。其他学生也花费了不少心力。有些人先是紧张地迈着小碎步走来走去，晃荡半小时后才鼓起勇气插队，还有些人甚至感到了恶心和晕眩。

排队者们反应各异，从默默忍耐到暴怒的长篇大论，不一而足。“一次，我们在港口管理局插队，有个人居然拔出了手枪，”瓦肯哈特说，“我们掉头就跑，能跑多快就跑多快。”学生们总共“渗透”了 129 条队伍，才搜集到足够的数据。

每条队伍的反应也不尽相同。“中央车站信息窗口前的队伍走得很快，”瓦肯哈特回忆道，“在那里插队，挨的骂就比较少；而特玛捷票务窗口前的队伍就不一样了，在那里排队的人都想抓紧短暂的午休时间买到戏票。”

阻止插队的人，有 3/4 排在他的身后。这并不令人惊讶，毕竟他给他们造成了直接的损失。不过还有 1/4 排在他的前面。这就表明，排队不仅意味着自己可以“向前移动”，还具有更多的内涵。“人们不仅因为位置被占据、时间被浪费而生气，破坏规则的行为本身就足以令人大为光火了。”米尔格拉姆写道。

另外，不是每个排在插队者身后的人都会认真计算自己的“投入产出比”。按理说，后面每个人都因为插队行为而遭受到同等程度的损失，所以，每个人都有同样的立场进行干涉。然而，谴责的任务却首先落到了直接排在插队者身后的那个人的肩上。在 60% 的案例中，他们都会做出反应。如果他们不采取行动，就该轮到插队者身后的第二个人出面了，但是他们进行干涉的比率只有 20%。排在其他位置的人几乎从不主动制止插队。也就是说，排在插队者身后的人背负着相当重大的责任。“有时，人们不是对我们发火，而是对这个没有干涉我们的人发火。”瓦肯哈特回忆道。

如果您想插队，就来听听科学研究提供的建议吧：从队伍中选出一个您觉得最为胆怯的人，然后挤到此人前面。反之，如果您正在排队，而插队者直接挤到了您前面，您就该想到：根据不成文的“排队法则”，您有义务进行干涉。

◆ Milgram, S., H. J. Libety et al. (1986). Response to Intrusion Into Waiting Lines. *Journal of Personality and Social Psychology* 51(4), 683-689.

1984 | 出自《圣经》之三：在客厅里被钉上十字架

要让经验丰富的法医大吃一惊，可不是件容易的事情。不过，1984 年 1 月《加拿大法医协会学报》第 9 页刊登的图片一定可以做到这一点。图片展示了一个昏暗的、装有挡板、挂着朴素窗帘的房间，房间里，一名穿着短裤的年轻男子正被悬挂在一座十字架上。他的上臂戴着一条绑带，用来测量血压，胸口贴着电极，电线将电极与一台自动记录仪连接起来。一位留着胡须、身穿医生白袍的年长男子站在一旁，正通过听诊器仔细监听年轻男子肺部的动静。

如果让您尽情发挥想象，您完全有可能认为，他们是在客厅里模拟耶稣被钉上十字架的场景——的确如此。这篇专业论文的题目是“被钉上十字架而死”。

弗里德里克·朱基比（Frederick Zugibe）是一位法医，在曼哈顿以北的洛克兰郡工作，他为自己挑选了一个非同寻常的专业领域。“在全世界范围内，我都可以算作十字架刑方面的专家。”这位现年 80 岁的病理学家不久前接受科学期刊《时代知识》（*Zeitwissen*）采访时表示。20 岁那年，他首次读到一篇关于“我主所经受的肉身苦难”的专业文章，从那时起，他便建构了一套与此相关的个人理论。因为没有过硬事实支撑的理论没有任何价值，于是，他又拜托圣言会的维兰德神父（Pater Weyland）制作了一座 2.3 米高的十字架。他把十字架放到家里，往上面挂了数以百计的被试者。

朱基比在十字架刑研究中发现，多数关于十字架刑的科学论文都有不足，有些作者尽管怀有正直的意图，医学知识却十分有限；还有些人受到宗教火焰的驱使，得出了站不住脚的结论。虽然他本人就是一个虔诚的天主教徒，但同时也是一名科学家。作为科学家，他很快便认清，另一位著名的十字架刑研究者皮埃尔·巴贝的理论纯属胡说八道。20 世纪 30 年代，巴贝做了一系列实验，认为它们证明了被钉上十字架的耶稣最终死于窒息，因为悬挂的姿势会造成呼吸停止（参见“1932　出自《圣经》之二：1 个十字架、3 只钉子、1 把锤头和 1 具尸体”）。朱基比则坚称，他的志愿者中谁也没有出现呼吸困难。

▶ 法医弗里德里克·朱基比没费多大力气，就为他的实验找到了志愿者。附近某家独立教会的成员大概未曾想过，他们还有机会被挂到十字架上。

另外，您要是觉得，这项十字架刑实验很难找到志愿者，那可就想错了。第一批被试者将近 100 人，是当地某个宗教组织的成员。“他们简直要付钱给我了，每个人都想上去试试是什么感觉。”朱基比对记者玛丽·洛奇（Mary Roach）说。后者在其以尸体为主题的作品《僵硬》（*Stiff*）中花了一章篇幅来探讨十字架刑。

尽管朱基比手头就有古代的铁钉，出自苏格兰一处罗马军营，他却没有将被试者钉在十字架上。他制作了腕带，让被试者把手伸进腕带，再借助螺栓把腕带固定到横杆上。被试者的双脚则通过一条皮带缠绕在了纵杆上。被试者们坚持的时间从 5 分钟到 45 分钟不等。朱基比负责监控他们的心脏机能，测定体内的氧气含量，听诊肺部，检验血样。他们抱怨肌肉疼痛、肢体痉挛，有些人大汗淋漓，并陷入恐慌。他们可以随时要求中止实验。一台心脏去颤器和一台人工呼吸机严阵以待，准备应对紧急情况。据朱基比介绍，这些机器从来都没有派上过用场。

进行大量实验之后，朱基比认为自己最终确定了耶稣的死因：耶稣死于心脏停跳和呼吸中断，是由大量失血和创伤性休克所致。

◆ Zugibe, F. T. (1984). Death by Crucifixion. *Canadian Society of Forensic Science Journal* 17(1), 1-13.

1984 | 一次令人满意的实验

安·卡罗尔·舒尔斯特（Ann Carol Schulster）的实验大概是有史以来最令人愉悦的自身实验。1984 年 2 月，这位蒙特利尔皇家维多利亚医院的女医生在一份专业期刊中读到：孕妇的性高潮可能会威胁体内胎儿的健康。论文作者得出这一结论，是因为他们此前做了一项实验，发现母亲高潮的时刻，胎儿的脉搏频率有所下降。

舒尔斯特此时正怀有身孕，她无法相信这一结论。孕期的第 38 周，她在自己身上连接了一台史克（Smith-Kline）脉搏监护仪，并使自己达到性高潮。测量数据并未显示胎儿脉搏减慢。2 周后，她生下了一个健康的女儿。

◆ Schulster, A. C. (1984). Does Coitus Embarrass the Fetus. *The Lancet* 2(8401), 514.

1986 | 经期同步化

▶ 玛莎·麦克科林托克发现了这个令人吃惊的现象：显然，女性的经期会趋于同步。

求学期间，吉纳维夫·斯维茨（Genevieve M. Switz）发现自己身怀一项特殊才能：每次她与别的女性同住，几个月后，她们都会和她同时来月经。虽然她无法倚仗这门绝技进入马戏团，但是这种现象无疑引发了她的科研兴趣。

20 世纪 60 年代末，马萨诸塞州卫斯理学院的一名女生已经证明，女性之间关系密切，月经周期往往趋于同步。这名女生叫玛莎·麦克科林托克（Martha McClintock），当时刚满 20 岁。她参加了一次讨论，听到科学家们探讨老鼠体内的费洛蒙（气味信息素）可以调节排卵，使得所有老鼠的卵子同时成熟。

麦克科林托克插话说，同样的情况也发生在人类女性身上。然而在场的科学家们——都是男性——并不愿意相信她。“他们似乎觉得我的意见很可笑。‘证据何在？’他们问道。”

玛莎·麦克科林托克想要提供证据。她调查了宿舍楼里135名女同学一个学年的月经时间。分析结果表明：暑假刚结束时，亲密朋友之间的月经时间平均相差6天半；7个月之后，就只相差4天半。

对于享有盛誉的专业期刊《自然》来说，差距缩短2天，已经是很充足的证据了：1971年，期刊发表论文，首次提出，费洛蒙在人类身上也起作用。那么，是有一些“阿尔法女性”① 在决定大家的经期节奏吗？

1977年，吉纳维夫·斯维茨正在旧金山州立大学学习有机化学，在那里遇到了迈克尔·罗素（Michael J. Russell）。罗素对人类的气味交流很感兴趣，斯维茨能够影响其他女性的月经周期，因此很适合他的实验——确切地说，是她的汗液很适合他的实验。如果费洛蒙真能带来经期同步现象，那么，吉纳维夫·斯维茨定期释放的汗液气味一定会影响其他女性的经期时间。

按照要求，斯维茨将药棉夹在腋下，收集汗液。棉球每天更换一次，滴上4滴酒精，剪成4块，接受低温冷冻。她不能使用带有香气的肥皂，腋下既不能脱毛也不能清洗。

论文并未说明，参与实验的女性们是否了解那些棉球的底细。论文只是写道：“我们征求了她们的同意，在她们的上唇部位涂抹了一种气味。”4个月内，斯维茨的汗液气味就这样进入了一半女性的鼻子里；另一半女性，即对照组，只得到了含有酒精的棉球。

① “阿尔法”是希腊字母表中的首个字母，“阿尔法女性”一般指表现出色的精英女性，这里也可以指影响周围人生理节律的“标杆式”女性。——译者注

实验结果：4 个月后，5 名接受斯维茨气味素的女性的月经周期差距缩短，仅为 3—4 天，比研究开始时少了 6 天。而对照组 6 名女性的周期则并未出现同步趋势。

上述结果看似明确，不过时至今日，仍有许多专业人士质疑“经期同步化”现象是否真的存在。因为，人们后来又针对这一问题研究了各种女性群体——从贝都因女性到女子篮球运动员，再到女同性恋情侣，始终没有得出明确结论。有些人体现出了麦克科林托克效应，也有些人不受影响。批评者认为，出现符合麦克科林托克效应的结果，只是因为实验方法存在缺陷。不过，许多女性都相信这一效应，大概因为女性的月经周期确实会有偶尔重叠的时候。

麦克科林托克始终坚信费洛蒙的存在与作用。然而，事情比她设想的更为复杂。气味信息素并非总能造成同步化效应，大概也没有谁是决定其他人生理节奏的“标杆式人物”。另外，这种现象的功能、意义何在，研究者们还在探索。

要让 2 个阵营意见一致，似乎不太可能，因为这既是自然科学的讨论，也是女权主义的讨论。有些人认为，女性同时进入经期，是在借助生物学的角度表达女性的团结。

◆ Russell, M. J., G. M. Switz et al. (1980). Olfactory Influences on the Human Menstral Cycle. *Pharmacology, Biochemistry & Behavior* 13, 737-738.

1986 | 一把园艺镰刀在石板上的缓慢刮擦

80年代中期，科学家琳恩·哈尔彭（Lynn Halpern）、兰道夫·布雷克（Randolph Blake）和詹姆斯·希伦布兰德（James Hillenbrand）想要弄清，刮擦黑板声到底是怎么回事。为什么很多人一听到指甲刮过黑板的声音就会战栗？迄今为止唯一一篇与此相关的论文（参见“1975 刮擦黑板声的听觉效应”）似乎并未得出多少有用的结论。3位研究者试图通过努力彻底攻克这一难题。

首先，他们按照受欢迎程度，对一系列声音进行了排序。他们为24名被试者播放了16种声音，要求被试者给出评价。这些声音包括钟鸣、水流、卷笔刀削铅笔、厨房搅拌机工作、2大块聚苯乙烯泡沫塑料相互摩擦，等等。得分最差的是“带有3个尖齿的园艺镰刀（型号‘真正值’）缓慢地划过一块石板”的声音，这并不令人惊讶，光是读到这个描述，“所有的实验参与者就打了个寒战。”论文写道。在0分（令人愉悦）到15分（令人不快）之间，这个声音得到了13.74分。研究者们挑选这个声音，是因为它和指甲刮过黑板的声音基本一致，但是更加容易制造出来。

接着，科学家们合成了“人造数字版本”的镰刀刮擦声，它比原始录音更加容易处理。“数名被试者”虽然“犹疑不决”，最终还是认定，人造的声音“同样令人不快”。现在，科学家们需要好好研究一下，为什么这种声音如此令人难以忍受。

研究者们提出一种假设，认为原因在于过高的频率。于是他们把声音送入声音过滤器，降低高频。然而对于12名实验听众来说，声音并未因此变得更加顺耳。出人意料的是，相反的举措却降低了刮擦声的威慑力：当“带有 3 个尖齿的园艺镰刀（型号‘真正值’）缓慢地划过一块石板”的低频部分缺失时，实验听众明显感到，声音变得可以忍受了。

面对这一结果，哈尔彭、布雷克和希伦布兰德有些困惑，不知道它意味着什么。在论文结尾，他们转而开始推想，为什么园艺镰刀的声音会引起如此强烈的反应。他们提出了一个天才抑或荒谬的想法（这是个见仁见智的问题），即：这种声音与猕猴发出的示警叫声相似。而出冷汗和起鸡皮疙瘩则是远古时期的逃跑反应在进化过程中遗留下的“残余痕迹”，并无任何作用。

直到今天，仍然有很多人在用“刮擦黑板声就像动物王国里的示警叫声”这一说法，来解释“刮擦声引起不适”的特殊现象。研究者之一兰道夫·布雷克坚持认为，尽管尚未得到证明，这个命题还是具有说服力的。然而詹姆斯·希伦布兰德却有些动摇了。2006 年，他们的论文获得了搞笑诺贝尔奖——专为那些荒诞不经的研究颁发的恶搞奖项。此后，希伦布兰德对记者说：“我一直都觉得这么解释没有意义。”人们对刮擦黑板声的反应是“独一无二的”，与遭遇危险动物的预期反应没有可比性。相反，希伦布兰德认为，引发这种效应的根本原因并非声音本身。他的猜想是：人们想象着手指甲刮过黑板时令人不适的触感，才会产生这种强烈的反应。11 年前，大卫·伊莱进行刮擦黑板声的研究时（参见“1975　刮擦黑板声的听觉效应”），希伦布兰德就已经想到了这一原因。

因为这个声音经常伴随触感一起出现，我们的大脑或许在二者之间建立了某种联系，导致声音单独出现时，也能引起鸡皮疙瘩；就像巴甫洛夫的狗一样，它们听到铃声就分泌唾液，尽管铃声本身与食物无关（《疯狂实验史》第一部）。如果真是这样，那我们对“带有 3 个尖齿的园艺镰刀（型号‘真正值’）缓慢地划过一块石板”的声音的强烈反应就是一个经典的条件反射案例了。

◆ Halpern, D. L., R. Blake et al. (1986). Psychoacoustics of a chilling sound. *Perception & Psychophysics* 39(2), 77-80.

1987 | 现在请您别去想白熊

这儿有一个任务：现在请您无论如何都不要想到白熊！——您做不到？那么您刚刚体验了一次“压抑想法的矛盾效应”，这是 1987 年《人格与社会心理学学刊》上某篇论文的题目。这项研究要求 34 名学生在 5 分钟内别去想白熊——结果却是：他们平均想了 6.78 次。

这并不奇怪，有意识地压抑想法并不是个容易的过程，脑中需要进行复杂的“杂技演出”：先是打定主意不去想白熊，然后必须立刻删除这个想法，否则就恰好做了自己决定不做的事情。

很多人都希望能从脑海中驱除某些想法——比如思念前女友，比如再抽一根香烟。但是努力遗忘是没有用的。完全压抑想法不仅不会成功，反而会使这些想法更为强劲地逆袭回来。部分被试学生经历了“禁止想起白熊”的指令之后，又被要求有意识地想起一头白熊，与此前没有尝试“别去想白熊”的学生相比，他们对白熊的想象更加频繁，也更加清晰。

再想别的事情也转移不了多少注意力。当人们要求学生别去想白熊，而是想着一辆红色的大众甲壳虫时，学生们的眼前仍然浮现出白熊的形象，当然，还有甲壳虫。至于白熊是坐在驾驶位上还是副驾驶位上，论文可就没有说了。

◆ Wegner, D. M., D. J. Schnieder et al. (1987). Paradoxical effects of thought suppression. *Journal of Personality and Social Psychology* 53, 5-13.

1987 | 用来减肥的合适男子

据称，想要减肥的女性应当与热爱旅游、爱好摄影、从事运动、大量阅读、希望学习法律并且单身的男性打交道。她们应该避开那些除了看电视和聚会之外没有其他爱好，除了“赚钱”之外没有职业目标，并且已经身处一段固定关系中的男性。

研究者们以“研究相识过程”为名，将田纳西州纳什维尔市范德堡大学的 24 名女生与上述 2 种不同类型的男性撮合到了一起。初次见面之前，女生必须填写一份问卷，回答兴趣、爱好、职业目标等问题，填好之后与男性搭档交换问卷。这位男士是实验负责人的同谋，他的问卷有 2 个版本：一份把自己描述为有趣而尚未婚配的人，另一份则显示，他是无趣又已经有对象的人。

当 2 人来到一个房间准备进行对话时，有人“顺便”往他们手里塞了一碟巧克力豆和花生，告诉他们这是“一次实验室聚会剩下的”，他们想吃多少就吃多少。

女生并不知道：碟子里的零食重量刚好是250克，此次见面之后，它们会被重新称重。与那位据称“很有意思”的男士见面的女生平均消耗了6.37克，而被分派给那位“无趣”男子的女生则吃掉了25.24克——是前者的4倍之多。

对此，论文作者提供了如下解释：“吃得少”常被视为典型的女性化特征，当一名值得追求的伴侣在场时，女性会尽可能表现得更加女性化。

不过，这位潜在的伴侣必须亲自到场，根据经验，让休·格兰特（Hugh Grant）通过视频与女生见面，这种纯粹虚幻的“到场”不会产生相同的效果。

◆ Mori, D., S. Chaiken et al. (1987). “Eating Lightly” and self-presentation of femininity. *Journal of Personality and Social Psychology* 53, 693-702.

1988 | 当运动员们“眼前一黑”

马克·弗兰克（Mark Frank）早就感到，黑色会对人造成颇为特殊的影响。他是个狂热的运动迷，观看足球或者美式橄榄球比赛时，他始终都有一种印象：身穿黑色球衣的球队比身穿其他颜色球衣的球队打球更具攻击性，犯规次数更多。他的遛狗经验也印证了上述猜想，他养了一条牧羊犬和哈士奇的杂交狗，黑色。“人们总会避开它走，尽管它脾气很温和，而朋友的狗恰恰相反，它的毛是白色和灰色的，没有人害怕它，虽然它比我的狗要好斗得多。”这位心理学家回忆道。

弗兰克坚信，黑颜色正是此类错觉名副其实的“幕后黑手”。他还注意到，人们绕道而行的时候，那条原本老实听话的狗也变得放肆起来。也许黑色不仅引发了人们的畏惧，同时也激起了狗的攻击性。是不是这样呢？

弗兰克与他的老师——纽约康奈尔大学教授托马斯·吉洛维奇（Thomas Gilovich）做了讨论，两人决定探查此事。当然，他们首先必须搞清，弗兰克的观察是否符合实际情况。

第一次实验，弗兰克向25名参与者展示了冰球以及美式橄榄球球队的球衣，他们判定，洛杉矶突袭者队、匹兹堡钢人队、温哥华加佬队和费城飞人队的球衣最具攻击性——这些球衣都是黑色的。

随后，弗兰克查看了球队的罚分统计数据。黑颜色果然发挥了作用：洛杉矶突袭者队和费城飞人队的罚分最高。其他黑衣球队在受罚方面也都“名列前茅”。

不过，有一件事尤为值得深思：匹兹堡钢人队（美式橄榄球）和温哥华加佬队（冰球）原本不穿黑色球衣，他们在调查期间更换了球衣颜色。快看：他们身着黑色球衣比赛以来，受罚时间明显增长。人们不禁要问，为什么？是他们身穿黑衣的时候更具攻击性，还是裁判受到错觉的干扰（就像第一次看见弗兰克爱犬的人那样），以为他们更具攻击性呢？

回答问题的过程非常繁琐。因为，实验需要2张图片，展现一模一样的比赛场景，只是“哪支球队身穿黑色球衣”发生了改变。如果人们对这些场景中的攻击行为做出了不同评价，那就一定可以说明：黑色引发了错觉。

于是，弗兰克找来一些对抗较为频繁的比赛录像，将它们修改为

▶ 人们往往觉得身穿黑衣的球员更具攻击性，他们的表现也确实更具攻击性。

两个版本。“那会儿还没有 Power Point 和 Photo Shop，我们利用一台投影仪描画出球员轮廓，然后复印这些图片，并把进攻方的球衣一次涂成黑色，一次涂成红色。”然而，被试者面对这些图片，根本无从评判。弗兰克终于明白，要评判进攻行为，需要生动的画面。可是既生动又一模一样的比赛场景用投影仪和彩色笔是做不出来的。在当时的条件下，依靠技术手段处理真实的比赛画面耗资巨大。弗兰克不得不向朋友们求助。

每年，弗兰克都和朋友们相约，在纽约附近的因特拉肯的某处度假屋度过“男人们的一周”，多年来一贯如此。“我答应他们，如果他们愿意穿上美式橄榄球球衣、模拟几个激烈的比赛场景的话，我就请他们喝 2 箱啤酒。”弗兰克设置了数台照相机，并在球场上标记了边线，朋友们不断更换球衣颜色，一次又一次重复上演完全一致的比赛场景。最后，他从照片中选出几个相同的比赛场景，把它们展示给美式橄榄球球迷和裁判。的确，裁判会对身穿黑衣的球队给出更重的惩罚，球迷们也感觉这支球队打得更具攻击性。

那么，弗兰克的狗在人们害怕的时候变得更加放肆，又该如何解释呢？会不会有 2 种效应同时出现？也就是说，身穿黑衣的人不仅被人认为更具攻击性，而且真的变得更具攻击性。

弗兰克编了个理由，请 72 名被试者穿上黑色或者白色的 T 恤衫，要求他们从一张列有 12 场比赛的表格中选出想要参与的 5 场。身穿黑衣的人选择了攻击性更强的比赛。直觉告诉我们：人类归根结底还是拥有一种稳定的人格，不会受到看似毫无意义的表象的影响。但是，这一结果动摇了我们的想法，就算我们不愿承认，真相还是与之相反。

研究报告发表于 1988 年，此后，研究者们匆忙通过媒体澄清，研究结果并不代表一支球队获胜的概率，否则，到了下个赛季，大概所有球队都要穿上黑色球衣了。

如果球队希望依据科学标准选择球衣颜色，倒是应该试试红色。在 2004 年夏季奥运会 4 个对抗性运动项目的比赛中，对抗双方通过抽签获得了蓝色和红色的服装。比赛分析表明：身穿红衣的运动员赢面更大。

对此，足球专家大概也不会感到吃惊吧：对抗性运动的胜负规律，对于足球而言也并非全无道理。在 2004 年的欧洲杯中，身穿红色球衣的球队更常以胜者的身份走出球场。再看球队自身的实力：杜伦大学进化人类学家拉塞尔·希尔（Russel Hill）和罗伯特·巴顿（Robert Barton）的分析表明，克罗地亚、捷克共和国、英格兰、拉脱维亚和西班牙在身穿红色球衣时进球更多，比身穿其他颜色球衣时平均多进 0.97 个球（每支球队都有 2 套球衣，颜色不同，根据对手的球衣颜色决定穿哪套）。

红色为什么会有这样的效果，目前尚不清楚。研究者相信，这是我们的起源进化史留下的遗产。在许多动物眼里，红色都是强势的标志。也就是说，球场上还有第 13 个人，他一定是达尔文，正在不断提醒我们想起自己的出身。（您可以在本书“1999　为什么会有主场优势？”

中找到另外一项足球实验。）

◆ Frank, M. G., and T. Gilovich (1988). The dark side of self and social perception: Black uniforms and aggression in professional sports. *Journal of Personality and Social Psychology* 54, 74-85.

1989 | 如何让拉斯普京讨人喜欢

► 拉斯普京是个道德败坏的人。然而，一个心理学的小小伎俩就能帮他树立更好的形象。

要为格里高利·拉斯普京（Grigorij Rasputin）说点好话，还真不容易。这位日后的灵魂治疗师和流浪传教士在17岁时，就已遭人举报，原因是酗酒、猥亵女性和盗窃。即便日后出入沙皇宫廷，他依然生活得放纵无度。人们经常将他描述为江湖骗子，倚仗俄罗斯贵族宗教宠臣的地位，有恃无恐、谋求私利，掩盖了自己的许多恶癖。

尽管如此，心理学家约翰·芬奇（John F. Finch）和罗伯特·恰尔蒂尼（Robert B. Cialdini）还是找到了一个简单的方法，多少能让拉斯普京稍微讨人喜欢一点儿。他们将他的履历分发给学生，请学生评价他的 4 个性格特征。评价结果当然都是负面的——只有一种情况除外：如果篡改了拉斯普京履历扉页上的出生日期，使其与学生的生日一致，学生对他的好感度就会增加将近 25%。

后来，研究者们又通过发送电子邮件的实验再次证明：相似性使人产生好感（参见“2001　电子邮件亲缘关系”），而餐馆的服务人员甚至可以借此赚钱。（参见“2002　为什么女侍者应该对客人学舌”。）

◆ Finch, J. F., R. B. Cialdini (1989). (Self-)Image Management: Boosting. *Personality and Social Psychology Bulletin* 15(2), 222-232.

1991 | 慕尼黑啤酒节上的科学

海科·赫希特（Heiko Hecht）知道，世界上没有哪个地方比 9 月底的慕尼黑特蕾西娅草坪更适合他的实验了。他的被试者必须非常熟悉杯中物，除了在慕尼黑啤酒节上，还能在哪儿找到他们呢？其实，帐篷里的服务人员比顾客们还要符合条件。于是，1991 年慕尼黑啤酒节期间，每天下午，他都带着问卷徘徊于啤酒帐篷之间，问卷上画着一只空的、倾斜的玻璃杯，他请女侍者们画出杯中的水平面。他还不知道，他的实验将给她们的专业技能带来沉重打击。

赫希特为女侍者们布置的是著名的水平面任务（参见“1936　水

▶ 啤酒是怎样待在杯子里的？女侍者们并不知道。

平面任务”），由瑞士教育学家让·皮亚杰（Jean Piaget）于20世纪30年代研发。皮亚杰通过这项测试说明了儿童空间想象力的发展。面对这一任务，5岁儿童画出的水平面总是与杯壁垂直。6或7岁的儿童发现，垂直是不对的，但水平面还是被画成了倾斜状。大约9岁的儿童才能达到皮亚杰设想的最后一个发展阶段，发现正确的答案：水平面总是呈现水平状态，也就是与桌面平行。

30年后，心理学家弗里达·雷贝尔斯基（Freda Rebelsky）与心理系学生重新做了这项实验，她惊讶地发现，许多成人并未达到皮亚杰所说的最后一个发展阶段，而是犯了小孩子的错误：将近2/3的被试者画错了水平面，至少画错了5度。有些人更是大错特错，误差超过90度。“显然，尽管一名20岁的男子已有多次从倾斜的杯中喝水的机会，他在完成这个任务时却不会应用他的经验。”雷贝尔斯基以科研论文常用的轻描淡写的语气这样写道。

为了说明问题的程度有多严重，这里做个小小的计算：即便一名20岁的男子在他迄今为止的生命中每天只喝3杯液体，他也已经近距离观察过大约20000次：杯子倾斜的时候，杯中的液体会保持水平。而要他画出这幅画面的时候，他又做了什么呢？他把水平面画在了倾斜的位置！

▶ 图中的玻璃杯没有运动，也就是说，杯中的水是静止的。请画出水平面，使之穿过紧贴右侧杯壁的圆点。（答案在下一页）

这还不是全部。雷贝尔斯基的研究还揭露出一件更为严重的事情。"人们几乎无法将其宣之于口。"海科·赫希特说道。这件事情是：女性在水平面任务中的表现明显比男性差。这一结果被公之于世后，一大批心理学家蜂拥而至，至今发表了100多篇论文。他们也看到：性别差异是无法消除的。以1995年一项有代表性的研究为例，实验结果表明：男性中50%得分为优，20%得分为差，女性中25%得分为优，35%得分为差。

研究者们对差异的来源做了各种猜测，从"X染色体上的隐性基因"，到男性和女性平衡器官的不同，再到男孩比女孩更常玩积木的事实，不一而足。水平面任务研究已经进行了将近80年，真正的结论却是：我们对于人类为何不擅长这项测试一无所知，我们也不知道，为什么女性的测试结果比男性差。如果您指望海科·赫希特通过慕尼黑啤酒节收获一些启发，恐怕就要失望了。奇怪的测试结果只给他带来了更多困惑。

海科·赫希特刚在美国维吉尼亚大学完成博士论文，便有了开展这项实验的想法。当时他思考的问题是：专业技能意味着什么？人们怎样才能成为专家？一位女同事正在研究水平面任务，赫希特也正想转到慕尼黑的马克斯·普朗克心理学研究所去工作。他灵机一动，突然想到了草坪上的女侍者，她们可以每手拿着5扎啤酒在帐篷里疾速穿行，一点儿都不会洒出来。"她们肯定知道，啤酒是怎样待在杯子里的，"

他自忖道，“对于这个测试而言，她们就是专家。”

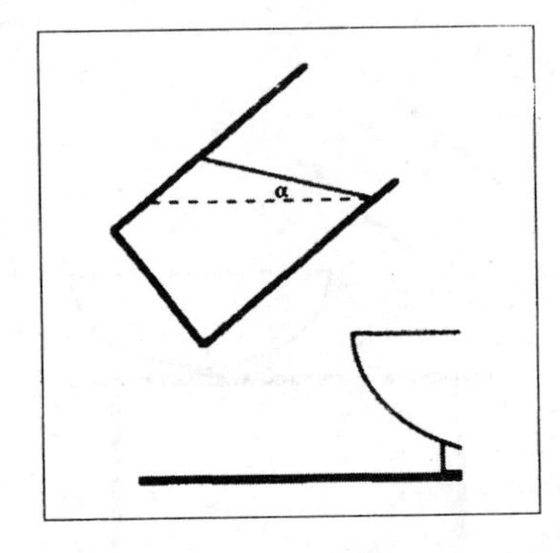

▶（上一页的答案）虚线才是正确答案：与桌面平行。实线展示的是典型的错误答案。

赫希特的博士生导师丹尼斯·普罗菲特（Dennis Profitt）也很关心“专家们”在任务中的得分。正如普罗菲特对专业期刊《科学》（*Science*）所说，他在70年代第一次见到“一位拥有博士学位的男性答错了这一问题”，此后，他一直很想知道，经验会对水平面任务的答案产生何种影响。那位男性是个药理学家，“大多数时间都在摇晃试管”。

赫希特在啤酒帐篷里找了20位草坪侍者，请她们为倾斜的玻璃杯画出水平面。后来，他又找来酒保、家庭主妇、公共汽车司机和大学生各20名进行测试。结果一目了然：女侍者和酒保的得分明显低于其他所有组别。他们之中只有1/3能够准确画出误差小于5度的水平面，平均误差达到21度。不仅如此：与其他回答错误的实验参与者相比，女侍者和酒保在看到正确答案时，反而尤为震惊。有时，赫希特不得不拿起一个杯子做展示，让他们看看杯子倾斜时会发生什么，他们才能相信。于是，有关水平面任务的诸多悬而未决的问题后面，又多了一个新的问题：错误率怎么会随着经验的增加而提高了呢？

赫希特和普罗菲特猜测，在这一案例中，经验诱导人们将玻璃杯作为参照系：“酒保和女侍者绝对需要避免泼洒，为此，他们必须随时监督并调整液体表面与容器边缘的距离。”他们的注意力集中在玻璃杯上，这可能会使他们在做水平面任务之类的测试时，也将玻璃杯当成参照物，尽管任务要求他们应将周围环境当成参照物。

然而，这也只是人们围绕上述问题提出的众多猜想之一。1997年，赫希特与普罗菲特公开实验结果 2 年后，又有科学家发表了一篇论文，介绍了截然相反的结果：在他们的研究中，美国的酒保和女侍者比会计与采购员得分更高。

如果您觉得谜题还不算多，那就再来一个：不久前，人们发现，会写中文的人在水平面任务中得分更高。

◆ Hecht, H., and D. R. Profitt (1995). The Price of Expertise: Effects of Experience of the Water-Level Task. *Psychological Science* 6(2), 90-95.

1991 | 温室里的生死斗

1991 年 9 月 26 日，早上 8 点，亚利桑那州荒野，在一间与外部世界彻底隔绝的温室里，4 男 4 女正在进行着讨论。2 年后，他们离开此地时，已经结下深深的仇怨，有些人甚至不愿相互交谈。这间巨大的玻璃温室名叫“生物圈 2 号”，是“生物圈 1 号”——我们的地球——的小号复制品。

早在 1961 年，苏联科学家叶甫根尼 · 谢培列夫（Ewgeni Schepelew）就曾让人把自己关进密封的钢桶，并在里面待了 24 小时，小球藻将他呼出的二氧化碳再度转化为氧气。后来，人们又做了持续时间更长的实验，还试图在封闭系统中生产食物。实验的长远目标在于：为远途的宇宙旅行创造一个自给自足的小空间。

▶ 当时，世界一切正常：1991 年 9 月 26 日，8 个人被封入巨大的温室——生物圈 2 号，要在其中生活 2 年。然而，争执很快便出现了。

不过，像“生物圈 2 号”这么大胆的实验，此前从未有过。实验用地的面积相当于 2 个半足球场，“屋顶”由 6500 块玻璃铺设而成。一个重达 500 吨的钢质“大盆”把玻璃以下的世界扣了起来。测试表明，该设施的气密性比宇宙飞船还要高 2 倍。

什么也进不去，什么也出不来——至少是在物质层面上，这是为期 2 年的任务所要遵循的最重要的指导原则。玻璃温室之外的独立发电站为“生物圈 2 号”提供了运转所需的能量，约为 600 万千瓦时。

人们挑选出了动物群和植物群，它们要营造一个生态系统，保证自身及其 8 位“受益者”得以存活。在过去的实验中，人们总是尽量将植物和动物的数量控制在最小，“生物圈 2 号”却是一座袖珍伊甸园。23 种不同类型的土壤分别支撑着一座雨林、一片热带稀树草原、一块沼泽地、一片戈壁沙漠和一片荒野。属于这个缩微世界的还有一片附带瀑布与珊瑚的“海域”以及一个饲养着山羊、猪和鸡的农业区。此外，这里还有实验室、工作车间、机房和图书馆。

▶ “生物圈 2 号”位于亚利桑那州的荒野中。人们预计，在这里，植物可以接受充足的日照，氧气含量可以保持稳定。然而，实验开始 1 年之后，人们就必须往生物圈里输送新鲜空气了。

实验还在准备阶段，媒体就已激动万分地做了报道。这是“自登月以来最震撼人心的科研项目”，科学杂志《发现》(*Discover*) 写道。实验还有半年就要开始了，此时却有一名记者声称，项目参与者们组建了一个教派，整个项目完全没有科学性。

的确，项目发起者属于“神人协力主义者”，推崇一场充满 60 年代反文化精神的“新纪元运动”。他们建立环境技术研究所，意在调停“自然与技术之间的全球性矛盾”。领导人约翰·艾伦 (John Allen) 的衣着打扮走的是“垮掉的一代”的路线，但凡开口讲话，便很难遮掩傲慢的本性。生物圈被试者都要穿制服，制服设计师威廉·崔维拉 (William Travilla) 曾为玛丽莲·梦露设计过著名的百褶裙。穿上制服的被试者好似“进取号飞船”(Enterprise) 的船员，但这并没有给他们的可信度加分。此次冒险行动的赞助者是年轻的得克萨斯州百万富翁艾德·贝斯 (Ed Bass)，他与“神人协力主义者”的关系也很密切。

玻璃温室里的生活既先进又落后。每位生物圈被试者都拥有一个

► 6500 块玻璃板在 2 个半足球场大小的土地上方架设起了屋顶。这里有一座雨林、一片热带稀树草原、一块沼泽地、一片戈壁沙漠和一片荒野；一片附带瀑布与珊瑚的海域，以及一个农业区，里面有山羊、猪和鸡。

奢华的房间，配备立体声音响、电视和视频，有无线电设备、电脑和一个现代化的厨房，只是厕所没有手纸，因为手纸无法在玻璃温室里生产（代替它的是马桶上的喷水口）。每一项物质循环都必须在温室里完成，包括水被净化，排泄物成为堆肥，呼出的二氧化碳被植物吸收，植物再次释放出氧气。

被试者们进入了生物圈。身后的气闸刚合上，他们便开始忍饥挨饿了。要把摄入营养的方式从多脂肪、多肉类调整为多纤维、多蔬菜，是件非常困难的事情。另外，被试者们还要花费大量时间在缩微农业圈中干活，从事繁重的体力劳动。这也增加了他们的卡路里需求。

屋漏偏逢连夜雨。大豆歉收，蘑菇弄死了菜豆，土豆被壁虱吞噬。用吹风机杀死虫子的尝试也失败了。幸好还有红薯，它们似乎很适应这里的气候。被试者们吃了太多红薯，β-胡萝卜素让他们的手变成了橘黄色。

更大的困难在于：人们要在一定程度上保持大气组成的稳定。空气最重要的成分是 78% 的氮气、21% 的氧气和大约 0.04% 的二氧化碳。按原计划，正确的动植物搭配足以保障这一比例。然而最初几次检测表明，二氧化碳的比例出现了极大偏差。为了吸收多余的二氧化碳，人们安装了一台所谓的空气净化器，和潜水艇中使用的一样。后来，媒体偶然获悉此事，一些记者猜测，“生物圈 2 号”的管理层曾想隐瞒这段尴尬的历史。

说到交流，约翰·艾伦完全就是一场噩梦。他喜欢自说自话，不时打断采访，还会故意隐瞒信息。正是他与项目经理玛格丽特·奥古斯丁（Margaret Augustine）共同挑选了 8 名被试者——最年轻的 29 岁，最年长的 69 岁，并将他们送上一艘轮船，到澳大利亚某农场进行了一次诡异的“准备工作”之旅。他们俩还一再用不清不楚的理由开除员工。

混乱的管理是 8 位生物圈被试者在玻璃温室中发生争执的主要原因：一拨人支持约翰·艾伦，另一拨人则表示反对。当生物圈中的氧气比例降低时，矛盾开始全面爆发。约翰·艾伦竭力拖延，向科学顾问委员会隐瞒了不太理想的数据。1993 年 1 月 13 日，实验开始 1 年多之后，人们无法继续拖延，不得不从外界输送氧气。

几位被试者向科学顾问委员会提出建议，通过实验找出氧气短缺的原因。然而他们很快发现，艾伦并不相信简化论，他对通过简单实验分离出单个影响因素的做法不屑一顾。因为“生物圈 2 号”完全相反：它是一个复杂的体系，包含了难以计数的干扰因素。

后来的分析表明：氧气缺乏的原因在于混凝土，它们吸收了大量的二氧化碳，因此，植物无法再将更多二氧化碳转化为氧气。

待在“生物圈 2 号”的 2 年之中，结下仇怨的两拨人几乎互不说话。后来，又有食物短缺的传言传向外界，一名被试者还被一名女队友啐了一口，因为大家觉得，是他走漏了风声。

“我们没有自相残杀，这就足够让我们自豪了。”珍·珀因特（Jane Poynter）在记录自己 2 年的玻璃温室生活的作品《人性实验》里写道。1993 年 9 月 26 日，8 位生物圈被试者在媒体的关注下离开了“生物圈 2 号”。

围绕项目的争吵却还没有结束。出资 1.5 亿美元的艾德·贝斯要求进行审计，并在警方的帮助下将以约翰·艾伦为首的管理层赶出了基地，当时，第二组实验人员已经进驻了玻璃温室。4 天后，2 名来自第 1 组的、与约翰·艾伦关系密切的成员破坏了“生物圈 2 号”。

于是，第二次研究任务提前中止。从 1996 年到 2003 年，纽约哥伦比亚大学利用“生物圈 2 号”做了一些科学实验。2007 年，该设施连同地皮被卖给了一个私人团体，他们想要建造一座独栋住宅和一家宾馆。亚利桑那大学暂时租借了“生物圈 2 号”，用于科学研究。

回头看看，“生物圈 2 号”似乎是个败笔。必须从外界输入氧气，蟑螂和蚂蚁急速繁殖，所有授粉植物和 25 种脊椎动物中的 19 种都已灭绝。猪是在人类的主动参与下灭绝的：它们争抢人类居民的食物，因此遭到了宰杀。

不过，实验却在公共领域产生了巨大的影响。把人类和动物一起装进一只巨大的密封“广口瓶”，然后看看会有哪些情况发生：没有什么能比这种方式更好地展现生命在我们的星球上的意义了。

⌑ verrueckte-experimente.de

◆ Poynter, J. (2006). *The Human Experiment: Two Years and Twenty Minutes Inside Biosphere 2*, Basic Books.

1992 | 小男孩天生爱好玩具汽车

亲爱的孩子就要过生日了，思想开明的父母往往会想到相同的问题：儿子不久前才刚刚拿到那辆双排轮的翻斗卡车，还应该再给他买那辆带有凹槽车轮、水箱和出料斗的混凝土搅拌车么？该不该把他的关注重点从叉式装卸机引到布娃娃那边去呢？还有女孩子，是不是应该培养她对乐高积木箱的兴趣，不再让她只想着芭比娃娃的第三条时尚发烧晚礼服裙呢？

儿童做事通常只有3分钟热度，可是，不同性别的儿童对特定玩具的偏好却稳定而持久。长期以来，人们猜想，这一现象只是“社会化”的结果。男孩模仿男人，女孩模仿女人，广告负责处理余下的部分，于是，没有哪个男孩愿意被人看到自己正在玩一匹粉红色的毛绒小马驹。

▶ 心理学家玛丽莎·海因斯测试了雄性和雌性猴子在玩布娃娃、球以及玩具汽车时的偏好。结果是：猴子们的玩法显得“政治不正确”。

然而，这就是完整的解释么？心理学家玛丽莎·海因斯（Melissa Hines）心存质疑。

90年代，海因斯还在加利福尼亚大学洛杉矶分校工作时，就曾做过研究，发现有些女孩会因为出生之前的紊乱而产生过多雄性荷尔蒙睾丸激素，她们后来对直升机和救火车显示出了更为强烈的兴趣。

“儿童对玩具的偏好也有可能是荷尔蒙决定的。”这一观点引发了激烈的反对。一方面，人们并不清楚这种偏好为什么是天生的；另一方面，这个问题还带有政治色彩：很多女性强烈要求权利平等，重要论据就在于：典型的男性化或女性化的行为方式完全都是社会影响的结果。如果有谁坚称：女性还是小女孩时，便已由于基因的关系而深深感到厨灶的吸引力，那就一定会被视为极端的“政治不正确”。

同事玛格丽特·凯莫尼（Margaret Kemeny）启发海因斯想到了一个澄清问题的好主意：为什么不在保守的父母和刺眼的广告都影响不到的地方测量玩具偏好呢——比如在猴子身上？于是，海因斯和助手洁莉安妮·亚历山大（Gerianne M. Alexander）设计了一项实验。1992年，她们在塞普尔韦达大学的猴类观测站开展了实验：她们先后向88只绿长尾猴——44只雌性和44只雄性——分组展示了6种不同的玩具，观察它们与哪一种玩具玩耍的时间最长。通过先期研究，人们已经确定了玩具的受欢迎程度。6种玩具分别为：2种典型的男性玩具（1个球和1辆警车），2种典型的女性玩具（1个布娃娃和1个厨房用锅）以及2种中性玩具（1本图画书和1只毛绒玩具狗）。

实验结果一目了然：雄性猴子玩球和警车的时间是雌性的2倍，与此相反，雌性猴子玩布娃娃和厨房用锅的时间是雄性的2倍。图画书和毛绒玩具狗在雌性和雄性猴子中的受欢迎程度基本相当。除了少数细微差别，猴子做出了与人类儿童相似的行为。总的来说，雄性猴子像男孩一样，比女孩和雌性猴子更爱摆弄东西。

这一切到底意味着什么，人们并不清楚。而且，研究者用猴子做实验时，也无法使用可以用在儿童身上的方法，儿童在此类测试中要分别独处，并要同时面对 2 个玩具做出选择。不过，人们至少明确了一个问题：不同性别的个体对不同玩具的偏好并不仅仅由家长和电视广告决定，生物学也在发挥作用。在寻求发表实验结果的过程中，海因斯和亚历山大见识到，这一认识是多么不受欢迎：2002 年，她们已经花了 10 年时间，才找到一家愿意发表论文的专业期刊。6 年后，其他研究者又再次通过实验证明，雄性猕猴偏好带有轮子的玩具，排斥毛绒玩具。

重要的问题仍然没有解决：这种不同的偏好从何而来？进化的伟力造就大脑之时，玩具还没有出现，雄性和雌性的大脑怎么会发展出对它们的喜爱呢？一辆吊车到底具有哪些特性，才会对男性的大脑产生吸引力？目前，人们正在努力猜想：是那些能够活动的部分吗？或者根本不是因为玩具本身，而是要看可以拿它来做什么？你毕竟没办法拿一个布娃娃在地上开来开去嘛！

在科学界，深入研究这一问题的人几乎都是女性。与此同时，她们往日的男同学们可能正在设计汽车，或者踢足球。

◆ Alexander, G. M. and M. Hines (2002). Sex differences in response to children's toys in nonhuman primates (Cercopithecus aethiops sabaeus). *Evolution and Human Behavior* 23(6), 467-479.

1992 | 如何让一头死去的鲸沉没

1992 年 2 月，克雷格·史密斯（Craig Smith）在夏威夷登上飞机时，就已知道：回来之后，他得把衣服和潜水服都扔掉。这是他从事处理鲸尸体工作的阴暗面：衣服总会发出一种恶臭，无论如何都摆脱不掉。几天前，史密斯得知圣迭戈附近有一头 10 吨重的灰鲸尸体被冲上了岸，便立刻订下机票，飞往这座位于加利福尼亚的港口城市，租下一条附带船员的小船，还置办了 700 千克废铁。

史密斯在夏威夷大学工作，长期研究这样一个课题：当大块有机材料沉没时，深海里到底会发生什么。当然，说到大块，没有什么比得过一头死鲸了。可是人们很少有机会，或者只能偶然发现海底的鲸尸体。于是，史密斯决定自己动手，让鲸沉没。

1983 年，第一次尝试以悲惨的失败告终：死鲸就是不往下沉。它的体内生成了发酵气体，导致浮力增加。一场暴风雨突然袭来，史密斯只好拉着鲸重回陆地。1988 年，第二次尝试在美国华盛顿州西雅图市附近的普吉特海湾进行，这次尝试也只成功了一半：尽管鲸到达了海底，但是这片区域没有潜艇，史密斯无法潜入深海观察后续情况。

现在这头鲸的位置不错：科研潜艇可以在圣迭戈附近的海域活动。鲸搁浅在一个海军基地附近，也算机缘巧合。士兵们很愿意调剂一下平淡的生活，他们派出了水陆两用装甲车，把这头鲸拖向远离岸边的海洋，让史密斯的船能够拉到它。随后，这个船与鲸的奇怪组合便在无边的大海上航行了 24 小时，来到了史密斯选择的实验场所——圣克利门蒂海盆。他标记出确切的位置，用废铁给鲸增重，直到它沉没——深度为

▶ 让鲸沉没的不同阶段：捆住鲸（上图），拖到预先计划的地点（中图），用压舱物增重，并使它沉没（下图）。船员往往还会向鲸射击，但是没有效果。

▶ 这是一头 30 吨重的死鲸在 1674 米深处待了 6 年之后的样子。

1920 米。船上的水手还掏出手枪向尸体射击，以为这么做能够给研究者们帮忙。“虽然没有什么帮助，但是他们可以由此感觉到，自己是项目中的一分子，”史密斯十分理解地说，“这是一种非常美国式的行为。”

尽管条件有利、前期工作无懈可击，史密斯还是不得不再度为实验担忧起来，因为现在缺少资金，不能潜水去寻找尸体。筹措经费的申请二次遭拒。经过第三次申请，他终于获得了必需的资金。于是，鲸沉入海中 3 年之后，史密斯又上路了。因为沉没区域的海底相对平坦，史密斯借助回声探测器，顺利找到了尸体——或者说是残存的尸体。

他乘坐潜艇“埃尔文号”潜入深海，此时，尸体的分解过程已经完成大半。史密斯看到的只有一具骨架，处在所谓的“腐败第三阶段”。骨架上布满数以万计的贝类和海螺，细菌利用骨头内部的脂肪生成硫化物，为贝类和海螺提供营养。第一阶段，黏液盲鳗、睡鲨等大型食腐生物每天可以吞食 40—60 千克鲸肉，沉没 6 个月后，这一阶段就完成了。第二阶段，贝类、虫子和海螺品尝鲸肉残渣，大快朵颐，这一阶段也已结束。他是通过此后的实验才观察到前 2 个阶段的。

史密斯推测，他所发现的某些物种完全只以鲸尸体为食。这种说法或许令人吃惊，作为食物供应方，海底的死鲸对进食时间的限制似乎太过严格了，此外还无法经常供货。不过，史密斯做过计算，一头巨鲸骨骼充当给养来源的时间是 80 年或者更久。据他估计，2 具尸体之间的平均距离小于 16 千米。鲸尸体就以这种方式，为深海的生态系统做出了重大的贡献。

迄今为止，史密斯已将 7 具鲸尸体沉入海中。他意识到，他的工作还隐藏着比衣服恶臭更为严重的风险。1998 年，他曾让一头搁浅在栈桥下面的 12 米长的灰鲸沉没。当时，为了拖走灰鲸，史密斯和团队成员穿上潜水服，将灰鲸裹入网中。他们到达目的地、移开渔网的时候，才发现一条 2 米长的蓝鲨，看起来，它是在栈桥那边就开始吞吃鲸肉了，然后被他们无意中一并裹进渔网。事后，史密斯回想起来，自己脚上曾经碰到过什么东西，感觉像是一条鲨鱼。

◆ Smith, C. R., and A. R. Baco (2003). The ecology of whale falls at the deep-sea floor. *Oceanography and Marine Biology: an Annual Review* 41, 311-354.

1992 | 哥斯达黎加奇迹

詹姆斯·格拉希恩（James Glasheen）刚开始写博士论文时，并不认为他会碰到太大的困难。格拉希恩在马萨诸塞州剑桥市的哈佛大学工作，他所在的实验室是由生物力学家托马斯·麦克马洪（Thomas McMahon）负责的。90年代初，一位同事把一张蛇怪蜥蜴（也叫“耶稣蜥蜴”）的图片带到了实验室，格拉希恩很想搞清楚，这种动物怎么能够在水上行走。“我曾坚信，找到答案的过程不会特别困难。必要的物理学原理我应该是知道的。而且，我以为实验所需的蜥蜴在宠物商店里就能弄到。”格拉希恩回忆道。几个月后，他却大汗淋漓、备感挫败地坐在哥斯达黎加一间破败的酒吧里。

事实表明，美国境内的宠物商店并不售卖耶稣蜥蜴，格拉希恩别无选择，只得亲自去原始森林寻找这种动物。他已经徒劳无功地奔波了将近1个月，因此，酒吧里的当地人推荐他去位于该国另外一角的小城格尔菲多试一试。抵达那里之后，早已绝望的他又踏进了一家酒吧，并做出承诺：谁能给他带来1只活的耶稣蜥蜴，他就给谁5美元。

格拉希恩刚一走出酒吧，就明白了他的报价是多么荒谬：格尔菲多简直挤满了耶稣蜥蜴。没过多久，他就亲手逮到了12只。这时，他的报价也已在全村的年轻人中流传开来，很快，村子的广场上就来了一群拉丁裔的小男孩，身穿脏兮兮的校服，身边放着满满一麻袋的耶稣蜥蜴。“我当然得买上几只，尽管我已经不再需要更多蜥蜴了。”

回到剑桥之后，格拉希恩把12只耶稣蜥蜴带进了实验室，招来了同事们批判的目光。“这是一间工程学实验室，里面通常没有动物，而

▶ 詹姆斯·格拉希恩不得不亲自去哥斯达黎加带回实验所需的蜥蜴。

且非常干净。”另外，这些小小的爬行动物总想逃跑，格拉希恩还得饲养蟋蟀来喂它们，这当然不是什么加分行为，他成了实验室里不受欢迎的人。

为了搞清楚蜥蜴的绝技，格拉希恩进行了录影。即便同事们十分反感，他还是在实验室里架设了一个3.6米长的大水盆，当然，水洒出来过好多回。这些动物要横穿水盆跑过去。一只中等大小的蜥蜴每秒大约迈出20步，因此，格拉希恩使用了一台高速摄像机，以每秒400幅图片的速度记录它们的步伐。为了确定耶稣蜥蜴的脚上受到多大的作用力，格拉希恩还用铝制作了各种尺寸的蜥蜴脚，在上面装配测量设备，然后拿着它们一遍遍地拍打水面。

格拉希恩发现，课题所需的物理学原理也比他此前设想的更加复杂。研究者们必须首先推导出相关的流体力学理论作为分析工具。他们最初发表的论文题为“低弗劳德数平面的垂直入水”（Das vertikale Eindringen von Platten mit tiefen Froude-Zahlen），一般读者大概看不出来，它是要讲小蜥蜴如何在水面飞驰的——除非知道所谓“低弗劳德数平面”就是耶稣蜥蜴的脚。

根据录影、力学测量数据以及一大批复杂到可耻的物理学公式，研究者们终于在4年之后揭开了这个秘密：首先，蜥蜴用脚拍打水面。水的表面张力对它产生了反作用力，提供了停留水面所需力量的大约23%。随后，蜥蜴飞速将脚下压，水面形成了一个充满空气的“囊”。可以说，蜥蜴是把自己推到了被“排挤”出来的水上。

一只发育充分、体重约90克的蜥蜴可以由此获得大约88%的支持力，体重2克的幼崽甚至能够从上述2种效应中获得225%的支持力。也就是说，一只幼小的蛇怪蜥蜴可以毫不费力地背着另外一只横穿水面。为了不失去获得的浮力，蜥蜴会在水中的气囊注满水之前快速将脚拔出，动作疾如闪电。否则，它们就要陷入水中，那时的阻力可就大得多了。

不过，这一实验还是无法解释《圣经》故事中的“水面行走”奇迹。因为，一个人若是重达80千克，其双腿必须以每小时110千米的速度向下踩水，才能避免下沉。

◘ verrueckte-experimente.de

◆ Glasheen, J. W., and T. A. McMahon (1996). A hydrodynamic model of locomotion in the Basilisk Lizard. *Nature* 380, 340-342.

1992 | 价格温吞吞

1992 年 11 月 9 日，星期一，纽伦堡一家卫生用品商店，那些消费 10 马克购买了 3 千克洗涤剂的人肯定不知道自己刚刚参与了一场科学实验——上星期六，这种洗涤剂还只卖 9.99 马克。大蒜精也涨价了，过了一个周末，它便从 2.69 马克涨到了 2.70 马克，浴室清洁剂和缬草滴剂也都贵了 1 芬尼。共计 160 种清洁用品和 280 种保健产品的价格被升为整数：最后一位的芬尼数不再像以往那样，是一个 8 或者 9，而是一个 0。

直到今天，生意人仍在遵循一个简明法则，即把价格设定得比整数金额少一点。绝大多数的价格尾数都是 99、98、95。这种标价方式最早出现于 20 世纪初的美国，目的是防止雇员偷窃商品。与整数价格不同，这些零数价格迫使售货员必须把顾客的钱交到收银台，这样才能找零，而不是直接把钱揣进自己兜里。

然而，这种价位也产生了另外一个效果：一件 19.99 美元的产品似乎比一件 20 美元的便宜很多。顾客们往往会忽略小数点右边的数字，因此，在他们的感知中，这件商品的定价更像 19 美元而不是 20 美元，有时甚至更像 10 美元而不是 20 美元。

尽管商家在每件商品上失去了 1 美分，但是他们设想，如果顾客感到这件商品特别便宜，并因此购买更多的话，这一损失完全可以得到弥补。

早在 30 年代，一家邮购商店就曾试图深入研究这个问题（参见“1936 大衣的价格为什么是 9.99 美元？”）：他们拿了一本包括 600 万种商品的目录，将一部分通常定价为 0.49、0.79、0.98、1.49 和 1.98 美元的产品改以 0.50、0.80、1.00、1.50 和 2.00 美元的价格出售。结果非常令人困惑，有些商品销量变大，有些却小了很多，无法推导出普遍的规律。

60 年后，赫尔曼 · 迪勒（Hermann Diller）又研究起了这一问题，他想通过洗涤剂和大蒜精找出答案。迪勒是埃尔朗根—纽伦堡大学的市场营销学教授，他的实验是与安德烈 · 布里尔迈耶（Andreas Brielmaier）共同进行的。他一直十分怀疑，强制设定的零数价格是否真能带来更高的销售额，虽然大多数商人对此深信不疑。

实验最困难的部分在于：说服一家店主勇敢做出尝试。"很多人认为，拿价格来开玩笑是很危险的。对商人来说，这就相当于玩火。"迪勒说。最终，他找到了一家连锁卫生用品商店，负责人表示，愿意在 4 周之内将 4 家店的清洁保健产品以整数价格出售。他们愿意合作，大概还有另外一个原因：迪勒通过计算指出，将零数价格改为整数价格后，每件商品就会多卖 1—2 芬尼，商店全年将会增加共计 120 万马克的可观赢利。

截至测试结束，被升为整数的价格既没有造成销售额普遍下降，也没有导致售出商品减少。恰恰相反，销售额与出货量都出现了增长——尽管并不显著。

不分时间、不分场合地采用零数价格招徕顾客的习惯，从经济学角度来看，似乎就是胡闹，但也不尽然。90 年代，两位美国研究者寄出了 30000 份商品目录，其中连衣裙的定价为 7—120 美元；另外又寄出了 30000 份，连衣裙的价格是在 6.99—119.99 美元之间。尾数是 99 的版本所带来的销售额比整数版本高出了 9%，差额不容小觑。对于企业来说，零数价格到底是否有利，或许并没有普遍适用的答案。

迪勒也发现了某些"价格门槛"，处于"门槛"之上的零数价格能够很好地发挥作用，使得销量增加：例如与 10 马克的洗涤剂相比，9.99

马克的价格就是“门槛”价格。不过，“价格门槛”更多体现在：当价格以整马克数结尾，也就是不包含芬尼数的时候，零数价格的效果最强。

“以9结束的价格可以增加销量”的猜想就像一个预言，慢慢得到了实现。消费者倾向于认为，结尾的9意味着“便宜”。正因如此，在一次实验中，购买39美元连衣裙的人才会比购买34美元连衣裙的人多出许多，其实2件裙子完全一样。

当然，迪勒也知道，他对滥用零数价格的批判并没有错，因为他收到了3瓶香槟，是一家大型连锁商店的经理寄来的，经理在所附信件中写道：他把价格升为整数后，商店的销售额提高了上千万。

◆ Diller, H., and A. Brielmaier (1996). Die Wirkung gebrochener und runder Preise. Ergebnisse eines Feldexperiments im Drogeriewarensektor. *Zeitschrift für Betriebswirtschaftliche Forschung* 48 (7/8), 695-710.

1993 | 被调包的和平计划

怎样才能让以色列学生认为，巴勒斯坦制定的和平计划比以色列制定的更加有利呢？每个对中东事态有所了解的外交官都觉得这不可能。然而，1993年初夏，以色列社会心理学家依法特·矛茨（Ifat Maoz）却通过一个小把戏完成了这一命题。

矛茨一直想为以色列和巴勒斯坦人民之间的和平做出贡献。“我不

▶ 1993 年 9 月 13 日，历史性的握手：左边是以色列总统拉宾，右边是巴勒斯坦人的领袖阿拉法特，中间是美国总统克林顿。谈判进行顺利，其中的和平提议被用来做了一项精心设计的实验。

会从事对解决这一矛盾毫无意义的科研活动，对我而言，这是难以想象的。”这位在耶路撒冷希伯来大学工作的女教授说。90 年代初，她正在为博士论文寻找题目时，遇到了来自加利福尼亚州帕罗奥图市斯坦福大学的心理学家李 · 罗斯（Lee Ross）。罗斯因其“朴素实在论”的研究闻名于世，即每个人都相信：自己看到的就是事物真正的样子。我们的大脑具有一种既值得钦佩又自私自利的能力，总认为自身的感知和看法是准确、切合实际且不带偏见的。

罗斯指出，观点相左的 2 个人相遇，将会引发一系列影响深远的后果。如果我看到的就是事物的本质，那么每个理智的人都必然与我观点一致。如果不一致，那么我一定可以通过理智的论证来说服他。如果他还是无法顿悟，那么他不是愚蠢，就是懒惰，抑或充满偏见。但是，我们唯独没有考虑到一个问题：别人也是这么想的。

尤其在旷日持久的争端中，双方阵营通常都坚信：另一方有所隐瞒，心怀叵测。这样一来，人们从一开始就会贬低对方的立场——无论它与己方立场多么接近。罗斯已在实验室中通过角色扮演证明了这种无意识“贬低”的存在，矛茨想要弄清，它是否也存在于真实的争端中。

借助父亲——中东问题专家摩西·矛茨（Moshe Maoz）的帮助，她拿到了1993年以色列人和巴勒斯坦人在华盛顿进行和平谈判期间递交的和平提议。她从其中选出两个项目，一项是以色列人在5月6日提出的，一项是巴勒斯坦人在5月10日提出的，并对它们做了适当的缩减，然后请一组学生做出2个评价：提议对以色列人来说有多大好处？提议对巴勒斯坦人来说有多大好处？ 1分表示非常差，7分表示非常好。其实，这类谈判都是一个样，提议的内容往往相当笼统。

学生们并不知道的是：一部分问卷对提议者做了调换。以色列人的提议被归于巴勒斯坦人，巴勒斯坦人的又给了以色列人。结果是，学生们明显认为，（披着“己方”外衣的）敌方的和平提议（4.06分）比己方的更好（3.26分）。政治家们可以省省力气，不用连续数个夜晚为文字细节冥思苦想了，重要的不是提议的内容，而是提议的作者（如果不对提议归属进行调换的话，学生们就会对真正的己方提议做出更高评价）。

矛茨向实验参与者们坦白了她的把戏，他们居然既无不安又不羞愧。这实在令人惊讶，毕竟她刚刚证明了他们具有很深的成见；对他们来说，重要的不是一份和平提议的内容，而是它的作者。“然而他们只是说：‘这相当合理。我们正身处一场战争中，敌人就是巴勒斯坦人，我们不能相信他们，当然也不能相信他们的提议。”

自那时起，矛茨每年都会进行这项实验。起初，她曾为结果感到惊讶。“我们不禁要想：在受过政治教育的人身上怎么会发生这种事情？何况这场战争对于他们来说还如此重要。”如今，她开始推测，这是一个关乎“骄傲”的问题。“我们原以为，学生的骄傲来源于他们政治方面的专业知识，其实，它倒更有可能来源于他们一直以来对巴勒斯坦人所持的怀疑态度。”

矛茨的进一步分析引发了更多讨论：她特别按照政治立场来解读答案。政治立场指的是鸽派和鹰派（鸽派提倡向巴勒斯坦人做出妥协，鹰派拒绝妥协）。这一分析也总是得出相同的结果：因为“提议方”不同而改变自己评价的都是鸽派，鹰派从不如此，无论提议方是谁，他们的判断都没有改变。这也与鹰派拒绝向巴勒斯坦人妥协的态度有关，不管妥协的呼声来自哪一方。不过，矛茨有时也会想到，这种现象或许说明了另外一个问题：“这样的结果是不是意味着，政治上左倾的人（也就是鸽派）比右倾的人更加容易先入为主呢？”这是个很有争议性的问题。她还在等待一个最终的答案。

矛茨的“把戏”在“另一方”那里同样发挥了作用：通常支持巴勒斯坦方面的以色列阿拉伯人也参与了实验，当提议方被对调时，他们也认为以色列的提议优于巴勒斯坦的。虽然结果不太明显，但是矛茨猜测，阿拉伯学生大概不敢诚实地回答问题，因为他们知道，开展这项研究的是一位以色列科学家。

实验表明：针对另一方的不可动摇的偏见为谈判造成了几乎无法克服的阻碍。不过，矛茨仍然对结果进行了正面阐释。毕竟，她成功地使人们赞同了此前一直反对的解决方案。

当然，调换提议者的操纵行为在日常谈判中不能真正运用。不过，矛茨又研究了以“提议发起者”身份出现的“独立第三方”的影响。第三方的存在使双方接受和平计划的概率有了明显的提高。她还想再做一项实验，看看提议来自一位女性还是一位男性是否会带来不同的结果。

◆ Maoz, I., A. Ward et al. (2002). Reactive Devaluation of an “Israeli” vs. “Palestinian” Peace Proposal. *Journal of Conflict Resolution* 46(4), 515-546.

1993 | 尸体农场

1993年9月，一项实验在田纳西大学的人类学研究所里悄悄进行，其结果从未在任何专业期刊上发表。如果你想知道对4-93号尸体所做的实验结果如何，就只能去读帕特丽夏·康韦尔（Patricia Cornwell）的罪案小说《尸体农场》（*Body Farm*）。

1990年，康韦尔出版的第一本罪案小说大获成功，同时开创了一个新的流派：法医学探案小说。书中的女主角凯·斯加佩塔（Kay Scarpetta）是一位法医，运用长期积累的专业知识——例如尸体僵直程度以及头部重伤后的头骨状态——来侦破案件。

这些知识大都是帕特丽夏·康韦尔搜集而来的第一手资料：成为作家之前，她曾在弗吉尼亚法医学研究中心担任法庭通讯员和电脑技术员。她对各种法医学方法的描写真实而精确，连专家都对此充满敬意。她曾这样谈及自己的工作："我为您展示的信息：如何保护犯罪现场，

▶ 左：散步者再三撞见尸体，惨遭惊吓。后来，尸体农场地区被更加严密地包围起来。
▶ 右：这是陈尸之地的景象，三脚架用来每天为尸体称重。

如何进行尸体解剖，如何运用科学仪器，您都可以相信。我告诉您的就是真相。”

康韦尔在创作《尸体农场》时，依然牢记着她的承诺。为了保证描写精确，她需要研究 4-93 号尸体。她设计了一起案件，想要破案，必须解答一个问题：尸体躺在地下室，身下压了一枚硬币，几天之后，这枚硬币会在尸体的皮肤上留下什么痕迹。没有哪个法医能够解答她的问题。康韦尔只认识一个有能力帮助她的人：比尔·巴斯（Bill Bass），他被人戏称为“尸体农场场长”。

巴斯是田纳西大学的法医学人类学家，长期研究尸体腐败问题。康韦尔在一次会议上结识了他，当时她还在法医领域工作。1981 年，巴斯设立了一处占地半公顷的人类学研究机构，从他位于诺克斯维尔的办公室来到这里，开车只需 5 分钟。他可以在这片建筑群里观察真实条件下的尸体腐败过程。没过多久，警察便将此地简称为“尸体农场”。巴斯将第一具尸体编号为 1-81。

巴斯希望，他能在露天实验室里解决各类问题：例如，胳膊经过多久才会掉下来？牙齿什么时候从头骨上脱落？昆虫以何种顺序在尸体上繁殖？从一具躯体变为只剩骨架需要多长时间？巴斯可以运用知识，将罪犯绳之以法：现在，他是田纳西州警方的特殊顾问。

但是，尸体农场也带来了一些问题。农场建立 4 年之后，当地的患者组织“诺克斯维尔人关注的问题的解决方案”（Solutions to Issues of Concern to Knoxvillians，缩写为 SICK）对这所研究机构做出了抗议，因为它就在一家医院附近。双方最终达成协议，决定将农场地区包围得更加严密。在此之前，偶然瞥见这个死亡国度的散步者已经频频受到了尸体的惊吓。

巴斯接到康韦尔的电话时，还不知道，这位作家正打算让他和尸体农场举世闻名。在回忆录《读骨者》（*Der Knochenleser*）中，比尔·巴斯写道，起初，他曾想拒绝为康韦尔进行这次实验。“但是她更为详细地解释了她的构想，我的科研好奇心就被唤醒了。”实验内容是在一间凉爽密闭的房间里观察一具尸体的腐败过程。

▶ 帕特丽夏·康韦尔为了完成1993年出版的惊悚小说《尸体农场》，委托人们在真正的尸体农场进行了一项实验。

此前，巴斯一般都会将他农场里的尸体掩埋，或者放置在露天环境中加以观察。他之所以同意进行实验，大概也是由于康韦尔的名气。尽管巴斯写道：“康韦尔提出的问题开启了一块崭新的研究领域”，但他从未在任何专业期刊中发表这项研究。

康韦尔故事中的谋杀发生在黑山镇（位于北卡罗来纳州）一栋房子的地下室里。与笼罩在田纳西州南部的夏季高温（30—35摄氏度）相比，那里的气温明显凉爽很多。康韦尔表示愿意出资购置一台空调，使实验能在夏天进行，然而当时没有可用的尸体，所以实验还是得推迟到秋天。

1993年9月的一个周末，康韦尔终于拜访了尸体农场。当地正在举行一场重要的美式橄榄球比赛，巴斯估计，全城的旅馆已经没剩多少空房间了，好在康韦尔订到了房间。以后她再来这里，就不必在附近的旅馆过夜了：她直接乘坐自己的直升机飞往诺克斯维尔，有一次还把尸体农场的篱笆弄倒了。

巴斯带领她穿过死者的国度。康韦尔勤奋地做着笔记。日后，她书中的女主角凯·斯加佩塔会做出如下叙述：“地面上撒满了榛子，然而我一个也没吃，因为死亡完全浸透了这里的地面，你能想到的各种体液都已渗入这座山丘的土壤。”

巴斯为此次实验做了所有准备。农场正打算建一间设备仓库，他便利用仓库的混凝土地基来模拟地下室的环境。还在地基上扣了一个胶合板木箱，长 2.5 米，宽和高都是 1.2 米。

康韦尔来访几星期后，4-93 号尸体也到了。巴斯和下属们满足了康韦尔的愿望，将它仰面朝天放在混凝土地基上，并在其背后垫了一枚 1 美分的硬币及其他物件，然后扣上胶合板木箱。6 天后，巴斯将尸体送进尸体观察室。尸体背部下方出现了一个圈状凹陷，凹陷中间有一个淡淡的亚伯拉罕 · 林肯（Abraham Lincoln）头像的痕迹，显示尸体曾经压在一枚硬币上。也就是说，斯加佩塔可以在书中运用这一证据来破案。巴斯给康韦尔发了一份配有照片的报告。

几个月后他才得知，她要把小说命名为《尸体农场》。不仅如此，巴斯还以莱尔 · 沙德博士（Dr. Lyall Shade）——“尽管极有能力，却仍然是一位谦虚且内向的温厚男子”——的形象出现在书中。就连他住在养老院的母亲利用布头制作套环，使他能够整整齐齐地固定死人头骨这件事，都不是康韦尔杜撰的。巴斯在学生毕业之际会向他们赠送这种套环，此事十分有名。

小说出版后，比尔 · 巴斯的电话几周之内响个不停。来自世界各地的记者都想采访“莱尔 · 沙德”的真身；电视摄制组跑到尸体农场的地盘进行拍摄。巴斯根本摆脱不掉他们。还有一次，1 周之内来了 2 位母亲，询问巴斯能否带着她们儿子所在的“童子军小组”参观尸体农场。

然而，麻烦事也带来了好运。自那时起，打算死后把身体捐给尸体农场的人数明显增加了。过去，巴斯曾因尸体来源问题遭到抨击。田纳西州医学界的内行人常会把无人认领的尸体送来给他。他们通常都是无家可归者，包括老兵，而巴斯对此并不知情。一家电视台将巴斯的工作解读为“亵渎死去的战士”，于是，多位国会议员提出了一项立法草案,建议禁止使用来源不明的尸体进行研究。这项法律最终被否决了。人们认为：与关心死者遗骸相比，追捕犯罪者更加紧迫、更有必要。

如今，比尔 · 巴斯已经年过 80。他在尸体农场里观察过 300 多位死者的腐败过程。有朝一日，他自己的躯体也会躺在尸体农场上吗？“我能不能践行自己所宣传的理念？我能不能顺理成章地走完自己的人生？”他在《读骨者》中自问。

从前，他肯定会毫不犹豫地说“能”。然而现在，他的妻子更倾向于选择一块“符合传统且有尊严的最后安息地——至少她认为那样更有尊严”。巴斯把决定权留给了她和儿子们。要是他的躯体没有落入尸体农场，他大概也不会觉得悲伤。“我心中的‘科学家’想要在捐献同意书上签字。但我身体的其他部分不会忘记，我是有多讨厌苍蝇。”

verrueckte-experimente.de

◆ Bass, B., and J. Jefferson (2003). *Death's Acre: Inside the Legendary Forensic Lab. The Body Farm. Where the Dead Do Tell Tales*. New York. G. P. Putnam's Sons.

1994 | 挠痒痒之三：机器能挠痒痒吗？

如果一定要追根究底，弄清为什么 20 世纪的挠痒痒研究没有取得重大进展的话，至少有一点可以肯定：绝对不是因为缺乏创意。曾有一位科学家脸上总是戴着面具，然后给他的孩子们挠痒痒（参见“1932 挠痒痒之一：动手前请戴上面具”）；还有一位则用一个木头箱子、一根毛衣针和几只操纵杆制造了一台手动挠痒仪（参见“1970 挠痒痒之二：实验前请洗脚”）。90 年代初，加利福尼亚大学圣迭戈分校的克里斯汀·哈里斯（Christine Harris）所做的研究延续了挠痒痒实验的“奇怪”路线。她的题目是：机器能挠痒痒吗?

这个问题看起来既奇怪又无关紧要，不过，哈里斯却有着对其进行深入研究的充分理由。迄今为止的论文几乎都没有澄清“挠痒痒到底是怎么回事”，在这种情况下，猜测往往会像野草一样蔓延开来。其中一种猜测认为，挠痒痒具有社会性功能。这项功能具体是什么，人们还不清楚，但它很容易让人想到另外一个推测，即人们只有在被他人挠痒痒时才会笑。很多人认为，挠痒痒是人与人之间的事件。哈里斯和助手尼克拉斯·克里斯滕菲尔德（Nicholas Christenfeld）曾在学生中做过调查，一半的受访者认为，挠痒痒机器完全不能使人发笑，只有15%的人认为，在挠痒痒问题上，机器和人势均力敌。

毫无疑问：克里斯汀·哈里斯迫切需要一台挠痒痒机器。她搞到了不同的指针、设置按钮和小灯泡，手工制作了一台令人过目难忘的仪器，上面伸出的机械手臂是从最近的玩具商店买来的，手臂连在一条软管上。设备内部发出雄浑有力的声音，它源自一个隐藏在外壳里的吸入器，跟哮喘病人用的一样。

“我的想法是，它看起来要有可信度，”哈里斯对科研期刊《发现》（*Discover*）说道，“它长得越不像人越好。”因为不可以让实验参与者联想起任何社交场景。另外，挠痒痒机器人完全不起作用，也并不是由于她的疏忽，而是计划的一部分。

哈里斯想要比较被试者在被人以及被机器挠痒痒时发笑的强度。如果他们面对机器并不发笑，那就意味着，挠痒痒具有社会性功能；反之，如果他们在机器和人面前发笑强度相似，那就说明，所谓的社会性功能可能并不存在。

当然，这就涉及一个问题：哈里斯的机器人必须具有与人类相同的挠痒痒性能。因为重点并不在于：不同的挠痒痒方式是否会在人

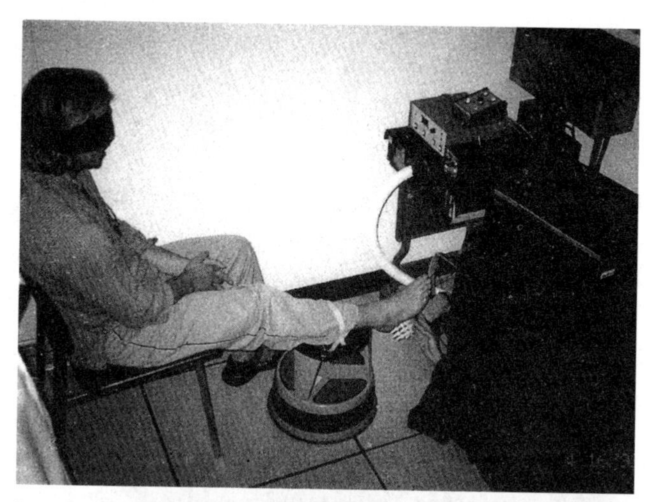

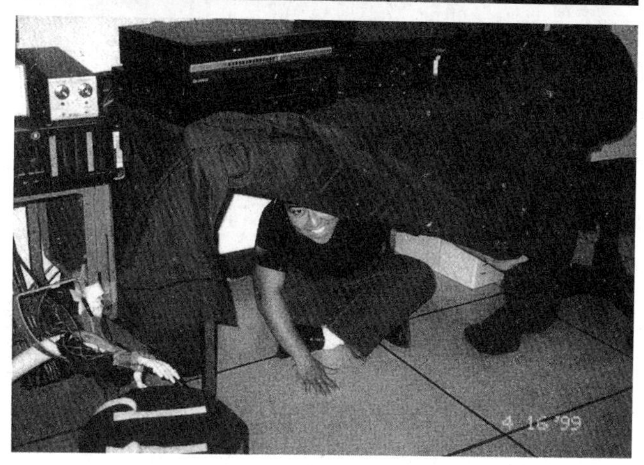

▶ 被试者以为，只是挠痒痒机器人（图中左侧）在发挥作用。实际上，给他们挠痒痒的是这位躲在桌下的女学生——梅格·诺特曼。

们身上引发不同反应？而是：如果挠痒痒方式完全相同，只是一个来自人类，一个来自机器，是否会造成什么区别？

哈里斯在梅格·诺特曼（Meg Notman）的帮助下解决了这个问题。正如所有心理系学生一样，诺特曼也必须完成一项研究实习。她去找哈里斯报名时，到底知不知道等待她的将是什么，我们无从得知，总之，她的任务极不寻常：她必须躲在放有挠痒痒机器人的桌子下面，并代替机器人给被试者的足底挠痒痒。

被试者踏进了放有挠痒痒机器人的房间，哈里斯对他们说，现在他们会被挠 2 次痒；1 次由她来挠，1 次由机器来挠。她请他们脱下右脚的鞋袜，坐下来，把赤裸的右脚置于脚凳上，她再把这只脚固定在机械手臂的活动半径之内。她还塞住他们的耳朵、蒙上他们的眼睛，她的解释是：这样他们就不会走神了。实际上，这只是为了避免她的幕后操作穿帮。

随后，哈里斯俯身向前，给被试者的足底挠痒痒，或者启动机器人，让它来接手挠痒痒任务——至少被试者是这么认为的。事实上，这些都是梅格·诺特曼一人完成的，她从藏身之处伸出手来，给被试者挠痒痒。这样，哈里斯就能确保人和机器的挠痒痒方式完全一致了。被试者从未真正接受机器挠痒痒，但是这对实验来说无关紧要，只要所有人都相信挠痒痒机器人完成了工作就好。只有一个被试者看穿了骗局，当时梅格·诺特曼的发夹被桌布缠住了，正在尝试挣脱。为了向这位无所畏惧的助手致敬，哈里斯将挠痒痒机器人命名为“机器梅格”。

被试者的面部视频录像以及他们的自我评价都显示：发笑的强度始终相同，与被人还是被“机器”挠痒痒并无关联。哈里斯终于找到了问题的答案：是的，机器可以挠痒痒！

哈里斯猜测，挠痒痒时的发笑并没有任何社会性的特征，只是一种反射行为，就像膝跳反射一样。然而我们为什么会有这种反射呢？这就必须通过进一步的、无疑也要极富创意的实验来弄清了。

◆ Harris, C. R., and N. Christenfeld (1999). Can a machine tickle? *Psychon Bull Rev* 6(3), 504-510.

1994 | 法庭上的物理学

这是一种新的运动项目么？一种艺术表演形式？还是一种建筑工人之间流行的入会仪式？1994年11月19日，纽约市外一座3层砖房的屋顶上站着19名男性，他们正把装满铺路石的桶扔向屋前的停车场。同样站在屋顶上的还有心理学教授迈克尔·麦克罗斯基（Michael McCloskey），他负责给这些男性提供指示，例如：他们应该一个接一个地行动，从屋脊往下看，瞄准标记在距离屋墙5米半处的地面目标，抓起10千克重的桶，助跑，此时不再多看一眼，直接把桶扔下去——

▶ 被试者从这栋楼上投掷装满铺路石的桶，从而使一名被告免遭漫长的监禁。

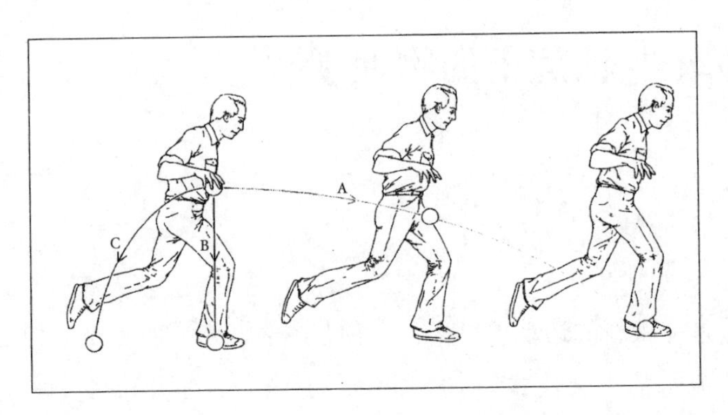

▶ 测试 1：图中的人从左边跑到右边。该人用左边的姿势让球落下。在 A、B、C 三条路线中，球会走哪条路线？（答案在正文中）

1993 年秋天，一个名叫佩德罗 · 何塞 · 吉尔（Pedro José Gil）的人就干过这样的事，此刻他正在坐牢。

停车场上，一段安全距离之外，还站着刑事辩护律师彼得 · 纽菲尔德（Peter Neufeld），工人每次投掷之后，他都会记录桶的落点。有 16 个人扔得太远了——平均远了 2.5 米——尽管其中 10 人认为自己扔得太近了。纽菲尔德希望，这一结果能帮助他的委托人佩德罗 · 何塞 · 吉尔免遭数年之久的牢狱之苦。

1993 年秋天，吉尔做了一件大蠢事。他看到几个朋友与警察争吵后遭到了逮捕——事情就发生在曼哈顿他住的那条街上。于是，他爬上他家房子的屋顶，把一只装满了铺路石的桶扔到了街上。他后来说，他当时非常生气，想要吓吓那些人。然而，吉尔扔得太远了。桶并没有落在空荡荡的人行道上，而是落在了街上的警察约翰 · 威廉姆森（John Williamson）头上。不久以后，威廉姆森死亡，吉尔被捕。检方以故意杀人罪控告了他。他面临着数十年的铁窗生涯。现在，他的律师彼得 · 纽菲尔德希望证明，吉尔并没有瞄准那位警察。为此，他需要麦克罗斯基的帮助。

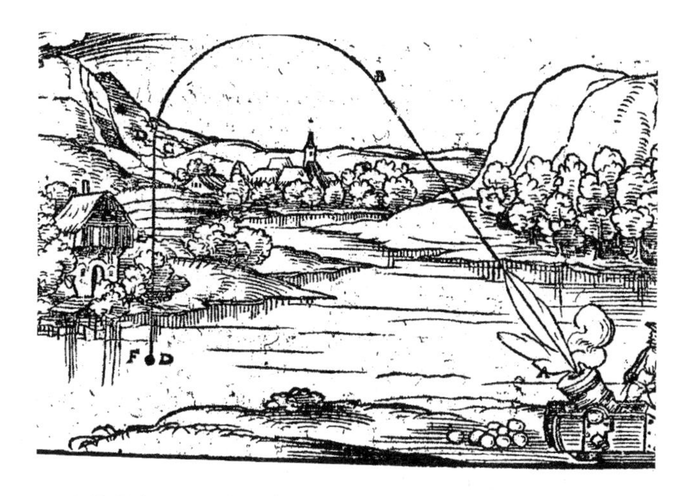

▶ 即使是今天，还有很多人凭借直觉，用 14 世纪的冲力说解释运动：一个物体停下来，是因为它内在的运动能量用尽了。因此，图中的炮弹就会突然垂直落下。

1978 年，迈克尔·麦克罗斯基成为约翰·霍普金斯大学教授，他开始寻找属于自己的研究领域。“我想做些新鲜事。”他回忆道。不久以后，美国国家科学基金和国家教育研究所号召大家申报有关“科学与数学中的知识结构”的项目。麦克罗斯基提议，应该研究具备不同物理学知识水平的人都是如何理解运动的。例如理解这一现象：花样滑冰运动员如果夹紧手臂，就能以更快的速度转体。项目得到了批准。然而，麦克罗斯基进行调查之后，发现花样滑冰的机械原理远远超过了许多学生的想象力。通过对话，他发现，学生们就连非常基础的球体运动都解释错了。

麦克罗斯基向被试者展示了用力扔球、球滚下桌沿或者飞机投下炸弹的速写图，要求他们从几种不同的飞行轨迹中选出正确选项。他还允许他们自行扔球，估算碰撞位置。

很多人连最简单的问题都会答错。例如某次测试，20 名被试者需

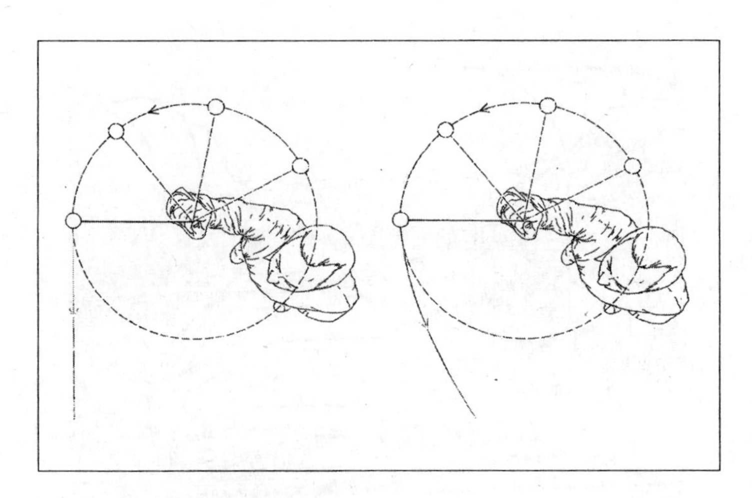

▶ 测试 2：图中的人用一根绳子拴着一个球在头上甩动。假设绳子断了，球划出的轨迹是笔直的还是弯曲的？（答案在正文中）

要在横穿实验室的过程中，让一个高尔夫球落下，保证它击中地面的标记。其中 12 个人在手位于标记正上方时松开了球，他们坚信，球会垂直于地面落下——麦克罗斯基称其为“直下理念”。即使是让被试者在一张图上选定球的运动轨迹，他们也经常选择垂直路线，甚或猜测球会向后运动，与前进方向相反（上图的测试结果：A）。

麦克罗斯基并没有为这么多人的无知感到震惊。这些普遍出现的错误答案反而吸引了他。年轻时，他自己也曾是“直下理念”的拥护者。“我记得，我在上小学时读到了第二次世界大战的故事。故事里提到，抓住正确的时机从飞机上投下炸弹是非常困难的。当时我无法理解。这有什么复杂的呢？等飞机飞到目标的正上方，让炸弹落下去不就好了嘛！”

根据牛顿运动定律，如果一个人在行进中让一个球落下，那么该球会沿着一条与人前进方向一致的曲线朝着地面运动。行进的人拿球时，球具有与他相同的速度。这时松开球，球会继续以该速度向前运动，只是现在多了一个重力，会将球拉向地面。两个部分共同组成了越来越陡峭的曲线，也被称为“抛物线”。人们狂奔着冲向公交车站时，口袋里的钥匙每次掉出来，都会形成一条抛物线；那么，为什么很多人以为它是垂直下落的呢？原因之一是认知错觉：如果您在行进中让您的钥匙掉下去，那么它不会掉在您的身前或者身后，而是正好在您旁边。以您的身体为参照系，它们就是垂直下落的——只不过您的身体在这段时间已经向前运动了。当您对另一个行进中掉了钥匙的人进行观察的时候，也会发生类似的参照系偏移。您不是把钥匙的运动与静止的地面进行比较，而是与前进的人。如果以此人为参照系，那么钥匙确实是垂直下落的。针对另外一题，人们的答案也出现了同样的错误：麦克罗斯基问，如果一个人用绳子拴住一只球，在头上转圈甩动，然后松开手，那么此时该球的飞行轨迹是什么样的（就像《圣经·旧约》中大卫的投石器一样）。1/3 的学生画出了一条弯曲的轨迹，看来他们不知道：如果没有力的作用，物体总是沿着直线运动的。

如果您也答错了这些问题，那么虽然有很多人陪着您一起错，但是不得不说，您的物理学知识还停留在 400 年前。17 世纪，艾萨克·牛顿（Isaac Newton）提出了他的运动定律。在此之前，人们用另一种理论来解释运动：所谓的“冲力说”。麦克罗斯基发现，人们的错误答案都与冲力说相符。该理论声称，每个运动都必须由力来维持。冲力是球体中包含的力，维持球体的运动，只是与此同时，它会缓慢耗尽。投石机实验中弯曲的投掷轨迹也可以这样解释：球将旋转的运动能量存储在其内部，这种能量带动球体形成了一条弯曲的轨迹。刑事辩护律师彼得·纽菲尔德的愿望得到了满足，麦克罗斯基的知识果然也适用于装满铺路石、从 6 层楼房的屋顶扔下来的桶。因为大多数人会凭借直觉，用冲力说解释运动，所以他们相信，通过投掷转移到桶上的力不知何时就会耗尽，从这一刻起，桶便再也不会往前移动了，哪怕是 1 厘米，而只会垂直向下运动。这种想法造成了一个结果：他们普遍低估了桶落地的位置有多远，因此总会扔得比起初瞄准的目标更远。

也就是说，在被告佩德罗·何塞·吉尔的案子里，如果他真的想要击中那位警察，他就会扔得更远，而刚好不会砸到他。或者反过来说：正是因为桶落到了那位警察头上，才证明吉尔其实想瞄准的是人行道。

主审法官出于不明原因驳回了麦克罗斯基的报告，认为它与此案无关。尽管如此，陪审团还是相信了佩德罗·何塞·吉尔，没有把他定罪为故意杀人，而是过失杀人。

今天，麦克罗斯基的见解经常出现在教育学的文献中。研究表明，就连许多了解牛顿运动定律的被试者也会答错那些题目。显然，他们在学校里学过这些定律，却没有真正理解它们。原因可能在于，他们已经把一种直觉性的——而且是错误的——对运动过程的设想内化了，并不断运用这些理论。教育学家就此得出结论：只有事先消除已有的错误想法，新知识才能得到有效的传授。

◆ McCloskey, M. (1995). Report: The People of the State of New York versus Pedro Gil, Defendant. Supreme Court of the State of New York.

1995 | 先看电视，再吃早餐

塞斯·罗伯茨（Seth Roberts）所做的实验，您也可以随时进行。

您只需要一只钟表、一张斜面立式书桌和您自己。或者一台浴室用秤、一些橄榄油和您自己。或者一台电视机、几段脱口秀视频和您自己。此外还需要一个统计学软件以及强大的、坚持到底的意志力。

塞斯·罗伯茨是加利福尼亚大学伯克利分校的心理学教授，他热衷于观察日常生活中的偶然现象，并在它们的启发之下开展自身实验。他曾坚持只吃寿司，测定这样的食谱对他的体重造成了什么影响，他还曾用秒表测量自己一天当中有多少小时是站着度过的，并计算站立时间对他的睡眠状况产生了什么效果。

听起来，这种研究不费吹灰之力，罗伯茨本人也说，他只对易如反掌的事情感兴趣。不过，我们可以换个角度看问题：他曾在数周之内只吃意大利面，只为验证一个奇怪的饮食理论，还曾在4个月中每天都喝5升水。“时间一长，喝水实验就变得有点困难了。”他承认，但是若非如此，他可能就注意不到实验中的异常之处了。

罗伯茨还是学生的时候，就开始进行这些实验了：例如，他测定过他闭着眼睛耍弄3个球可以坚持多长时间，还系统地检验过医生给他开的抗粉刺药物的效力，结论是：软膏比药片有效得多。

80年代初，塞斯·罗伯茨遭遇了睡眠问题：他很早就会醒来，虽然很累，却再也无法入睡。这明显是个拿自己做实验的好机会。然而问题甚为顽固：在10多年的时间里，罗伯茨先后尝试了做运动、调整饮食、改变醒来时的光线强度等方法，糟糕的状况却毫无改善。他的点子用完了，不知道还能尝试什么。

1993年，罗伯茨有了电脑，他为自己制作了一张睡眠持续时间图表，并偶然发现，几个月前，他的睡眠持续时间不知不觉减少了40分钟，那时，他正好在调整饮食——主要摄入水果和蔬菜，较少食用面食和烤制点心，还因此减掉了5千克。

罗伯茨进一步增加了水果的摄入，他早餐不吃燕麦粥了，而是消灭了一根香蕉和一个苹果。这么做虽然没有继续影响他的睡眠持续时间，然而令人难受的“早醒”状况却出现得更加频繁。于是，罗伯茨尝试通过早餐喝酸奶、吃大虾或者吃热狗来解决这个问题，却都是徒劳。

后来，他干脆不吃早餐，坚持了112天。令他意想不到的是，过早醒来的情况要比以前少多了。这就是解决方案么？从此以后，罗伯茨早上10点前就不吃东西了。

罗伯茨对此产生了浓厚的兴趣，不仅因为他找到了这层联系，更是因为这层联系看起来简直毫无来由。此前，他从未想过：早餐有可能影响醒来的时间。这么“隐蔽”的联系还是被他碰巧发现了，原因就在于：他的实验是自身实验。当实验者和被试者是同一个人的时候，往往会有预料之外的结果凸显出来，在普通的实验中，这些结果可能根本不会被人注意到。

罗伯茨推测，早餐会影响醒来的时间，这可能与我们的进化过程有关。“我怀疑，生活在石器时代的祖先是不吃早餐的。农业出现之前，他们多半没有攒下什么食物储备。我们的大脑是在一个没有早餐的世界里形成的。”

这个大胆的解释促使他做了下一项实验。不吃早餐还没有完全消除他过早醒来的痛苦，他决定借由电视的帮助，使他的生活更加符合石器时代人类的习惯。

“石器时代的早晨一般都是从与他人‘碰面’开始的。与此相反，我一个人住，经常工作一上午也见不到一个人影。也许，缺乏与人的接触让我过早醒来。”罗伯茨在一篇专业论文中描述了他的思考。

1995年的某个早晨，罗伯茨在4:50醒来，看了20分钟深夜节目的录像——当天没有产生什么直接效果。不过，第二天早上5:01他睁开眼睛时，感觉好极了，心情极佳，精力充沛。深夜节目和他的好心情之间有联系么？罗伯茨自己都觉得难以置信。然而“自身实验就是这么简单，因此人们可以通过它来检测奇怪的想法，甚至很有可能并不正确的想法”。

罗伯茨希望，他能找到早餐时间看电视的“正确剂量”，从而一劳永逸地战胜过早醒来的问题。他尝试过不同的开始时间、持续时间以及各类节目，这些无穷无尽的测试没有带来任何效果。最后，他放弃了，转而研究如何通过看电视来改变情绪。

1995 年 7 月，他设计了一份问卷，每天多次填写，以便测试自己的情绪，并继续在每天早晨看电视。结果表明，卡巴莱小品剧比纪录片更能改善情绪。难道是因为幽默么？大概未必如此，幽默的系列动画片《辛普森一家》（*The Simpsons*）就一直没有产生什么效果。

经过进一步的实验，他分离出了决定性的因素：脸！电视节目中的“人脸密度”越高，次日早晨他的心情就越好。他还验证了这一发现。一段时间之内，他遮住了电视屏幕上部的 2/3——随后，好心情就消失了！

罗伯茨猜测，这一效应背后隐藏着另外一个问题——对人脸做出反应的内部时钟：在某些时间，（与人脸的）接触对情绪有正面影响，而在其他时间，则有负面影响。

迄今为止，为他带来最大收益的实验是那个帮助他搞清如何减肥的实验。罗伯茨声称，2 次用餐之间喝下几勺尽可能没有味道的橄榄油（或者糖水）可以抑制饥饿——效果特别明显，他用这种方法毫不费力地减掉了 16 千克。他为此而写的《香格里拉食谱》也成了畅销书。

这样的食谱为什么能够减肥？罗伯茨自行构建了一套理论，但是它至今都没有得到证实。理论内容如下：每个人的身体都有一个特定的脂肪份额的额定值。额定值调节饥饿感，还会根据食物的供给情况而发生变化：因为，对于我们的祖先而言，在丰年存储脂肪，在荒年压抑饥饿感，是很有必要的。只不过：身体怎样才能意识到，目前热量供应是否充足呢？一块“猛犸象肉排”上可没有挂着热量表。

罗伯茨认为，人类机体已经学会将一种特定的味道与一种特定的营养价值联系在一起。某种热量丰富的食物越是味道香浓，这种联系就越容易建立，脂肪份额的额定值也就增高得越快。因此，今天这样一个由汉堡和薯条组成的世界才会持续制造出更加强烈的饥饿感。

而喝橄榄油时，身体被输入了热量，额定值却没有提高。因为它没有味道，大脑就不能建立起“橄榄油等于热量”的联系。

罗伯茨遭到了大多数同行的无视：许多研究者并不把自身实验当回事儿，原因有二：首先，罗伯茨是自己的被试者，可能会有意无意地影响结果；另外，只有唯一一个被试者，因此无法确定，实验结果是否也适用于其他人。

罗伯茨很清楚，自身实验存在上述缺点，但是他也指出了一些优点：它们很便宜，只需要很少的准备工作，而且通过它们，我们也能发现那些对实验来说似乎无关紧要的变化。“我清早起来看电视，本来是为了改善睡眠，结果倒改善了情绪。”

罗伯茨继续研究了这一效应，他发现，他未必非要看到电视机里陌生人的脸。如今，他会在早上 6—7 点照 1 个小时镜子。

◆ Roberts, S. (2004). Self-experimentation as a source of new ideas: Ten examples about sleep, mood, health, and weight. *Behavioral and Brain Sciences* 27(2), 227-288.

1996 | 背面掩护

1996年2月9日，来自乌尔姆的整形外科医生彼得·尼夫（Peter Neef）让人在他的第四和第五节腰椎之间（即椎间盘上）钻了一个孔。背部手术的风险很高，一般来说，患者只有遭受到剧烈疼痛的折磨、没有其他出路时才会考虑手术。然而，当尼夫躺在慕尼黑阿尔法诊所的手术台上时，背部却是健康的。手术前4周，人们还特地为他做了一次核磁共振，结果显示，他的背部没有问题。

外科医生通过这个孔，把一个小型探针压力计推入腰椎之间。此前，尼夫已经签字证明，他对这次手术的危险胸中有数。

尼夫希望借助这次大胆的干预手术检验60年代的一项研究。当时，瑞典整形外科医生阿尔夫·纳赫姆森（Alf Nachemson）曾经对19位病人实施了类似的手术。他的压力测量结果为今天我们所知的“背部学说”

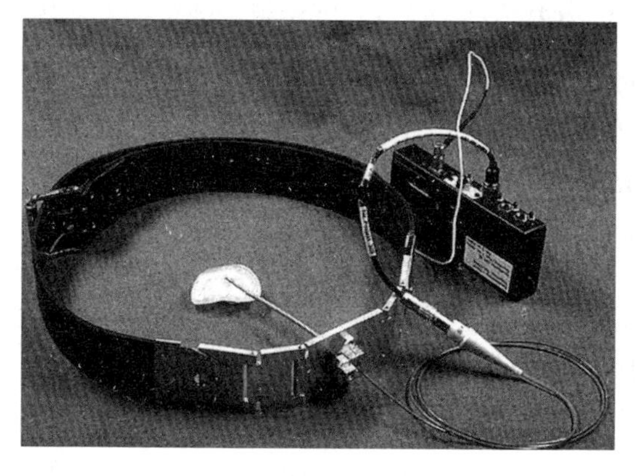

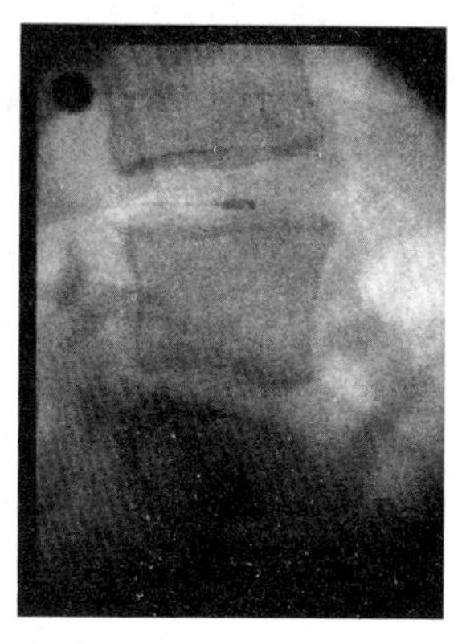

▶ 高风险的大胆做法：整形外科医生彼得·尼夫让人在自己的2节腰椎之间放入了一个探针压力计。

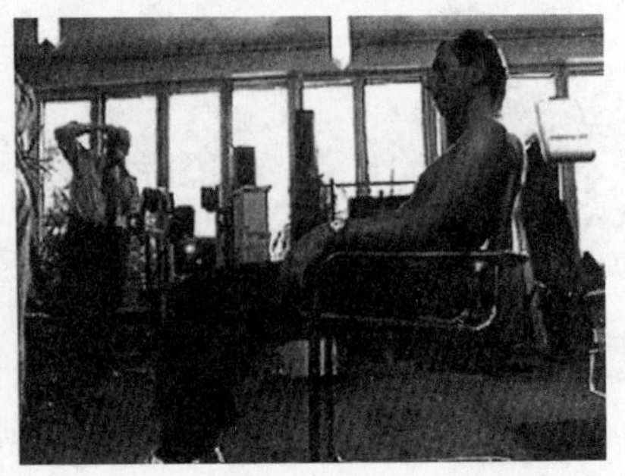

► 懒洋洋地靠着还是坐直？背部测量数据表明，彼得·尼夫坐直时，背部负担达到了靠着坐时的 2 倍。

奠定了基础。例如，“坐直比懒洋洋地靠着要好”就是间接分析了坐姿和站姿对腰椎间盘造成的不同压力而得出的结论：坐姿时的压力几乎是站姿时的一倍半。也就是说，坐着的时候模仿站姿、挺直背部，具有保护背部的作用，标准的“女秘书坐姿”就是这样诞生的。

然而，一再有生物力学家质疑纳赫姆森的测量数据，认为他并没有对站姿和坐姿之间的压力区别做出可信的解释。此外，还有其他研究表明，脊椎在坐下之后会伸展，这意味着它得到了放松。

例如，乌尔姆大学的生物力学家汉斯–约阿希姆·威尔克就认为，纳赫姆森的说法不太正确，可是，设计背部植入手术需要正确的数据。尼夫也对测量背部压力产生了兴趣。

他推荐许多背部疼痛的患者增强背部肌肉，因此，他需要知道，他推荐的锻炼器材可能引起哪些负担。尼夫和威尔克反复讨论了旧数据中的自相矛盾之处。他们最终决定，重新进行测量。

按原计划，实验应有 2 位被试者。第一个人是来自巴塞尔的医生马尔科·卡伊米（Marco Caimi），然而，他还没下手术台，探针压力计就从椎间盘里滑了出来。尼夫也有可能遇到这种情况，于是威尔克对测量技术进行了改进。手术之后的尼夫要从负担最小的练习动作做起：

平躺、静坐、站立、发笑、打喷嚏。然后再弯腰、跳绳、慢跑、举起一个啤酒箱。他们还测量了在训练器材上锻炼时以及睡眠中的压力，并且计划在次日早晨乘坐 2 种不同的直升机飞行、骑车、握住手持式凿岩机站立。然而，尼夫爬进直升机时，探针滑了出来，实验就此结束。

结果表明：不出所料，平躺时背部受到的压力最小。放松站立时，压力提高 5 倍，但与旧的测量数据有所不同：站姿和坐姿的压力大致处在同一范围，并无明显区别。最令外行人感到惊讶的是：尼夫曾试着从椅子上往下“出溜”，随着他滑得越来越低，压力也变得越来越小，当这位整形外科医生采取半躺半坐的体位时——通常只有青少年和饶舌歌手才爱摆这种姿势，压力达到最小。原因在于：一部分负荷被椅子靠背分流了。

威尔克指出，虽然不能仅凭压力值就宣布一种姿势有害，但也不能不假思索地全盘接受“背部学说”。人们应该让接受背部手术的病人自己决定采取哪种姿势。“他们自己会找到适合自己的姿势。”尼夫说。重要的不是保持“正确”的姿势，而是时常改变坐姿。这样可以避免肌肉痉挛，腰椎间盘也可以因为负担的转移而获得养分。

▶ 拖啤酒箱时，“背部学说”还是适用的：屈膝、挺直背部时压力最小。

◆ Wilke, H. J., P. Neef et al. (1999). New in vivo measurements of pressures in the intervertebral disc in daily life. *Spine* 24(8), 755-762.

1997 | 我的朋友—— 电脑之一：屏幕前的助人为乐精神

人类有一种顽固的倾向：为无生命的物质赋予人性。这其中也包括电子设备。那些动不动就对着电脑说“拜托、拜托”，愤怒地捶打屏幕或者威逼硬盘快点儿运转的人对这件事恐怕再清楚不过了。这些行为看似可笑，然而，科学家们却惊讶地发现，所有人与人之间通用的礼节，几乎都在人机关系中得到了遵守，也带来了十分荒谬的结果。

例如，加利福尼亚州斯坦福大学的克利福德·纳斯（Clifford Nass）及同事们发现：我们会将一台电脑认知为一个个体，并会回报它对我们的帮助。他们设计了一项简单的实验，学生们利用一台电脑解决了一项任务，反过来则要为一台电脑制作一个调色板，使之符合人类对颜色的感知。结果令人惊讶：如果是为此前帮助过他们的那台电脑制作调色板，学生们就会付出更多的时间，几乎达到在另一台同型号电脑上所花费时间的 2 倍。

纳斯又在日本进行了同样的研究，结果表明，一些复杂的社交礼仪也会延伸到人机接触中。

在日本，行为规则往往并非只关乎个体，而是涉及整个群组。如果我帮助某位日本朋友做了件事，那么，他不仅会感到有义务报答我，也会觉得应该报答我的朋友或者家人。

纳斯招募日本学生重新做了实验。受到上述规律影响，学生们面对电脑做出了不可思议的荒唐举动：与以往一样，学生首先借助一台电脑的帮助完成了任务。需要注意的是，这台电脑使用 Windows 操作

▶ 与其他文化一样，日本人也将他们的人际交往行为规则转移到了电脑上。结果令人惊讶。

系统，该项条件在此案例中十分重要。与美国学生不同，日本学生即使没有得到某台电脑的帮助，也会十分乐意帮助它，不过有个前提条件：它同样也是使用 Windows 操作系统的电脑。面对一台苹果电脑，他们就显得不那么热心了。

学生们将通用的社交礼节直接转移到了电脑上：他们帮助那台使用 Windows 操作系统的电脑，是因为它与此前帮助过他们的电脑属于同一个群组，也就是说，它一定是后者的朋友。众所周知，一台苹果电脑不可能是使用 Windows 操作系统的电脑的朋友，因此它就没有获得报答的资格。

◆ Fogg, B. J., and C. Nass (1997). How users reciprocate to computers: an experiment that demonstrates behavior change. Conference on Human Factors in Computing Systems archive. *CHI '97 extended abstracts on Human Factors in computing systems: looking to the future*, Atlanta, Georgia.

1998 | 被人牵着“品酒”的鼻子走

如果你对葡萄酒一无所知，生命中的某些瞬间反倒可以过得更好一些，比如说，当你陷入弗雷德里克·布罗谢（Frédéric Brochet）的某项实验时。布罗谢是波尔多大学的酿酒学教授，定期用卑鄙的测试蒙骗学生。

1998年，他做了最为声名狼藉的实验。他让54名学生品尝一种白葡萄酒和一种红葡萄酒。大学的品酒厅被分隔成了一个个小房间，学生们各自坐在小房间里，做着笔记。他们觉得，他们品尝的红葡萄酒“深沉”、“强烈”、“带有木香”，白葡萄酒则“带有果香”、“酸涩”、“带有花香”。布罗谢说，他需要他们的笔记，以便拟订一份新的品酒报告。他又利用同样的借口，让他们在几小时后重新品尝了一种白葡萄酒和一种红葡萄酒。学生们并不知道：这次的酒其实只有一种。布罗谢使用了一些E163食用色素，把第一次测试中的白葡萄酒染了颜色，制成了红葡萄酒。

通过笔记可以清楚地看出，没有一个学生察觉到了这件事。所有人都用典型的红葡萄酒专用词汇来描述被染过色的白葡萄酒的特性。反之，他们为白葡萄酒所做的笔记则与第一次近乎一致，这表明，学生们其实是懂行的。那么，他们为何会在如此容易识破的骗局里中招呢？

布罗谢认为，“正在品尝红葡萄酒”的预期会把味觉感知引向红葡萄酒的方向。这其实是个颇具意义的策略，很有可能形成于进化过程中。大脑为了高效工作，会积极采纳一切有助于减少工作消耗的信息。这个案例中就有这样的信息：杯子里装的是红葡萄酒。由此，人们便可以把感知范围缩小至红酒的知识领域。所以这时，知识较少的人反而更占优势：那些缺乏经验，不知道红葡萄酒品尝起来“深沉”、“强烈”、“带有木香”的人，从一开始就不会走上歧途。

▶ 就算是葡萄酒专家也会把一杯染了色的白葡萄酒当成一杯红葡萄酒。

布罗谢将这次实验的真实目的告诉了学生们，他们表现出了兴趣和谅解。与此截然不同的是：第2次相关实验的被试者们却火冒三丈。

布罗谢让他的57名学生两度品尝了同一种波尔多葡萄酒，中间间隔了1周。他一次说，这是普通的佐餐酒，另一次则说，这是顶级的葡萄酒。被试者的描述再次受到强烈的影响。如果他们认为自己喝到的是顶级的葡萄酒，评价就会充满热情，而在另一种情况下则表现得十分挑剔。

“当我公布骗局时，他们的反应十分强烈，”布罗谢回忆道，“一些人站了起来，还说：‘这是什么意思？这样怎么行！您就是个骗子。’”

显然，与不能分辨红葡萄酒和白葡萄酒相比，被假标签蒙骗可要严重得多。

其实，布罗谢做这些实验，完全不是为了让学生们丢脸。据他估计，他自己也会受骗。“我不相信伟大品酒师的神话。”他主要是想展示：我们的认知在大脑中构成了统一的整体。所有关于葡萄酒的信息，关于喝葡萄酒的地方以及在场人员的信息，都彼此交织，不可分离，互相影响。这是一个很正常的过程，没有人能摆脱它。只有通过黑色杯子进行“盲品”才能消除这种先入为主的想法。

“因此，所有糖浆都有人造色素，”布罗谢解释道，“顾客们反映，不含色素的糖浆尝起来味道不够重。”从某种意义上讲，他们还是有点儿道理的。这些信息看似与味觉无关，可是它们带来的影响绝不仅限于表面。

例如，脑神经成像表明，同一种气味会激活不同的区域，这就要看人们是怎么跟被试者说的了——是说这气味来自切达干酪还是说这气味来自人体。葡萄酒的价格也能制造同样的效应：如果人们相信自己喝的是一杯昂贵的葡萄酒，那么比起品尝同样的、但是更为便宜的葡萄酒，脑内的愉悦中枢就会更加活跃。

对葡萄酒发烧友中的新手来说，这是个好消息：无论如何，昂贵的葡萄酒都值得购买，即便它很烂。

◆ Brochet, F. (2002). La dégustation: étude des représentations des objets chimiques dans le champ de la conscience. *La Revue des Œnologues*(102).

1999 | 因为无能，所以自信

您也曾为那些完全不会唱歌却去参加歌唱比赛的人，或者那些总是讲笑话却没人觉得好笑的人而感到惊讶么？

尝试研究这种对自身能力产生扭曲认知的现象，就是论文《无能却毫无自觉：评价自身能力缺陷时遇到的困难如何导致过高的自我评价》的任务。

研究者要求学生填写有关幽默、语法或者逻辑等主题的问卷。测试之后，被试者还得说说，与其他学生相比，他们觉得自己的得分是高还是低。

实验得出了不幸的结论：测试成绩越差，自我评价过高的情况就越严重。综合所有测试，学生中最差的 1/4 都认为自己远超平均水平。即使人们随后将其他实验参与者所做的最出色的、未经修改的测试问卷拿给他们过目，他们也还是坚持他们过高的自我评价。

论文作者认为，这一问题几乎无法解决，因为这些学生在测试中缺乏的能力，恰恰是在正确的自我评价中亟须的能力。人们也大可不必对世上的傻瓜抱有同情：尽管他们可能犯下令人遗憾的错误，但是因为他们无能，所以他们自己根本不会意识到这些错误。

◆ Kruger, J., and D. Dunning (1999). Unskilled and Unaware of It: How Difficulties in Recognizing One's Own Incompetence Lead to Inflated Self-Assessments. *Journal of Personality and Social Psychology* 77(6), 1121-1134.

1999 | 我的朋友——电脑之二：屏幕前的礼貌

有些行为准则是理所当然、不言自明的。其中包括：永远不要当着一位女士的面不加掩饰地说出你对她新发型的真实看法。为了不对他人造成伤害，我们容忍些许欺瞒。这一传统已经渗入我们的血肉之躯，成为我们的自然习惯，即使面对没有血肉的东西，我们也会如此行事。为了不伤害一台电脑的感情，我们甚至要对它说谎。

加利福尼亚州帕罗奥图市斯坦福大学的克利福德·纳斯（Clifford Nass）和B·J·福格（B. J. Fogg）发现了这一特点。他们告诉参与实验的30名学生：他们要对一台教学电脑进行评价。这台电脑首先会通过20个问题弄清每个实验参与者在美国文化方面的知识水平，然后会对此人进行一次与其知识水平相匹配的测试。至少实验参与者对此深信不疑，事实上，"匹配"给所有人的测试都是一样的。接下来，最重要的任务来了：学生们必须对教学电脑的性能做出评价，有些人直接就在这台教学电脑上写评价，有些人使用放在其他房间的另一台电脑写评价，还有些人则通过一张纸质问卷写评价。

结果表明，实验参与者就算在电脑面前也没有抛弃他们的出色教养。也就是说，那些在教学电脑上做出回答的人对其性能的评价明显优于那些用另一台电脑或者纸和笔写评价的人。很明显，被试者颇有顾虑，所以并未诚实地把他们的看法告诉教学电脑。

◆ Nass, C., Y. Moon, et al. (1999). Are People Polite to Computers? Responses to Computer-Based Interviewing Systems. *Journal of Applied Social Psychology* 29(5). 1093-1109.

1999 | 为什么会有主场优势？

阿兰·纳威（Alan Neville）发表过130多篇科研文章，但还没有哪篇能像他1999年写给专业期刊《柳叶刀》（*The Lancet*）的简短信件那样，引起那么多的关注。此后，这位英格兰伍尔弗汉普顿大学的科学家的名字甚至出现在了《华盛顿邮报》（*Washington Post*）上和英国广播公司（BBC）的节目里。不过，阿兰·纳威既没有发现治疗疟疾的灵药，也没有驳倒爱因斯坦的理论。他只是解开了足球运动的主场优势之谜。这位统计学家精心设计了一项实验，由此发现了球队在主场比在客场更容易赢球的原因。

主场优势是足球比赛中令人目眩神迷的现象之一，要证明很简单，要解释却很难。球队在自己的体育场里踢球时更容易赢球，这是非常

▶ 主场优势是观众建立起来的么？

容易验证的：统计学家做过多项大型研究，发现在共计 40493 场比赛中，主队获胜的比率为 68.3%。每场比赛大约有半个进球要归功于主场优势（向所有不踢“半个球”的人解释一下：这句话的意思是，每 2 场比赛就会出现 1 个“得来全不费工夫”的、对主队有利的进球）。

科学家们想到了 3 个可能的原因：去往比赛地点的长途跋涉、对场馆的熟悉程度以及观众的支持。“长途跋涉”很快就可以排除掉。事实表明，球队走过路程的长短与在客场输球的趋势毫无关联。就算只是去趟邻城，球队也会感受到客场劣势。对场馆的熟悉程度也不太像是主场优势的原因，否则那些主场铺有人工草皮的球队——有一阵子英格兰就出现过人工草皮——在客场的天然草皮上肯定失败率极高。然而情况并非如此。

那就只剩下观众因素了。纳威分析了英格兰不同联赛的观众数量，发现观众数量越多，主场优势越大。球迷欢呼的巨浪会使他们的主队获得尤为出色的战绩么？纳威觉得，这一点确有嫌疑。因为与足球相比，在高尔夫球或者网球之类的运动项目中，裁判的主观判断起到的作用相对较小，而高尔夫球或者网球比赛就不太存在主场优势。他的统计数据显示：足球裁判只会判罚主队 30% 的犯规行为。有没有可能是数以千计咆哮的球迷让本应公正的裁判变得不公正了呢？

为了查清此事，1999 年，纳威设计了他最著名的一项实验：他通过屏幕向 11 名足球运动员、裁判和教练展示了 52 次犯规。26 次是客场球队犯下的，26 次是主场球队犯下的。每段犯规录像都会在裁判即将做出正式决定之前暂停，实验参与者必须给出他们的评判。实验还有一个重要条件：6 位被试裁判看到的是没有声音的场景，5 位看到的是有声音的。结果如下：如果耳中充满球迷的嘈杂叫喊，被试裁判就会做出明显有利于主队的判罚。显然，裁判在犹豫不决时，会受到观众的影响。纳威认为，主场优势很大程度上应当归功于这一效应。那半个进球是“场上第 12 个人”，也就是观看球赛的观众踢进的。

（您可以在本书“1988 当运动员们 ‘眼前一黑’”中找到另外一个关于运动的实验。）

◆ Neville, A., N. Balmer, et al. (1999). Crowd influence on decisions in association football. *The Lancet* 353(9162), 1416.

2000 | 我的朋友——电脑之三：屏幕前的隐私

一个人怎样才能让另一个人在不经意间泄露隐私呢？非常简单：他只要先泄露关于自己的私人事宜即可。而一台电脑又怎样才能让一个人在不经意间泄露隐私呢？非常简单：这台电脑只要先泄露关于自己的“私人事宜”即可。

这个想法简直太可笑了，应该没有人会当真。不过，哈佛大学的心理学家文英美（Youngme Moon，此处为音译）却将其付诸实践，并获得了令人惊讶的发现。

文的实验参与者必须在电脑上回答 11 个很私人的问题：他们最为自己的哪些品质感到自豪？他们人生中最大的失望是什么？他们对死亡有怎样的感觉？等等。疑问句逐渐淡入屏幕，颜色由浅变深，实验参与者敲击键盘录入答案。

部分实验参与者遇到了比较特殊的情况：每个问题之前都有一段关于电脑信息的说明文字。例如“您对死亡有怎样的感觉？”出现之前，实验参与者首先读到了这样一席话：“从理论上讲，电脑的构造使它们可以经受多年的使用。然而因为总有更新、更快的电脑进入市场，大多数电脑才使用了几年时间，就被主人处理掉了。您所用的这台电脑大约6个月大……还有4—5年时间，它就会被一台新型号的电脑取代。”而在“您能否描述您上次进入性兴奋状态的情况”出现之前，下列文字首先淡入了屏幕：“几个星期以前，一位用户来到这里，使用这台电脑剪辑了一段数字视频。此前从来没有人用这台电脑剪辑过视频。”

文在总结答案时发现，她的被试者在电脑面前严格遵守了人际交往中通用的社交规范：如果电脑向他们透露，它的用户还从来没有使用过某些程序，它还没有充分发挥功能，被试者回答“人生中的最大失望”时就会坦率得多。

同样，在电脑毫无保留地公布了内心深处的秘密之后——它配备了一台奔腾 II 处理器，一块 9GB 的硬盘，主频 266 兆赫，使用者们的答案就会显得更全面、更彻底，并且包含更多细节。

上述研究结果有朝一日也将得到实际应用，只要看看发表研究结果的专业期刊的名字——《消费者研究期刊》(*Die Zeitschrift für Konsumentenforschung*)，应该就能想到它的用处了。

◆ Moon, Y. (2000). Intimate Exchanges: Using Computers to Elicit Self-disclosure from Consumers. *Journal of Consumer Research* 26(4), 324-340.

2001 | 电子邮件亲缘关系

如果您曾通过电子邮件向一个陌生人请求帮助，那么您一定知道：收到回信的概率很小。每天都有太多广告塞满邮箱：红色短袜打折促销，机会“千载难逢”；飞机座椅退役待售；壮阳药丸物美价廉等。一个素不相识的人的请求很难得到重视。

心理学家偶然发现了一种有效的方法，用来提高收到回信的可能性：您要让被询问者知道，您与他同名，并在邮件落款处写下和他一模一样的姓和名。要是您“碰巧”不与收信人同名，只需撒谎即可。此举值得一试：研究者们寄出了 2961 封电子邮件，内容如下：“您好 :-)。我的名字是 ××（寄信人的名字）。我是一名学生，正在研究一个关于运动队伍吉祥物的项目。我想问问，您能不能帮我一个忙：请您帮我查查，您所在城市的运动队伍的吉祥物是什么……非常感谢您……希望不久以后可以收到您的回信。衷心的 ××（寄信人的全名）。”

当寄信人和收信人的姓和名都不同的时候，只有大约 2% 的被询问者做出了回答。然而，如果两者都相同，这一概率就攀升到了 12%——是原来的 6 倍！如果您不想如此厚颜无耻地撒谎，您也可以只取其一。在名字相同的情况下，回信率是 3.7%，在姓氏相同的情况下，回信率是 5.8%。

这种行为背后有着更深层次的原因：按照生物学的基本要求，人类注定要帮助自己的家庭成员。根据作者们的说法，相同的姓氏暗示着一种血缘关系，即使十分疏远，仍有存在的可能性。同名不同姓也能起到一定作用，因为一般来说，相似性会令人彼此心生好感。

此外，一个名叫杜威·班克斯（Dwayne Banks）的人会比一个名叫理查德·史密斯（Richard Smith）的人更有可能回复同名者的邮件，这很合乎逻辑,毕竟,与“史密斯”这种传播甚广的姓氏相比,由“班克斯”这么少见的姓氏推导出一段亲缘关系肯定具有更高的准确率。

◆ Oates, K., and M. Wilson (2002). Normal kinship cues facilitate altruism. *Proceedings of the Royal Society B: Biological Sciences* 269 (1487), 12-17.

2001 | 精子记忆测试

彼得·布鲁格（Peter Brugger）早就梦想着要为精子建造一座迷宫。百年以前，科学家们就已发现，人类可以把老鼠送进迷宫，从而研究它们的记忆（《疯狂实验史》第一部）。现在，这位苏黎世大学医院的神经科学家计划用精子完成同样的实验。然而他在计算出一座精子迷宫的尺寸之后，却不得不放弃了计划：这么小的构造没人做得出来。

1996 年，他偶然在《新苏黎世报》（*Die Neue Zürcher Zeitung*）上看到一幅人类头发的图片，科学家用激光在头发上写下他们工作场所的名字："哥廷根激光实验室"。布鲁格仔细观察了“激光实验室”（Laserlabor）一词中的字母“L”，他看出，这个字母的规格正好适合他的精子迷宫。于是他写了封信，寄往哥廷根。回头想想，他才觉得，当他恳求那里的人协助他为精子做记忆测试时，人家肯定以为他疯了。

然而合作实现了。哥廷根激光实验室制作了两座微型迷宫，让布鲁格完成实验。

迷宫的构造非常简单，简直配不上“迷宫”的称号。第一座是 T 字形的：有一条短通道，精子在短通道的尽头可以往左或者往右拐。接受观察的 714 个精子有 351 个（49%）游向了左边，有 363 个（51%）游向了右边。这样的分布尽在预料之中。它们的确没有任何理由更加偏爱某一边。

真正的记忆测试是在第二座迷宫中进行的。跟第一座一样，它也包含一个 T 字形，此外还有一个呈直角状的入口，迫使精子在进入 T 字形之前先右转。现在，经过右转弯的 588 个精子在 T 字形路口更多地（比例为 59%）转向左边。对于这种情况，没有别的解释，它只可能意味着：精子记得刚刚走过右边。尽管精子没有神经系统，但是很显然，它们仍然以某种方式成功地存储了这一信息。

面对上述结果，布鲁格并未感到特别惊讶。迄今为止，人们放进迷宫里的每一种有机体——从等足类动物到人类——都做出过这种行为。比如，如果一只老鼠在第一个岔路口往左边走，那么它在下一个岔路口向右拐的可能性就会提高，然后再次往左，随后再次往右，如此往复。科学研究将这种改换方向的行为称为“自发性更迭行为”。这一名称充满了讽刺意味，因为它并不是自发的。毕竟，动物是记住了上一个决定，才会由此确定出接下来的方向。人们推测，在觅食和勘察领地的过程中，这种走法更加利于存活。

◆ Brugger, P., E. Macas et al. (2002). Do sperm cells remember. *Behavioural Brain Research* 136(1), 325-328.

2001 | 在射精时按下制表键

问卷算是科学创造出来的最无聊的事物之一了。百无聊赖的学生们坐在印得密密麻麻的纸张面前，往空白小格子里打叉。随后，研究者们便从答案中得出某些“划时代”的结论：与男性相比，女性食用豆腐更多；与16岁的人相比，80岁的人听的匪帮说唱更少。

不过，丹·艾瑞里（Dan Ariely）2001年在加州大学伯克利分校进行的问卷调查却十分特别。艾瑞里在论文《正当情动：性兴奋对性决定的影响》中写道，实验参与者用电脑键盘录入答案，“操作简便，即使是非惯用手也能应付”。而另一只手则要用来引发论文题目中提到的“性兴奋”状态。

一项在美国广泛通行的防止青少年怀孕的措施令艾瑞里陷入了沉思，促使他设计了这次实验。保守派和教会团体照搬了禁毒宣传活动的号召语，大力推广“直接说不”（Just say no），以此作为抵制青少年性交的手段。艾瑞里感到奇怪，为什么许多青少年明明已经下定决心，要在关键时刻“直接说不”，事态却没有得到有力的控制呢？“问题在于：青少年们是否本来就知道，他们的保证是不现实的？还是说他们真的完全不清楚，自己说了‘不’以后又会做出什么事情？”

人们不禁要推测：是性兴奋状态影响了做出决定的过程。“饥饿和口渴之类的本能都具有这种性质：一旦有机会满足，就会变得更强烈。我们没有理由认为性欲不遵从这一规则。”艾瑞里写道。饥饿和口渴的问题早已得到科学的证明。性欲问题却不一样，人们充其量也只是通过自身经验或者道听途说才知道：在机会面前，性欲会增强。艾瑞里

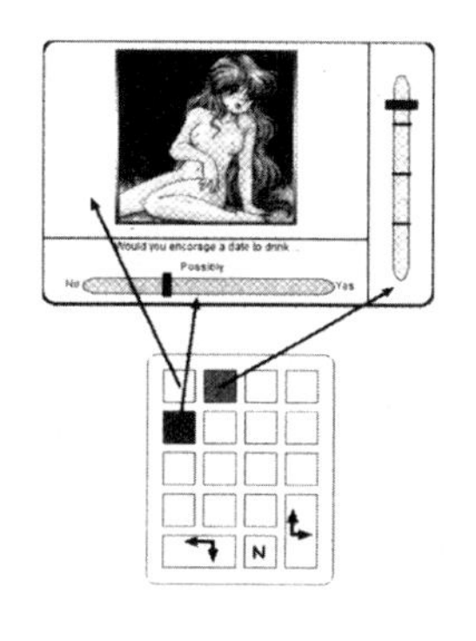

▶ 学生们在屏幕上看到的就是这样的场景：正中有一幅色情图片，他们要用方向键在右侧的发光条上标明自己的性兴奋程度。兴奋度达到 75% 时，下方会陆续浮现问题，他们同样要用方向键在下方的发光条上标明自己对问题的赞同程度。

想要改变这一现状。

艾瑞里本来在剑桥市的麻省理工大学工作，不过此时，他正好来到加州伯克利访问一年。他在伯克利的布告栏中张贴了一张纸条："寻：男性被试者，异性恋，18 周岁以上，研究做出决定的过程与性兴奋状态。"下面继续写道："实验可能含有引起性兴奋的素材。"

人们参与实验的兴致很高，艾瑞里完全不用怨叹人数不够。没过多久，他就不得不开始拒绝找上门来的学生了。他与男女助理们进行了漫长的讨论，决定第一次研究只招男性。"在性事方面，他们的管线构造比女性要简单得多，"他在后来出版的《预料之中理智全无》（*Predictably Irrational*）中写道，"基本上，只要准备一期《花花公子》（*Playboy*）杂志和一个光线暗淡的房间，我们就能达到目的了。"

艾瑞里不想直接接触学生。他担心其中一些人可能会感到羞耻，因为他们在实验之后还要坐在他的课堂里。于是，一位研究助理接管了指导被试者的任务。艾瑞里曾打算在一间实验室里进行实验，但他很快便放弃了这个想法。他提出的问题太过敏感，如果他想听到真实的答案——哪怕只有半点儿真实性，整个实验就必须在私密的氛围中进行，还要尽量设计得简单易行。也是由于这个原因，他才没有使用"环形弹性测量带"来测定兴奋程度，这种测量带在性研究中很常见，一般会被套在阴茎上，显示直径的变化。研究人员采取了其他办法：助理往这些年轻男性手里塞了一台笔记本电脑，指示他们撤回自己的房间，关上门，躺在床上，调整好电脑的位置，确保非惯用手可以方便地够到已用玻璃纸包好的键盘。

然后，他们便可以在屏幕上浏览色情图片了，图片是艾瑞里委托2位学生提前精心挑选出来的。"我希望这些素材能在他们身上产生效果，所以一定要由学生挑选图片。"他们操纵方向键，在一个发光条上标出自己的兴奋程度，发光条位于裸体图片的右侧，持续提醒他们此刻正在为科学服务。当他们的"兴奋度"达到75%时，屏幕上开始出现第一个问题，他们可以根据自己对问题的赞同或者反对程度，用方向键在第二个发光条上的任意位置（2个端点分别为"是"和"否"）做出标记。他们还得到指令：万一不慎射精，就按下制表键，实验就会中止。但是这种情况并没有发生。

实验参与者的必答问题如下。不想看到露骨的性描写的读者，看到这里就可以翻页了。开头貌似无伤大雅："你觉得女性的鞋有色情意味么？"后面的尺度则越来越大："你能想象跟一位40岁的女性性交吗？""50岁的女性呢？""60岁的女性呢？"——"你能够享受与一个你所憎恶的人性交么？"——"女人出汗的时候性感么？"——"你是否会做出如下尝试来提高性交的概率：对一位女性说你爱她；怂恿她喝酒；给她毒品。——"如果这位女性可能在你去取安全套的时候改变主意，你还会使用安全套吗？"

艾瑞里将35名实验参与者分为3组：第一组值得同情，他们只在未兴奋状态下回答了问题，随后就被遣散了；第二组先是在兴奋状态下回答了问题，至少相隔1天之后，又在未兴奋状态下回答了一遍；第三组则回答了3遍：起初未兴奋，然后进入兴奋状态，最后再度回归未兴奋状态。艾瑞里这么安排，是想弄清：不同状态的出现顺序会不会造成什么区别。答案是：没有任何区别，实验结果惊人地一致：学生们处于性兴奋状态时，更乐于从事不寻常的性行为，例如对女性伴侣做出恶意举动，或者尝试高危行为。

这一效应十分显著。艾瑞里将学生输入发光条的答案转换成了百分制。“否”是 0 分，“可能”是 50 分，“是”是 100 分。以“你会喜欢将你的女伴捆绑起来么”这个问题为例，未兴奋者的答案平均值是 47 分，兴奋者则达到 75 分。再以“如果只接吻，是否会令你感到挫败”为例，未兴奋者的分数是 41 分，兴奋者是 69 分。

艾瑞里经过多番努力，终于在专业期刊《行为决策杂志》上发表了论文。此前，许多出版物拒绝了他的稿件，编辑们觉得这项实验太过热辣了。不久，艾瑞里便收到了读者的反馈。“一些人说：‘结果真老套。’或者：‘这我们早就知道了。’”他回忆道。可是他觉得，实验结果一点都不老套。“如果大家都已经知道了，那么不同状态下的答案为什么还有如此明显的区别？”事实上，只有极少数人意识到了这一效应的存在——而且觉得别人才是这样，自己不会如此。

所有人——不管他们自以为多么高尚——都低估了激情对自身行为的影响，而这一点带来的影响却甚为深远。“‘直接说不’派的观点是，我们只要按一下按钮，就能关掉自己的激情。”艾瑞里写道。但是我们做不到这一点，所以我们只能二选一了：“要么教育青少年，应该在难以拒绝的情况还没出现时就提前说‘不’；要么就让激情难抑、点头同意的他们为事情的后果做好准备（比如使用安全套）。”有一点是肯定的：“如果我们不教导年轻人如何处理性事，那么，等到他们近乎丧失理智的时候，我们不仅愚弄了他们，也愚弄了我们自己。”

艾瑞里在伯克利的一年访问结束了，他回到麻省理工大学之后，想把实验再做一遍，并且扩展到女性身上。他向他所在的麻省理工大学斯隆管理学院院长寻求批准。“院长说：‘让我们来任命一个委员会吧。’”艾瑞里回忆道，“你一听到‘委员会’这个词，就知道这事儿会拖很久。”

尽管这个委员会并非只由女性组成，但是没过多久，艾瑞里就将其戏称为“暴怒女性委员会”。“举个例子吧，委员会里有位女士，她坚决不去法国旅游，因为当地的广告太大胆。而我则要跟这样的人纠缠不休。”

不出所料，委员会提出了一些反对意见。比方说，他们担心自慰成瘾的被试者会在参与实验后旧病复发，或者色情图片会唤起被压抑的曾经遭受虐待的回忆。艾瑞里觉得这2条反对意见都牵强附会，一方面，病态的自慰成瘾极其少见；另一方面，委员会所说的“被压抑的回忆”是否真正存在，科学界表示高度怀疑。

最终，他得到了批准，但有3个条件：实验不允许招募任何就读于斯隆学院的工商管理硕士生，所有来自媒体的问题都必须直接转给联络部，而且艾瑞里不能在课堂上提及这些实验。最后一点令艾瑞里尤为不解：“做了实验却不能拿来讲，我们还做个什么劲儿啊？”

在此期间，艾瑞里为了更有保障，又在麻省理工大学的另一个研究所取得了批准，因为他也在这个研究所任职。然而困难还是无穷无尽。接下来，艾瑞里就不得不面对一个事实：女生比男生自慰的次数要少很多，进入兴奋状态也困难得多。“用男性做实验，我们可以接收每一个人，大家都知道怎么自慰。可是如果我们只能在进行自慰或者承认自慰的女性中（比例为20%）开展实验的话，就相当于做了一次不适当的抽样。”无法从中得出关于女性行为的普遍性结论。

艾瑞里甚至考虑使用震动器来挽救他的研究，然而委员会并不认为这是个好主意。“我觉得他们是担心《波士顿环球报》（*Boston Globe*）会写：‘麻省理工大学教授教导女性自慰！’”最终，艾瑞里不得不放弃了这个项目。于是直到今天，我们仍然无从知晓，女性处于性兴奋状态时是否觉得男鞋更有色情意味，是否认为男性汗液更有吸引力。

◆ Ariely, D., and G. Loewenstein (2006). The Heat of the Moment: The Effect of Sexual Arousal on Sexual Decision Making. *Journal of Behavioral Decision Making* 19, 87-98.

2002 | 如果好莱坞演员成了加油站劫匪

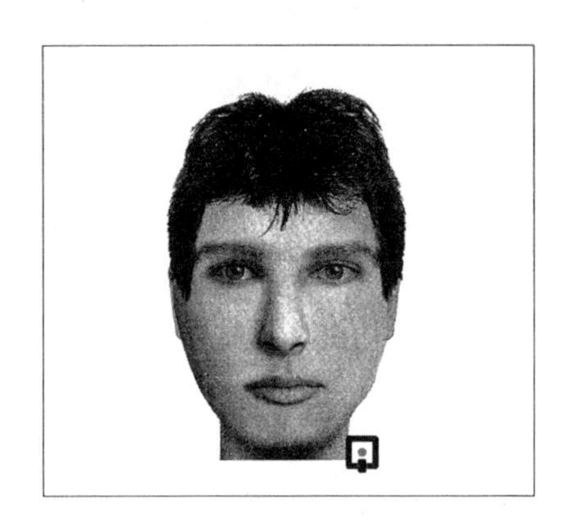

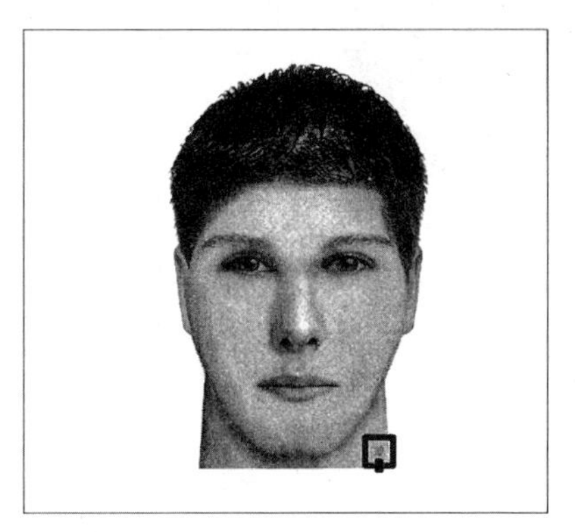

▶ 这都是谁?

您认识图片中的2名男子么?如果您偶尔会去看电影的话,您就应该认识他们。怎么?不认识?那也没关系,至少还有很多人跟您做伴儿。这2张肖像是演员本·阿弗莱克(Ben Affleck)和马特·达蒙(Matt Damon)的模拟肖像。看到肖像的80位学生中,没有一个能够认出他们。模拟肖像到底有没有用,在这个例子中已经体现得再清楚不过了。这么说来,好莱坞演员不必突袭加油站,还真是一件幸事啊,不然真有可能抓不到他们。

除了阿弗莱克和达蒙,实验还用到另外8位知名演员和音乐人的脸。这是苏格兰斯特灵大学心理学家查理·弗劳德(Charlie Frowd)的主意。长期以来,他一直研究模拟肖像。他觉得,这些在英国投入使用的项目和程序应该接受一下测试。此外,还有一个特别的原因:他自己也开发了一个程序,他想拿它与现有的程序做做比较。

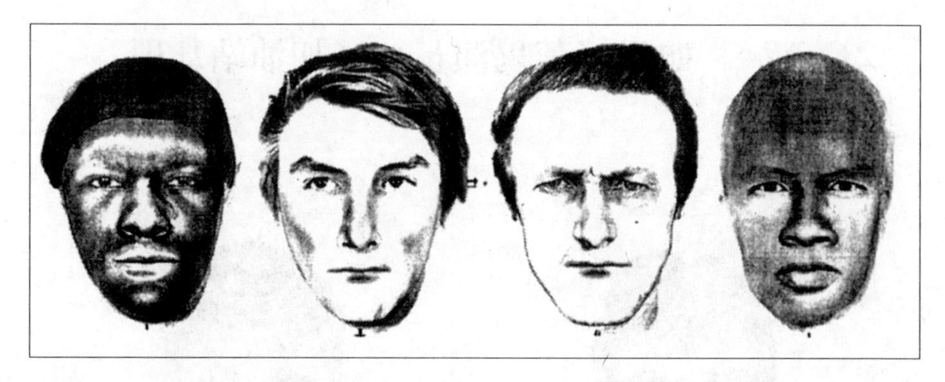

► 90 年代另外一次实验的结果。在这次实验中，专家可以直接照着现成的图片、使用软件制作名人的模拟肖像。您能认出任何一位么？（答案见后）

按照弗劳德的计划，最理想的实验方法当然是策划一起犯罪活动，在毫不知情的目击证人面前上演。不过这是不可能的，于是只好拿名人来充数了。“使用知名人士的脸似乎有点不合情理，毕竟罪犯往往都是普通人，”弗劳德说，“但是这个方法很实用。”然而，要选择知名程度合适的名人，也是很困难的。他们不能太出名，这样才能找到一些不认识他们的实验参与者充当“证人”——如果证人认识银行劫匪的话，就用不着绘制模拟肖像了。他们也不能太不出名，这样才能保证如果把绘制出来的模拟肖像拿给其他人辨认，还是应该有很多人觉得这张脸十分眼熟的。弗劳德进行实验那会儿，本·阿弗莱克和马特·达蒙的知名程度刚好符合这个范围。

弗劳德将他们 2 人的肖像与另外 8 幅名人肖像放在一起，然后请 50 个人依次翻阅这一叠肖像，翻到第一个他们不认识的人为止。随后，被试者可以用 1 分钟时间观察这张脸。2 天之后——从案发到警方询问证人通常都需要这么长时间——他们再次坐回实验室，在一位专门人员的帮助下完成一幅模拟肖像。有的是借助广泛应用的程序（E-Fit、

PROfit 或 FACES 中的一种）绘制的，有的是由受过训练的画师绘制的，还有的是用弗劳德自己的软件绘制的。

结果令人幻灭。不只是达蒙和阿弗莱克，其他名人也很少有人认得出来。10 幅模拟肖像中，曾有一幅被先后展示了 800 次，交给由 80 名学生组成的评审团进行辨认，但只有 22 次被认了出来。比例为 2.8%。必须要说，这还是在完全理想的条件下得出的结果。因为参与测试的“证人”从一开始就知道，他们必须牢记这些面孔，照片准确而清晰，他们还可以尽情注视 1 分钟之久。这就好比：一名银行劫匪在明亮的光线下来到证人面前，站定，缓慢地从 1 数到 60，然后才拔腿逃跑。

人们早已知道，这样的结果与画师的技能以及电脑程序的功能都没有关系，问题在于完成图片的方式。人们在描述长相时，一般都是分别描述眼睛、耳朵、鼻子、嘴和其他面部特征，还要从大量的分类模板中挑选出对应的类型。然而我们的大脑并不擅长此事。我们记住的不是单个的特征，而是作为整体的一张脸。“即使是在结婚 15 年或者 20 年的夫妻之间，也可能发生丈夫或者妻子无法准确描述自己伴侣的任何一个面部特征的情况。”克里斯托弗·所罗门（Christopher Solomon）说，他是 VisionMetric 公司的技术总监，该公司出售的程序 E-Fit 正是弗劳德所测试的程序之一。

▶ 这幅模拟肖像是用 EvoFit 软件生成的。您认识这个人么？（答案见后）

人类的面部识别能力到底有多准确，一直是个谜题，但有一点可以确定：就算我们没有分析过，某张脸是由宽鼻子、大眼睛、薄嘴唇和小耳朵组成的，我们还是能够再次认出它来。然而这些程序要求我们提供的偏偏是我们没有分析过的“单个特征”。

就连对着照片制作模拟肖像也会遇到困

▶ 对比图：本 · 阿弗莱克和马特 · 达蒙，原版。

难。即使选出了正确的眼睛、眉毛，正确的鼻子和正确的嘴，也很难以正确的形态对它们加以组合。一项研究表明，直接根据照片而非依靠记忆对一张陌生的面孔进行重构，这并不会提高模拟肖像的辨认成功概率。“简直耸人听闻！”弗劳德评论道。

弗劳德并不否认，他所测试的那些传统程序偶尔也能生成一幅有用的模拟肖像。然而个别的成功并不意味着广大警员和民众可以完全信赖模拟肖像。我们的确会在报纸中读到：在模拟肖像的提示下，警方成功地抓捕了某个犯人；却不会读到：即使做了模拟肖像，有些案件仍然无法解决。如果能够看到协助警方成功破案的肖像与毫无用处的肖像之间的比例，一定会觉得很有意思。然而人们几乎从没做过这样的统计。我们完全不知道，在多少起案件中，蹩脚的模拟肖像曾将人们的注意力从真正的犯人身上引开，从而阻碍了案情的水落石出。

查理 · 弗劳德的软件 EvoFit 完美解决了“单个特征”的问题：使用 EvoFit 时，证人无须描述狭长的眼睛或者厚嘴唇，而是直接观察 72

张脸，并从中挑出6张跟犯人最为接近的。EvoFit将这6张脸的特征加以混合，造出72张新的脸，然后再度开始一轮筛选。3轮过后，证人挑出最切合的一张脸，作为模拟肖像投入使用。还有其他公司也在开发类似的技术。

在弗劳德2002年的实验中，EvoFit与以单个面部特征为基础的几个系统中成绩最好的那个得分持平。不过此后，弗劳德又对程序做了改进。现在，以案发2天后绘制模拟肖像为例，它的准确率已经高达25%（最出色的传统程序的准确率是5%）。

假如今后本·阿弗莱克和马特·达蒙演艺事业不顺，人们也只能建议他们，还是继续当个正派人吧，千万别做触犯法律的傻事。

268页对应答案：比尔·考斯比（Bill Cosby）、汤姆·克鲁斯（Tom Cruise）、罗纳德·里根（Ronald Reagan）、迈克尔·乔丹（Michael Jordan）。

269页对应答案：罗比·威廉姆斯（Robbie Williams）

◆ Frowd, C. D., D. Carson et al. (2005). Contemporary Composite Techniques: the impact of a forensically relevant target delay. *Legal & Criminological Psychology* 10(1), 63-81.

2002 | 为什么女侍者应该对客人学舌

“国际小费研究”的首批实验始于80年代，此后，他们一再得出

▶ 那些逐字逐句重复客人点单的女侍者会多拿到 68% 的小费。

令人惊讶的结论：服务人员如果做了某些事情，就能得到更多小费，例如，短暂地碰触客人（《疯狂实验史》第一部），自我介绍报出名字，在账单上画个小太阳，或者在桌边蹲下身来接受点单。2002 年，荷兰内梅亨大学的心理学家里克 · 范 · 巴伦（Rick B. van Baaren）又发现了一个让客人变得更加慷慨的可能性：那就是对他学舌。

在此之前，心理学家就已发现：人类会无意识地模仿他人。例如，在聊天中，我们会不知不觉开始像对方一样讲话和发笑。这种同步效应通常标志着我们喜欢对方。那些有技巧模仿他人的人，甚至能够有意识地让人对他产生好感——前提条件是，对方没有觉察到自己正在被人操控。

范 · 巴伦在荷兰的一家餐馆做了实验，结果显示，在日常生活中，这种效应也会产生影响。如果一位女侍者逐字逐句地重复每份点单，与不重复相比，她得到的小费就会多出 68%。

“想要多挣点钱的服务人员，”康奈尔大学的美国小费研究者迈克尔 · 林恩（Michael Lynn）写道，“应该更加关注……改善客人的心情，与他们建立一种和谐的关系，而不是仅仅提供细致认真且技术正确的服务。”

◆ Van Baaren, R. B., R. W. Holland et al. (2003). Mimicry for money: behind consequences of imitation. *Journal of Experimental Social Psychology* 39, 393-398.

2003 | 猴子喜欢什么样的音乐？

▶ 乔什·麦克德莫特用这个装置测试了猴子的音乐偏好。

音乐是人类最奇怪的活动之一。它存在于所有文化中，贝都因人、矿工和会计都听音乐，然而，从进化论角度来看，音乐这种现象却一直无法得到解释。一种普遍的人类行为方式得以产生，往往是因为：从长远来看，这种行为方式一定能够带来更多后代。很明显，人类普遍具备的畏高、逃跑等特征都与延续生命、繁衍后代相关。而音乐究竟与之有何联系，则完全是个谜。

要弄清这个问题，也许应该了解一下动物是否也喜欢音乐。因为如果动物真的对音乐格外偏好，那么人类对音乐的热爱可能就是一种固有行为的进化遗留现象，与音乐本身没有直接关系。至少根据人类对"创作音乐"的理解，动物是不会自主创作音乐的。

只不过：我们要如何查明动物是否也喜欢音乐呢？我们可以播放莫扎特或者麦莉麻雀组合（Kastelruther Spatzen）的音乐给它们听，观察它们做何反应。然而，即使它们发出惨叫、牙齿打战，也不一定表示它们讨厌音乐，可能只是因为这只动物在所有的民歌乐团里偏偏就不喜欢麦莉麻雀，或者在莫扎特的作品中只喜欢降 E 大调第 14 号钢琴协奏曲，而我们选来播放的却是 d 小调第 20 号。

为了解决上述问题，麻省理工大学的乔什·麦克德莫特（Josh McDermott）和哈佛大学的马克·豪瑟（Marc Hauser）设计了一个方案：他们为 6 只狨猴造了一座 V 形笼子，猴子们一只接一只地进来接受测试。如果猴子待在笼子的一侧，就会通过安装在那里的扩音器听到由 2 个相互协调的声音组成的动听和弦；反之，如果它来到另外一侧，豪瑟和麦克德莫特将为它播放一系列刺耳可怕的音调组合，就连施托克豪森[①]听了都会觉得了不起的。猴子可以选择停留的位置，从而决定它听到的内容。

这样一来，狨猴是否喜欢麦莉麻雀组合便无关紧要了：如果它们对音乐的感受与人类近似，它们就应该回避笼子的"施托克豪森侧翼"。然而它们并没有这样做。狨猴进入笼子两侧的频繁程度相等，也就是说，它们聆听和谐与不和谐音调组合的时间一样长。

豪瑟与麦克德莫特从中得出结论：大多数人对和谐乐声的偏好一定是在 4000 万年前、狨猴与人类的最后一个"共同祖先"死后才产生的，对音乐的适应可能是人类独有的一种特征。反过来，这也就意味着，

---

① 卡尔海因茨·施托克豪森（Karlheinz Stockhausen，1928—2007），德国作曲家、钢琴家、指挥家、音乐学家。理论前卫、饱受争议。某些大胆的混音方式造成了极不寻常的听觉体验。——译者注

“音乐可能来自我们动物祖先的某个行为、只是这种行为的功能已经发生了变化”的猜测是不成立的，音乐是个极具人类特性的事件。

这台仪器也适合探索其他听觉偏好，于是研究者们抓住机会，继续考察了猴子对所有声音中最神秘的一种——刮擦黑板声（参见“1975 刮擦黑板声的听觉效应”和“1986 一把园艺镰刀在石板上的缓慢刮擦”）的反应。猴子对此反应淡漠。当它们在刮擦黑板声与另外一个音量相等的声响之间做抉择时，并没有表现出对任何一方的偏好。

科学家们又用俄罗斯摇篮曲、德国电子乐和莫扎特的降B大调弦乐奏鸣曲（KV458）做了进一步的实验，最终，他们发现了猴子真正喜欢的东西：安静。

◆ McDermott, J., and M. Hauser (2004). Are consonant intervals music to their ears? Spontaneous acoustic preferences in nonhuman primate. *Cognition* 94, B11-B21.

2003 | 在糖浆里游泳

很遗憾，美国游泳运动员布莱恩·盖特芬格（Brian Gettelfinger）未能代表国家出征2004年的雅典夏季奥运会，不过，他在游泳项目中的名气却比多数参加过奥运会的人还要大。2003年8月18日，他来到明尼阿波利斯的明尼苏达大学水上运动中心，在65万升糖浆里游了一场自由泳，从而裁决了一个持续400年之久的论争。在糖浆里游泳比

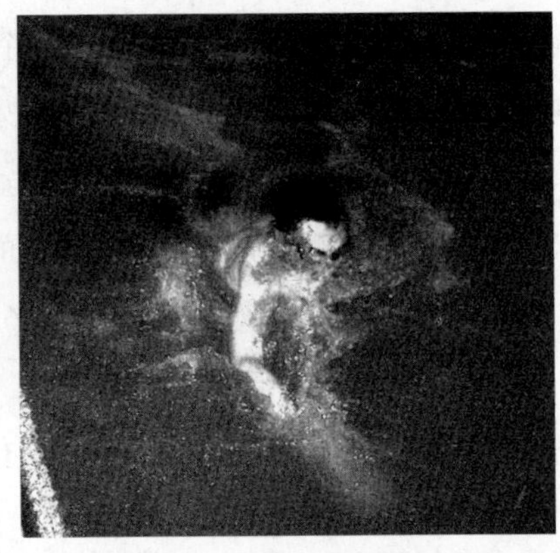

▶ 左：你需要申请 22 份批准书，才可以用 310 千克凝结剂把泳池中的水变稠。
▶ 右：在糖浆里游泳比在水里更快还是更慢？这一次，问题终于得到了澄清。

在水里更快、更慢还是速度相当，自 17 世纪以来，这个问题一直存在 2 个答案。艾萨克·牛顿认为：速度肯定更慢，因为糖浆毕竟更黏稠，会对游泳者起到制动作用。克里斯蒂安·惠更斯（Christiaan Huygens）则认为：游泳者感受到的阻力首先取决于其速度的平方，想让游泳速度翻倍，必须付出 4 倍的力气。有趣的是，惠更斯的假说同时也意味着：液体的黏滞度——即液体是黏稠还是稀薄——不会带来任何影响。因为一直没人置办满满一池糖浆，所以，在后来的几个世纪中，这一讨论基本都在理论层面进行。

30 多年前，明尼苏达大学的化学教授艾德·喀斯勒（Ed Cussler）就已经听说了惠更斯和牛顿的论争。“一位来自乌拉圭且身材丰满的女学生向我挑战，要和我比赛游泳。”喀斯勒向大学刊物《创造明天》（*Inventing Tomorrow*）透露。令他惊讶的是，她赢得了比赛。这次失败唤醒了他的兴趣，他开始关注与游泳相关的物理学知识，同时，黏滞度对游泳的影响问题也就不可避免地出现了。

不过，直到游泳运动员布莱恩·盖特芬格成为喀斯勒的学生，喀斯勒才开始深入考虑开展一项实验。“他向我提出了各式各样的好问题，而我却不知道答案。”喀斯勒对《泳池与水疗新闻》（*Pool & Spa News*）杂志说。当时报道这项实验的文章有数百篇，该杂志也曾刊载过一篇。“比如说，他想知道，他是应该听从教练的建议进行全身脱毛，还是应该唯独留下手臂上的毛发。”后一种做法的理论依据是：身体在水中受到的阻力应该尽可能地小，而像船桨一般推动身体的手臂受到的阻力则应该尽可能地大。

盖特芬格和喀斯勒每次讨论到最后，都会触及牛顿和惠更斯所争论的问题。他们查阅文献，惊讶地发现：迄今为止，还没有人做过实验来澄清这个争议。原因可能在于，这样一项实验耗费非常巨大。

开展实验之前，喀斯勒至少需要拿到22份批准书。起先，他想使用玉米糖浆把泳池里的水变黏稠，然而行政机关担心大量糖水涌入可能造成污水净化设备崩溃。实验最终使用了关华豆胶,它是一种凝结剂，一般用来给色拉酱和冰淇淋增稠。

面对往泳池里倾倒310千克关华豆胶的提议，游泳中心的主管略感震惊，但他很快便意识到，实验是个绝佳的教育契机。然而，如何确保这么多粉末都能均匀地溶化在水中呢？如果不进行彻底的混合，关华豆胶就有可能结成团块。解决方案是一个垃圾桶——它可没被用来装垃圾。喀斯勒在桶中放入凝结剂，掺入少量水，借助一个强力搅拌器对其进行混合。实验开始之前的那个周六，1台水泵用4个小时引导泳池里的水穿过这个桶，使关华豆胶粉末散布到水中各处。水下还有4台泵机，完成了彻底的搅拌。于是，到下个周一，喀斯勒就拥有了一池微微发绿的黏液，它比水要黏稠2倍。

周一，喀斯勒当仁不让，第一个洗了黏液浴。当他安然无恙地再度浮出水面时，实验就可以开始了。除了盖特芬格之外，还有另外9位竞技游泳选手和6位业余游泳者在泳池中前进：他们先在另一个池子正常的水中游25米，再在糖浆里游50米，然后又在正常的水中游25米。实际测量表明，游泳者在水和糖浆里的速度基本一样。

简单说来，问题可以这样解释：尽管游泳者在糖浆里要与更强的阻力做斗争，但是在更黏稠的液体中，他的划臂动作也起到了更大的作用，也就是说，他可以更好地获得推力。这两种效应其实都早已经为大家所熟知了。这项实验表明：对于游泳者来说，2个力增加的强度相等，因此互相抵消。只有当糖浆浓度大约达到水的1000倍时，才会出现变化。对于那些特别小的有机体——比如细菌而言，情况则有所不同。在它们身上，黏滞度对游泳速度的影响更大。

2005年，喀斯勒和盖特芬格因为这项研究获得了搞笑诺贝尔化学奖，该奖项每年10月在波士顿颁发。

◆ Gettelfinger, B., and E. L. Cussler (2004). Will Humans Swim Faster or Slower in Syrup. *American Institute of Chemical Engineers Journal* 50, 2646-2647.

2005 | 阻止迈出第一步

那是2005年12月一个寒冷的夜晚。吉斯·凯泽尔（Kees Keizer）口袋里揣了3罐喷漆，潜行到汀棠胡同，在一刻钟之内用涂鸦将众多房屋外墙搞得一塌糊涂。凯泽尔构思了很久，盘算着他被捕时该怎么和警察说，但他无论如何也想不出什么聪明话来：“我在格罗宁根大学

▶ 车把上被人放了传单，车主会怎么做呢？左图中有 33% 的人把传单扔在地上，右图中有 69%。破坏规范的行为似乎是有传染性的。

攻读博士学位，这是我博士论文的一部分。”——“我喷涂房屋，是在做一项心理学实验。”——“之前我刚刚亲手粉刷过汀棠胡同。”尽管以上说法都是真的，但他并不奢望警察会相信他的话。“要对格罗宁根警方解释这件事，肯定非常困难。”这位社会科学专业的博士生回顾道。要说清楚这件事，他就得讲述一个漫长的故事；故事开始于 1969 年。

这一年，心理学家菲利普·津巴多将一辆旧的老爷车停在了纽约大学对面的街边，拆掉车牌，打开发动机罩。然后站到远处，看着劫匪和破坏者轮番上阵，在 26 小时之内把汽车化为残骸。他又在加利福尼亚州的大学城帕罗奥图重新做了一次实验，起初什么都没有发生。然而，在津巴多抄起一把大锤迅速砸向汽车之后，帕罗奥图市民原本沉睡的破坏冲动也被唤醒了：路人在很短的时间内便摧毁了这辆车（《疯狂实验史》第一部）。

津巴多推测，衰败坍塌的迹象会增强人们进行破坏性行为的意愿，不仅那些被拆毁的汽车会“勾引”人们“为非作歹”，其他各类残破景象都能产生这种效果。从这一认识出发，犯罪学家乔治·凯林（George L. Kelling）和政治学家詹姆斯·威尔逊（James Q. Wilson）日后建构了

► 禁止横穿！如果第 2 条禁令（禁止用链子拴自行车）没有被破坏的话，只有 27% 的行人会从栅栏中间挤过去。如果自行车被链子拴住的话，人数就会翻 3 倍。

一套“城区如何阶段性地沦为贫民窟”的理论，并于 1982 年在《亚特兰大月刊》（*Atlantic Monthly*）中以“破窗”（Broken Windows）为题对此做了阐述。

这一观点很快便被人们称为“破窗理论”。它的基本内容是：诸如涂鸦、搞破坏、随地乱扔垃圾之类看似无害的违规做法将会引起极为严重的犯罪行为，因为它会给人造成一种印象，即“事态已经失去控制，谁也不会因为任何事情被追究责任”。

20 世纪 90 年代，纽约警察局长比尔·布莱顿（Bill Bratton）在他的城市实行了所谓的“零容忍政策”，也就是说，即使是轻罪也会立即受到制裁。当时他就引用了凯林和威尔逊的理论作为依据。尽管此后纽约的犯罪率的确有了明显回落，但这到底是不是布莱顿的措施带来的结果，却仍然存在争议。

也就是说，破窗理论并未在普遍事实中得到检验，同时，人们也认为它过于笼统。关于这一问题，还没有人做过严谨、正规的科学研究，谁也不知道所谓"主观意图中无伤大雅的违规行为"到底应该做何解释，更不清楚这种违规行为对他人违法的促进作用到底有多强。

正因如此，吉斯·凯泽尔才会在那个夜晚惴惴不安地来到汀棠胡同，平生第一次用颤抖的手在房屋外墙上喷绘了一个 R、一个 B 以及几条波浪线。凯泽尔对自己的涂鸦主题只有一个要求：它要足够空洞无聊，不会被人当做艺术作品。

几周以前，他已经趁着夜深人静来过汀棠胡同一次。当时的行径大概更让警察觉得诧异吧：半夜三更，凯泽尔把整条胡同刷成了灰色，然后在胡同一侧立了一块"禁止涂鸦"的牌子，那里是个自行车停车场。

把胡同刷成灰色的第 2 天，凯泽尔在停车场每辆自行车的车把上都放了一张传单，传单来自一家并不存在的运动用品商店，上面写着"本店祝大家节日快乐"等字样。凯泽尔想要观察车主出现后会发生什么事情。附近并没有垃圾桶，车主们只能选择把传单装进口袋或者扔到地上，其中 33% 的人选择了后一种做法（把传单继续留在车把上会阻碍他们骑车）。后来，凯泽尔便趁夜涂鸦，让房屋外墙完全变了样，次日，他又在车把上放了传单。这一次，把传单扔掉的人暴增到了 69%。

只是几个不太惹眼的涂鸦就让人忘记了良好的教养。违规行为的数量翻了一倍还多，如此巨大的变化令人惊讶，同样令人惊讶的是：对一种规范（此处禁止喷涂）的破坏促进了对另一种规范（不应随地乱丢垃圾）的破坏。显然，破坏规范的行为好像一种传染病，能够传染人们破坏其他的规范。

这一结果正在社会学家齐格瓦尔特·林登伯格（Siegwart Lindenberg）和心理学家琳达·施泰格（Linda Steg）的预料之中。林登伯格和施泰格是吉斯·凯泽尔的科研搭档，他们建构了所谓的"目标框架理论"，用来解释人们在汀棠胡同的行为。目标框架理论认为，指导人类行为的"目标"无外乎以下 3 种：

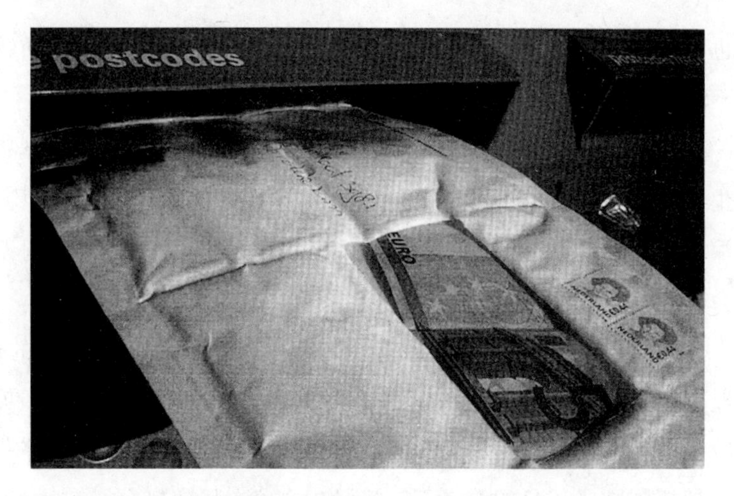

► 邮筒看起来干干净净时，有 13% 的行人偷走装钱的信封。如果垃圾散落满地，偷走信封的人数就会翻一倍。

1. 规范导向：我要做得体的事。

2. 享受导向：我要做让我感觉良好的事，比如不太费力的事。

3. 利益导向：我要做能够改善我的物质处境的事。

这些目标之间经常存在竞争关系，它们的优先级可能由于某个外部事件而发生变化。例如，如果骑车人看到涂鸦行为禁而不止，他们遵守行为规范的目标就会被削弱。根据这一理论，该效应除了“怂恿”人们破坏社会规范，还可能促使人们违反警方指令。为此，凯泽尔、林登伯格和施泰格设计了第 2 项实验。

凯泽尔找来一条活动栅栏，封住了一家医院停车场的入口，只留下大概 50 厘米宽的通道。他在栅栏上固定了 2 块禁令牌：“禁止用链子拴自行车”和“禁止横穿，请走侧面入口”。对第一条规范的破坏再度导致了对第二条规范的破坏。如果凯泽尔在栅栏上拴上 4 辆自行车，就会有 82% 的行人从“禁行通道”中挤过去。如果他不拴这 4 辆自行车，比例则变为 27%——减少到了原来的 1/3。

凯泽尔、林登伯格和施泰格又做了很多实验，他们发现，个人订立的规则也服从这一效应。另外，即使破坏规范的行为不是从视觉上感知到的，“不良行径”照样会蔓延：例如，自行车主听到有人在自行车停车场附近违反禁令、燃放烟花爆竹，他们随地扔掉传单的概率也会比没有感知到破坏规范时增加 30%。

凯泽尔打算弄清最后一个也是最重要的问题。此时，格罗宁根的无家可归者们已经认识他了。“他们经常跟我打招呼。我为了观察人群，总是连续数日游手好闲地杵在街上，所以他们一定把我当成他们当中的一员了。”他要弄清的“最重要”的问题是：对无关紧要的规则加以破坏也会导致事关重大的社会规范受到冲击么？这种效应到底有多大威力？就算是轻微地触犯社会规范也能引发连锁反应，最终带来犯罪行为吗？

为了找出答案，3 位研究者准备“唆使”人们偷东西。凯泽尔往一个信封里放入 5 欧元纸币，让它通过信封的“透明窗口”显露出来，并将信封半塞进一个荷兰邮政的邮筒里，纸币部分清晰可见。第一次，他在邮筒上喷绘了涂鸦；第二次，他在邮筒周围撒了一些垃圾；第三次，到处干干净净。结果仍然十分明确：当邮筒干净的时候，偷钱的人数比例为 13%，而在其他 2 种情况中，偷钱的人数则翻了一倍。

“我的所见所闻让我对人性产生了怀疑。”凯泽尔说。面对脏乱的邮筒，那些老妈妈们也瞬间变成了女贼。她们回家以后肯定非常失望，因为信封里的“纸币”其实只是复印出来的伪钞。

2008 年秋，他们发表了上述 3 个结果，并收到数以百计的回应。当然，不是所有的回应都对他们表示赞同。“没有涂鸦的大城市就不是大城市！”喷绘者团体表态说。林登伯格建议，在阿姆斯特丹专门开放部分屋墙允许合法喷绘，喷绘者们勃然大怒：只有非法性才能产生刺激感，才会让艺术发展成为可能。同时，受到这一研究的影响，阿姆斯特丹议会通过了一项法律，规定每个涂鸦涂上之后必须立刻清除。

不过，林登伯格也告诫人们，不要相信通过修补窗玻璃和粉刷墙壁就能使一个衰败的住宅区再次兴盛。“如果一切都已经破败，那么单纯打扫卫生是帮不上忙的。”这位社会学家说。届时，对规范的破坏早已进入那些并非公开可见的领域，而在那些领域中，仅仅重新建立有形的秩序将会助益甚微。

◆ Kelzer, K., S. Lindenberg et al. (2008). The Spreading of Disorder. *Science* 322, 1681-1685.

2006 | 狗之一：四足失败者

事情发生在一次散步途中。日后被报纸称为西尔克（Silke S.）的这位女性经常带着她的伯尔尼山地犬巴鲁去遛弯儿：在树林里，这位年轻女性突然遭到两名男子的恐吓。平时在小狗面前都会抱头鼠窜的巴鲁“超越了自己，阻挡了侵犯者，保护了西尔克 · S”，使她得以成功逃离。

为了表彰巴鲁的勇气，《爱护动物之心》（*Ein Herz für Tiere*）杂志向它授予了“四足救星”的称号。它得到了一颗金子做的心和一个“纯血系谱”牌的食物礼品篮。

不过，按照加拿大西安大略大学的心理学家威廉 · 罗伯茨（William A. Roberts）的意思，巴鲁还是谢绝这项荣誉为妙。罗伯茨当然知道，犬类能够习得惊人的能力：它们可以引领盲人或者搜寻雪崩遇难者。

▶ 在主人模拟心肌梗死的时候，狗会去寻求帮助么？不会！只有一条狗朝着坐在椅子上的人走去——它跳到他的大腿上，想要得到抚摸。

然而，取得这些成绩之前，人类必须要对它们进行长期且深入的训练。罗伯茨不太相信，一条未经训练的狗能意识到一个人在什么时候需要帮助。

在许多宠物主人看来，罗伯茨的质疑简直荒唐透顶。毕竟，我们一再从报纸中读到犬类所完成的非比寻常的事迹。牧羊犬弗雷迪把它的男主人从冰冷的水中拖了出来。黄金猎犬托比跳上了女主人的胸口，使她免于被一块苹果噎死。

“我并不怀疑，在紧急情况下，犬类会做出一些帮助人类的事情；我只是觉得，它们未必是有意做出这些事情的。”罗伯茨说。至于为什么“救星狗”的故事如此之多，原因或许仅仅在于：狗是最常见的宠物。“所以当某人陷入困境的时候，它们往往会在场，有时纯属巧合地做了正确的事。”于是就出了名。反之，一条狗对受伤的主人坐视不管，而

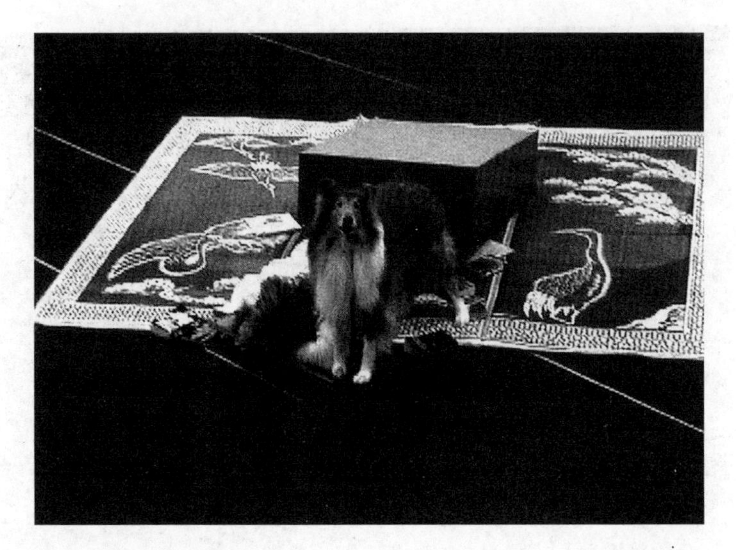

▶ 一位狗主人被翻倒的架子压住，恳求狗去寻求帮助。没有一条狗明白这是怎么回事。

是尾随狗姑娘钻进了灌木丛，这就不会成为头条新闻。要在做错事的时候上报纸，就必须错得非同凡响、鹤立鸡群，就像得克萨斯州的那只猎犬一样：它触碰了枪的扳机，进而将主人击毙。

罗伯茨自己没有养狗，对它们并不特别熟悉；因此，过了一段时间，他才有机会深入研究上述疑问。2005 年，克里斯塔·麦克菲尔森（Krista Macpherson）在大学里选修了他的一门课程。罗伯茨获悉，她是一位养狗人和驯狗人，于是向她提议，通过一项实验来科学地研究犬类助人为乐的特性。

首先，2 位研究者必须选定一种紧急情况，可以简便地在实验中上演。最容易想到的点子当然是“男主人快淹死了”或者“女主人遭遇袭击”。不过二者都被罗伯茨和麦克菲尔森否决了。“我们担心可能真的有人淹死或者被咬。”罗伯茨回忆道。他们选定了另外 2 个情景：一个是主人假装心肌梗死，另一个是主人被翻倒的架子压住。这两个情景都受到60年代一项著名研究的启发，那项研究的主题是人类的助人为乐特性。

大多数以动物为对象的科学研究很难获取被试动物，不过这一次，招募实验用犬却简单得如同儿戏。狗主人们直接要求研究人员用他们的狗来做实验。他们虽然没有明说，但是心里已经认定：他们的爱犬完全可以证明自己是一个无私的救援者。

进行“心肌梗死”实验之前，麦克菲尔森对12名狗主人做了培训，告诉他们应该怎样假装发病。然后，她将主人与狗一组一组依次送入一座废弃的校园，这就是他们的实验场地。走到操场正中，狗主人突然倒地不起。11米开外，1个人正坐在一把椅子上读报纸（有时候会有2个人）。

除了一例特殊情况，其余的狗都没有去触碰读报纸的人，试图让他们注意到这一紧急情况。它们也没有吠叫，反而只是在“发病者”附近闻来闻去、到处刨地，消磨掉6分钟的时间，直到实验结束。有几条狗倒是很紧张，竖起耳朵，垂下尾巴。麦克菲尔森觉得，它们面对这一事态并非无动于衷，“但是它们的本能不是到隔壁村子去找警长。我认为，它们将人类视为族群的成员，所以留在了他的身边”。当然，也有没留在身边的。一条可卡犬就被一只小松鼠引开了注意力，不再关注主人的痛苦，而是追在松鼠后面，然后一口咬住它的脖子，把它弄死了。一条小贵宾犬则在主人心肌梗死之后立刻跳上读报者的大腿，想要得到抚摸。

在第二项实验中，一个书架将狗主人压住。他们动弹不得，但仍有意识。狗主人佯装疼痛，命令狗到之前在隔壁房间看到的人那里寻求帮助。

在这项实验中，这些狗同样不听使唤：没有一条狗去寻求帮助！一位女士因此大发脾气，对着她的狗高声叫喊：“你根本就不值我为你花掉的 700 美元！”

结果发表之后，罗伯茨和麦克菲尔森连续数天都在忙着接受电台和电视采访。然而，面对“狗无法辨识出人类何时陷入危难”的结论，许多狗主人表示不愿相信。节目播放过程中，他们纷纷打来电话，贡献出亲身经历的有关“四足救星”的逸事。

批评者们指责罗伯茨和麦克菲尔森，认为他们的实验情景缺乏戏剧性，不够紧张刺激。只有面临火灾、暴力罪犯、溺水等危险时，一位受害者才会生成气味信息素，可以让狗本能地觉察到，这的确是个紧急情况。

罗伯茨知道，关于“狗是不是救星”的问题，仅凭这一研究无法做出盖棺定论。不过，实验所用的 15 个种类的 44 条狗中，没有一条能像灵犬莱西（Lassie）一样表现出色，这也需要一个解释。

狗是最古老的家畜，从 10000 年到 15000 年前至今，它们一直陪在人类身边。罗伯茨推测，在此期间，由于人类的饲养，它们独立应对外部世界的能力已经逐渐消失。“狗并不特别擅长单独行动。”

在驯化过程中，狗似乎也丧失了空间记忆。最近，罗伯茨和麦克菲尔森进行了一项迷宫实验，狗的成绩至少比不过老鼠和鸽子。

（致所有的爱狗人：在“2008　狗之三：打个大哈欠”以及《疯狂实验史》第一部的实验中，狗取得了更好的成绩。）

◆ Macpherson, K., and W. A. Roberts (2006). Do dogs (Canis familiaris) seek help in an emergency? *Journal of comparative psychology* 120(2), 113-119.

2006 | 立体嗅闻

▶ 狗是一流的追踪者。人类也能做到么?

为什么人和动物都有2个鼻孔呢?其他感觉器官“为什么成对出现”似乎很容易回答：我们有2只眼睛，这样我们看到的东西才是立体的；我们有2只耳朵，这样我们才能给声音定位。但是2个鼻孔……这个问题之所以长期得不到解答，是因为唯一一个勉强说得通的猜想不仅令人难以置信，更加难以验证。

这一猜想认为：2个鼻孔能够帮助动物实现定向嗅闻。大脑可以通过鼻孔里气味分子不同的浓度和不同的抵达时间确定气味源头的方位。它令人难以置信，因为两个鼻孔挨得太近，上述区别不会太大。它更加难以验证，因为即使是耐心的狗，对于鼻子部位的操作——例如为了进行实验而闭合一只鼻孔——都有极其敏感的反应，更不要说其他动物了。唯一可以毫无怨言地接受这类实验程序的动物，就是人类。

诺贝尔奖获得者格奥尔格·冯·贝凯希（Georg von Békésy）在60年代做了一项实验，结果表明：人类的确能够准确指出气味传来的方向，误差仅为7—10度。然而，其他研究者没能成功地验证这些结果。此外，人们也并不清楚这种能力是否具有实际功效：2个鼻孔会比1个鼻孔让

▶ 当人以图片所示的姿势跪在地上时，就能追踪一条“巧克力痕迹”。他通过分析 2 个鼻孔感知到的浓度区别来提取方向信息。

人更快追踪到某种气味的痕迹吗？人类在嗅闻追踪界绝非能手，所以我们应该首先回答另外一个问题：人类**到底**能不能够追踪气味的痕迹？

加利福尼亚大学生物物理系学生杰丝·波特（Jess Porter）所要研究的正是这一问题。她来到位于校园边缘的巴克尔楼前，在草坪中埋下一条打包绳。此前，绳子曾在高度稀释的巧克力溶液中浸泡过。她蒙住 32 名被试者的眼睛，给他们戴上耳罩、护膝和厚手套，让他们在距离巧克力痕迹 3 米远的地方跪下并开始嗅闻。

2/3 的被试者能够发现踪迹，一路追循巧克力的香气，直到终点。然而，鼻孔在这一过程中扮演了什么角色呢？波特封住了 14 名被试者的 1 只鼻孔，于是，仍然可以抵达目的地的人数比例就变成了 1/3，而且他们的速度比之前要慢得多。莫非真是由于方向信息缺乏才导致结果变差？波特并不确定。毕竟，如果只有 1 个鼻孔畅通，与 2 个鼻孔都畅通相比，人们吸入的气味分子数量已经减半，这些分子也只能接触半数的感觉细胞，这些同样可以解释效能变差的现象。为了排除这种可能性，波特制作了一个小型的鼻子配件，虽然只有 1 个鼻孔吸入空气，但是通过配件，空气又会分布到 2 个鼻孔中。被试者们的成功率仍然比最初测试时低，速度也很缓慢。这就毫无疑问地证明：他们在之前的实验中运用了立体嗅闻的能力。

人类在追踪时展现的速度（38 秒内前进 10 米）虽然不甚令人神往，但是波特指出，经过少量训练，速度便可获得大幅提升。4 名实验参与者一共进行了 3 天的追踪活动，每天进行 3 次，后来的速度比之前翻了一番。测量结果表明，他们提高效率的方式是使嗅闻频率翻倍：从 3 秒一次到 1 秒半一次——狗的嗅闻频率比这个还要高 10 倍。如果有谁嗅得够快，他就可以成为一个还算凑合的追踪者——但也只是在谦卑地屈膝跪下时才做得到。

⌑ verrueckte-experimente.de

◆ Porter, J., B. Craven et al. (2007). Mechanisms of scent-tracking in humans. *Nature Neuroscience* 10, 27-29.

2007 | 狗之二：不对称地摇尾巴

乔吉奥·瓦洛蒂加拉（Giorgio Vallortigara）在实验中真真切切地体会到 2 点教训。第一点：如果想要引起记者的关注，那么他此前选择的实验动物都是错的，直到这次才选对。第二点：连续数小时观看狗摇尾巴的视频录像相当无聊。

瓦洛蒂加拉是意大利里雅斯特大学的神经科学家。他学术生涯的大部分时间都在研究动物大脑的不对称性，例如大脑两半部分的专业分工。此类研究得出的结论包括：大脑的不对称性导致了人类和其他灵长类动物更加偏好使用右手。

右脑控制身体左侧，左脑控制身体右侧，因此，研究者们一直都

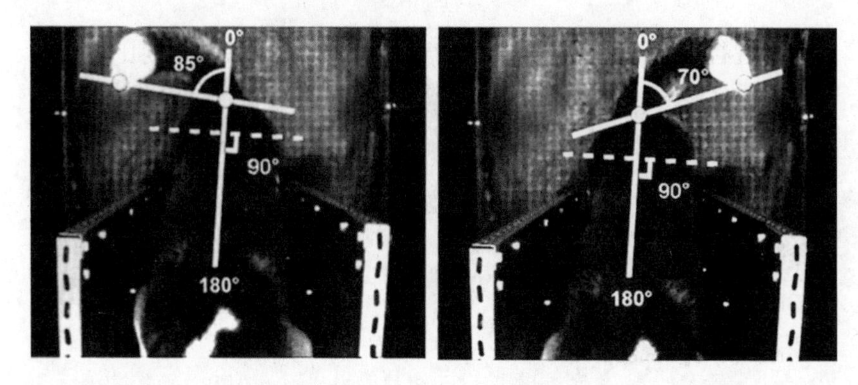

► 意大利神经病学家乔吉奥 · 瓦洛蒂加拉与同事们一起，以 18000 幅照片为基础，确定了狗摇尾巴的最大摆动幅度。

在成对出现的身体功能中寻找不对称性的影响：例如考察双手、双眼、双耳和双腿。现在，瓦洛蒂加拉思考的是：不对称性是如何在非成对出现的身体部位中发挥作用的。或许因为他养了一只吉娃娃，所以他想到的第一个“非成对器官”就是狗的尾巴。

狗尾巴尤为适合这项实验，因为狗用尾巴表达自己的情绪状态。人们知道，大脑的两半部分负责不同的情绪：左脑一般负责亲近和信任，以人类的情绪为例，主要就是负责爱情、安全与安定的感觉。与此相反，右脑则专门负责逃避、不信任、恐惧、抑郁。具体表现为：人类面部右侧的肌肉反映愉悦和满足，左侧的肌肉则反映悲伤和不满。

因为狗的左脑控制着使尾巴向右运动的肌肉，反之亦然，所以瓦洛蒂加拉猜测：狗在情绪状态不同的时候，摇尾巴的动作肯定是不对称的。

为了验证这一点，他与巴里大学的 2 位兽医合作，招募了 30 条狗来做实验。他们造了一个规格为 2 米 ×2 米 ×4 米的暗箱，狗进入暗箱，通过唯一的窗口依次看到一只猫、一条更强势的狗、一个陌生人或者它们的主人。狗站在窗口边，一台摄像机从上向下拍摄，记录它们的尾巴是怎样摇摆的。

瓦洛蒂加拉的同事马切洛·西尼斯卡尔基（Marcello Siniscalchi）通过持续数日、艰苦琐碎的工作，终于看完了18000幅“摇动的狗尾巴”的照片，并确定出各幅照片中尾巴的确切位置。统计数据表明，瓦洛蒂加拉的猜测是有道理的：狗看到主人时，摇尾巴就会更加偏向右边：平均向右80度，而向左只有65度。同样，它们见到陌生人和猫的时候也有向右偏的倾向，只是尾巴活动得明显不及看到主人时强烈。当它们面对一条更为强势的狗时，摇尾巴就会更加偏向左边。

一切让狗感觉受到“吸引”的外界刺激——包括一只猫——都会使狗向右摇尾巴。如果狗准备逃跑，就会向左摇尾巴。

瓦洛蒂加拉第一个宣布，上述结果丝毫没有令他感到惊讶。反倒是媒体的热烈反应让他备感诧异。从莫斯科到东京，报纸争相报道他的“狗摇尾巴”研究结论。实验登上《纽约时报》之后，他便彻底永无宁日了。“就像安迪·沃霍尔[①]预言的那样，我出名了15分钟。”瓦洛蒂加拉说。媒体的关注重点与其说是半脑的专业分工，倒不如说是人类与狗的特殊关系：“我以前用鱼类和鸟类做的实验都没有引起这种等级的轰动。”

还有一个问题需要解答：为什么大脑的构造是不对称的。长期以来，人们都认为，大脑两半部分的专业分工只在人类身上存在。人们也很快找到了一种解释：语言。也就是说，大脑的两半部分仅仅通过一条相对狭窄的神经束来交流，也就是所谓的胼胝体。然而语言需要大脑进行快速的数据处理，如果语言能力分布于两个半脑的话，这个胼胝体就会成为瓶颈。于是，语言中枢只在一个半脑中形成（多为左脑）。其他功能则移入了右脑。

可是，“语言”无法彻底解释这一现象。实验表明：蜜蜂、鸡、狗和其他动物的大脑也是不对称的。今天的科学家们猜测：大脑的两半

① 安迪·沃霍尔（Andy Warhol，1928—1987），波普艺术的倡导者和领袖，他有一句著名言论：“每个人都能当上15分钟的名人。”——译者注

部分之间出现专业分工，是因为这样的分工有利于存活。它让动物能够同时做2件事：比如一边狼吞虎咽一边寻找敌人。此外，内脏的不对称排布及其与大脑的联系也有可能对大脑两半部分的不对称性起了一些作用。

◆ Quaranta, A., M. Siniscalchi et al. (2007). Asymmetric tail-wagging responses by dogs to different emotive stimuli. *Current Biology* 17(6), R199-201.

2008 | 狗之三：打个大哈欠

在所有日常现象中，给科学家们带来最多谜题的大概要数“打哈欠”了。尽管他们发表了《春天出生者的打哈欠和行为发展阶段》或者《老鼠打哈欠时的血清素调节随年龄出现的变化》之类的优秀论文，但我们还是不知道，伴随着深呼吸、反射性地大张开嘴，然后——有时还附带一声悠长却意义不明的“原始之音”——再闭上嘴，究竟意义何在。每过几年就有一些新的理论出现，然而迄今为止还没有任何一个得到证明，也几乎没有哪一个已被推翻。唯一可以确定的是：与人们长久以来所坚称的不同，打哈欠并不是由缺氧引起的，因为血液中氧含量偏低的人并不会比别人更加频繁地打哈欠。顺便一提，最新观点认为：打哈欠可以冷却大脑。

在与打哈欠相关的少数可以确定的信息中，有这样一条信息：打

哈欠会传染。如果一桌人里有一个打了哈欠，不一会儿，所有人都会打起哈欠来。这让一些科学家想到：打哈欠也许具有社会功能。从前，打哈欠曾经调节过猎人和采集者的睡眠—清醒节奏吗？或者可以增强整个群组的注意力？打哈欠之于人类是不是就像嗥叫之于狼：意味着要做好狩猎的准备？如果这些听上去都像是胡乱猜测，那么原因很简单，因为它们就是胡乱猜测。

伦敦大学的心理学家千住淳（Atsushi Senju）对其中一个猜测尤为感兴趣：打哈欠之所以能够发挥传染效应，是因为人们具有体谅他人的能力。或者反过来说：有些人不会本能地认为，他人和自己一样有着期待和见解，也有感情和愿望，这些人应该很难被他人的哈欠传染。认识不到“他人和自己一样”的人不多，可以分成几类，其中一类是自闭症患者。据推测，他们很难与他人交往，正是由于他们缺乏这种对感情的判断力。

千住给包括 24 名自闭症患儿在内的 49 名儿童播放了录像，录像中含有 6 张打哈欠的脸。经过观察，千住发现，自闭症患儿打哈欠的次数确实更少，是其他儿童的 1/3。

千住于 2007 年发表了这一结果。之后，他收到了不太寻常的来信：许多养狗的人找到他，声称他们的宠物会被人类的哈欠传染。这让千住惊讶不已，因为狗并不满足“能够体谅他人”的条件。根据通行的理论，要做到“体谅他人”，需要进行复杂的思考，还要拥有认识自我的能力。这 2 点都是狗所不具备的。千住决定深入研究此事，于是招募了 29 条狗。

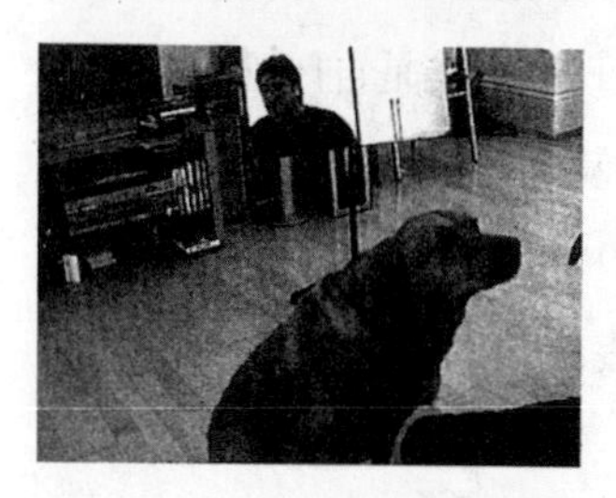

► 狗会被人类打哈欠的动作传染，也开始打哈欠（镜子里映出一位科学家的身影，图片中的狗正对他的哈欠做出反应）。

第一次给狗播放录像的实验遭遇了惨痛的失败。人们向狗展示含有打哈欠的脸的影片时，狗做出了唯一的明智举动：移开视线。第1项研究中的儿童之所以没有移开视线，只是因为，千住委托他们数出这段影片中有多少张男性和女性的脸。这个办法在狗身上是行不通的，于是，千住的助手拉米罗·若利－马斯凯罗尼（Ramiro M. Joly-Mascheroni）便派上了用场。他的任务相当怪异：坐在每条狗的面前，等到它朝他看的时候，就在接下来的5分钟内打10—20个哈欠。没过多久，29条狗中有21条也跟着打起了哈欠——平均发生在1分39秒之后。

为了确认狗不只是在模仿张嘴的动作，若利－马斯凯罗尼再次坐到它们面前，反复张开又闭上嘴巴，但不是在打哈欠。狗没有出现任何反应。

从2个方面来看，这一结果都有惊人的意义。一方面，从人类传染到狗，打哈欠的传染效应成功跨越了物种界限；另一方面，受到传染而打哈欠的狗的比例非常高：29条狗中的21条，相当于72%，比人与人之间（45%到50%）或者黑猩猩（33%）还要高！如果这些数据确实表明了狗对人类的体谅，那么就有可能意味着，狗对人类的理解比人与人之间的理解更加深入。不过狗主人们早就知道这一点了。

⌑ verrueckte-experimente.de

◆ Joly-Mascheroni, R. M., A. Senju et al. (2008). Dogs catch human yawns. *Biology Letters* 4(5), 446-448.

致 谢

写一本书有点像照顾一个婴儿：虽然会带来快乐，但你事先完全无法想象，与此相关的工作量有多大（对于已经写过好几本书的人来说也是这样）。写作瓶颈、通宵工作、零星的细节滚雪球般地演变成巨大的问题。在各种痛苦中唉声叹气的我，需要依靠一批人的支持。

首先是这本书的主人公们，我占用了他们的时间，纠缠不休地追问细节，令他们不胜其烦。许多人还变魔术般地拿出了超级古老、从未出版的材料，或是我原以为已经下落不明的图片。

我还要感谢《新苏黎世报—弗里欧》杂志社的同事们，书中的大部分实验都曾在该杂志上发表。他们营造了编辑部里愉快、舒适、鼓舞人心的气氛。

我与我的经纪人彼得·弗里茨（Peter Fritz）进行了许多热烈的讨论（并不只是关于实验）。

托马斯·霍伊斯勒（Thomas Häusler）阅读了手稿，他目光犀利，及时更正了一些内容方面、修辞方面的错误。搭档事务所的卡特琳·霍夫曼（Katrin Hoffmann）受《弗里欧》之托，承担了图片的调研工作。佐里科夫股份有限公司的亚明·乌尔里希（Armin Ulrich）对超级古老的图片样本做了最优质的扫描。

贝塔斯曼出版社的迪特琳德·欧伦迪（Dietlinde Orendi）经过

坚持不懈的努力，取得了150幅图片的版权。约翰内斯·雅各布（Johannes Jacob）慷慨地同意了我延期的要求。马克斯·韦德迈尔（Max Widmaier）负责排版事宜。而每当我花了很长时间也找不到合适的表达，已经自暴自弃并写下错误的词句时，我的编辑迪特·吕博特（Dieter Löbbert）就会出手相助。

我的妻子雷古拉·冯·费尔廷（Regula von Felten）不但要充当试读者，还要忍受我心血来潮突然发表的关于“四卡问题”或者十字架刑罚实验的“演讲”和“报告”。最后还要对你说几句话，蒂姆，我希望你能喜欢书中那些简单明了的动物实验。我仍在继续搜寻你想看到的、在骆驼身上实施的有趣实验。

新知
文库

01 《证据：历史上最具争议的法医学案例》[美]科林·埃文斯 著　毕小青 译

02 《香料传奇：一部由诱惑衍生的历史》[澳]杰克·特纳 著　周子平 译

03 《查理曼大帝的桌布：一部开胃的宴会史》[英]尼科拉·弗莱彻 著　李响 译

04 《改变西方世界的 26 个字母》[英]约翰·曼 著　江正文 译

05 《破解古埃及：一场激烈的智力竞争》[英]莱斯利·亚京斯 著　黄中宪 译

06 《狗智慧：它们在想什么》[加]斯坦利·科伦 著　江天帆、马云霏 译

07 《狗故事：人类历史上狗的爪印》[加]斯坦利·科伦 著　江天帆 译

08 《血液的故事》[美]比尔·海斯 著　郎可华 译

09 《君主制的历史》[美]布伦达·拉尔夫·刘易斯 著　荣予、方力维 译

10 《人类基因的历史地图》[美]史蒂夫·奥尔森 著　霍达文 译

11 《隐疾：名人与人格障碍》[德]博尔温·班德洛 著　麦湛雄 译

12 《逼近的瘟疫》[美]劳里·加勒特 著　杨岐鸣、杨宁 译

13 《颜色的故事》[英]维多利亚·芬利 著　姚芸竹 译

14 《我不是杀人犯》[法]弗雷德里克·肖索依 著　孟晖 译

15 《说谎：揭穿商业、政治与婚姻中的骗局》[美]保罗·埃克曼 著　邓伯宸 译　徐国强 校

16 《蛛丝马迹：犯罪现场专家讲述的故事》[美]康妮·弗莱彻 著　毕小青 译

17 《战争的果实：军事冲突如何加速科技创新》[美]迈克尔·怀特 著　卢欣渝 译

18 《口述：最早发现北美洲的中国移民》[加]保罗·夏亚松 著　暴永宁 译

19 《私密的神话：梦之解析》[英]安东尼·史蒂文斯 著　薛绚 译

20 《生物武器：从国家赞助的研制计划到当代生物恐怖活动》[美]珍妮·吉耶曼 著　周子平 译

21 《疯狂实验史》[瑞士]雷托·U·施奈德 著　许阳 译

22 《智商测试：一段闪光的历史，一个失色的点子》[美]斯蒂芬·默多克 著　卢欣渝 译

23 《第三帝国的艺术博物馆：希特勒与“林茨特别任务”》[德]哈恩斯—克里斯蒂安·罗尔 著　孙书柱、刘英兰 译

24 《茶：嗜好、开拓与帝国》[英]罗伊·莫克塞姆 著　毕小青 译

25 《路西法效应：好人是如何变成恶魔的》[美]菲利普·津巴多 著　孙佩妏、陈雅馨 译

26 《阿司匹林传奇》[英]迪尔米德·杰弗里斯 著　暴永宁 译

27 《美味欺诈：食品造假与打假的历史》[英]比·威尔逊 著　周继岚 译

28 《英国人的言行潜规则》[英]凯特·福克斯 著　姚芸竹 译

29 《战争的文化》[美]马丁·范克勒韦尔德 著　李阳 译

30 《大背叛：科学中的欺诈》[美]霍勒斯·弗里兰·贾德森 著　张铁梅、徐国强 译

31 《多重宇宙：一个世界太少了？》[德] 托比阿斯・胡阿特、马克斯・劳讷 著 车云 译

32 《现代医学的偶然发现》[美] 默顿・迈耶斯 著 周子平 译

33 《咖啡机中的间谍：个人隐私的终结》[英] 奥哈拉、沙德博尔特 著 毕小青 译

34 《洞穴奇案》[美] 彼得・萨伯 著 陈福勇、张世泰 译

35 《权力的餐桌：从古希腊宴会到爱丽舍宫》[法] 让—马克・阿尔贝 著 刘可有、刘惠杰 译

36 《致命元素：毒药的历史》[英] 约翰・埃姆斯利 著 毕小青 译

37 《神祇、陵墓与学者：考古学传奇》[德] C. W. 策拉姆 著 张芸、孟薇 译

38 《谋杀手段：用刑侦科学破解致命罪案》[德] 马克・贝内克 著 李响 译

39 《为什么不杀光？种族大屠杀的反思》[法] 丹尼尔・希罗、克拉克・麦考利 著 薛绚 译

40 《伊索尔德的魔汤：春药的文化史》[德] 克劳迪娅・米勒—埃贝林、克里斯蒂安・拉奇 著
王泰智、沈惠珠 译

41 《错引耶稣：〈圣经〉传抄、更改的内幕》[美] 巴特・埃尔曼 著 黄恩邻 译

42 《百变小红帽：一则童话中的性、道德及演变》[美] 凯瑟琳・奥兰丝汀 著 杨淑智 译

43 《穆斯林发现欧洲：天下大国的视野转换》[美] 伯纳德・刘易斯 著 李中文 译

44 《烟火撩人：香烟的历史》[法] 迪迪埃・努里松 著 陈睿、李欣 译

45 《菜单中的秘密：爱丽舍宫的飨宴》[日] 西川惠 著 尤可欣 译

46 《气候创造历史》[瑞士] 许靖华 著 甘锡安 译

47 《特权：哈佛与政治阶层的教育》[美] 罗斯・格雷戈里・多塞特 著 珍栎 译

48 《死亡晚餐派对：真实医学探案故事集》[美] 乔纳森・埃德罗 著 江孟蓉 译

49 《重返人类演化现场》[美] 奇普・沃尔特 著 蔡承志 译

50 《破窗效应：失序世界的关键影响力》[美] 乔治・凯林、凯瑟琳・科尔斯 著 陈智文 译

51 《违童之愿：冷战时期美国儿童医学实验秘史》[美] 艾伦・M・霍恩布鲁姆、朱迪斯・L・纽曼、格雷戈里・J・多贝尔 著 丁立松 译

52 《活着有多久：关于死亡的科学和哲学》[加] 理查德・贝利沃、丹尼斯・金格拉斯 著
白紫阳 译

53 《疯狂实验史Ⅱ》[瑞士] 雷托・U・施奈德 著 郭鑫、姚敏多 译